DIE HANDELSGEWÄCHSE DES UNTER-ELSASS

VON

Dr. iur. HANS ADOLF LUTHMER.

ERSTER TEIL

STRASSBURG
VERLAG VON KARL J. TRÜBNER
1915.

K T

WIE DU KANNST
SO WOLLE
1872

DIE HANDELSGEWÄCHSE DES UNTER-ELSASS

VON

Dr. iur. HANS ADOLF LUTHMER.

ERSTER TEIL.

STRASSBURG
VERLAG VON KARL J. TRÜBNER
1915.

VORWORT

Die vorliegende Arbeit will nur als ein Versuch bewertet sein. Auf Vollständigkeit kann sie bei der großen Fülle des zu verarbeitenden Materials und bei der vielfachen Verschiedenheit der urkundlichen Belege keinen Anspruch erheben. Es kam in erster Linie darauf an, einen Überblick über die hochbedeutende Geschichte unserer Handelsgewächse zu geben und ihren Einfluß auf die Industrie und den Handel, vor allem Straßburgs, darzustellen. Gerade die so außerordentlich interessanten Beziehungen zwischen Landwirtschaft und Industrie haben in der Literatur bisher nicht die Beachtung gefunden, die sie verdienen; für eine solche Betrachtung eignet sich das Unterelsaß in besonderem Maße. Denn seit alten Zeiten sind hier Handelsgewächse gepflanzt worden; verschwand das eine, so trat ein neues an seine Stelle. Damit hat unsere Landwirtschaft eine Anpassungsfähigkeit und Beweglichkeit gezeigt, die der gewerblichen nicht nachsteht.

Wenn auch der Anbau der Handelsgewächse im Elsaß sich vornehmlich auf das Unterelsaß beschränkt, so haben doch die oberelsässischen, auch die lothringischen Verhältnisse zum Teil, Berücksichtigung gefunden. Leider ist nur das urkundliche Quellenmaterial nicht sehr umfangreich gewesen. Hie und da zerstreut fanden sich Zehntrechnungen oder Nachlaßaufstellungen, seit dem Ende des 17. Jahrhunderts dann auch Verwaltungsberichte in größerer Zahl. Im Eingehen auf örtliche Überlieferungen fand sich so manche bedeutungsvolle Angabe. Deshalb wurde die Lokalgeschichte der einzelnen Städte und Städtchen ausgiebig benutzt, ganz besonders hat aber die persönliche Anschauung, das Aufsuchen alter Gebräuche, Worte und Namen, die Arbeit außerordentlich gefördert.

Es ist mir eine liebe Pflicht, den vielen Hunderten von Männern zu danken, die mir, jeder nach seiner Art und seinen Kräften, jederzeit aufs bereitwilligste ihre Unterstützung liehen. Einzelne Namen zu nennen, muß ich mir hier versagen, ihre Zahl ist zu groß; jedem Einzelnen möchte ich aber an dieser Stelle nochmals den herzlichsten Dank sagen. Vor allem den vielen Verwaltungs- und Gemeindebehörden, die mich stets aufs bereitwilligste unterstützt haben, unter ihnen besonders dem Statistischen Landesamt für Elsaß-Lothringen und seinem Vorstand, Herrn Regierungsrat Dr. Platzer, dem ich das statistische Material im Anhang zum Teil verdanke.

Besonderer Dank sei aber hier meinen verehrten Lehrern G. F. Knapp und W. Wittich gesagt, in deren staatswissenschaftlichem Seminar die Arbeit vor einer Reihe von Jahren entstanden ist, und die für ihre Weiterentwicklung und Schlußredaktion dem Verfasser stets ein freundliches Interesse entgegengebracht haben.

Aus äußeren Gründen mußte der Abschnitt über Tabak und Hopfen zurückgestellt und für einen zweiten Teil aufgespart werden [1]). In diesem wird es vielleicht auch möglich sein, etwaige neue Tatsachen über die Gewächse des ersten Teiles zu verwerten, und etwaige Irrtümer zu berichtigen. Ich werde daher stets auch für den geringsten Hinweis dankbar sein.

Eines möchte ich noch besonders betonen: Wer nicht nur von der ragenden Plattform des Münsters oder von den grünenden Höhen unserer Vogesen ins golden wogende Land schaut, sondern auch mit offenem Herz und mit aufrichtigem Verständnis für die Bewohner unseres reichen, gesegneten Unterelsaß das Land durchstreift, dem werden sich auch die Worte aufdrängen, in die von nunmehr fast 100 Jahren Schwerz, der klassische Schilderer unseres elsässischen Ackerbaues, ausbrach: «Ich fand im Elsaß ein gutes Volk».

---

[1]) Der zweite Teil wird auch eine ausführliche Zusammenfassung und praktische Vorschläge enthalten.

Zabern, im Juli 1914.

Luthmer.

NACHSCHRIFT.

Ein eigentümlicher Zufall hat es gefügt, daß in dem Augenblick, in dem die Arbeit im Buchhandel erscheinen sollte, am 1. August, der große Krieg ausbrach, der nun auf manche wirtschaftlichen und zollpolitischen Verhältnisse von Grund aus umgestaltend einwirken wird. Dadurch sind manche in dem Buche behandelte Fragen nur noch von historischem Interesse, dafür behandelt es aber die Zeit zwischen den Kriegen von 1870 und 1914 bis zum letzten Tage. Ich freue mich besonders, daß der u n t e r elsässische kernige Bauernstamm in seinem treuen Fühlen für die deutsche Sache das Urteil von Schwerz auf's neue bestätigt hat.

Chateau-Salins, Weihnachten 1914.

Luthmer.

INHALT.

Quellenangaben.

(Es kann hier nur ein Teil der benützten Literatur angeführt werden; weniger oft benutzte Werke sind in den Fußnoten im Text angegeben. Allgemein bekannte Werke, wie das Reichsland Elsaß-Lothringen, Claus' Wörterbuch, die Statistischen Jahrbücher u. a. sind weggelassen.)

Altmeyer = Altmeyer, Max, Die Rheinschiffahrt Straßburgs im 19. Jahrhundert, 1902.

Annales des Dominicains. Colmar 1846.

Aufschlager = Aufschlager, Das Elsaß, 2 Bde., 1825.

Bachmann = Bachmann, G. Aug., Betrachtungen über die dermaligen Verhältnisse im Elsaß, insbesondere in Rücksicht auf die Pfalz-Zweybrückische Besitzungen unter kgl. franz. Hoheit. Frankfurt 1791.

Becker = Becker, Joseph, Geschichte der Stadt Hagenau.

Berkholz = Berkholz, Leo, Die Wirkungen der Handelsverträge auf Landwirtschaft, Weinbau und Gewerbe in E.-L., 1902.

Bock = Bock, Hieronymus, Kreutterbuch, 1530 und später (M. Sebitz).

Brucker = Brucker, J., Straßb. Zunft- und Polizei-Verordnungen, 1889.

Camus = Camus, A. G., Voyage fait dans les Dép. nouvellement réunis. . ., 2 Bde., 1803.

Candolle = Candolle, A. de, Origine des plantes cultivées. Paris 1883 und später; deutsch, Leipzig 1884.

Chaptal = Chaptal, comte de, De l'industrie françoise, 2 Bde., Paris 1819.

Cranz = Cranz, Karl, Bemerkungen auf einer vorzügl. in landw. Hinsicht im Sommer 1801. . . angestellten Reise. 1805.

Crescentiis = Petrus de Crescentiis, Von dem Nutz der Ding die in den Äckern gebawt werden.

Dalloz = Dalloz, Répertoire méthodique et alphabétique de législation, de doctrine et de jurisprudence. 1845—1870.

Darmstädter = Darmstädter, Paul, Die Verwaltung des Unterelsaß unter Napoleon I., 1903/04.

Description du Dép. du Bas-Rhin (Migneret), I-IV (unvoll.), 1858-71.

Dettmering = Dettmering, W., Beiträge zur älteren Zunftgesch. der Stadt Straßburg, 1903.

Eckert = Eckert, Chr., Die Rheinschiffahrt im 19. Jahrhundert. Leipzig 1900.

Eheberg	= Eheberg, Karl Th., Verfassungs-, Verwaltungs- und Wirtsch.-Geschichte der Stadt Straßburg bis 1681, I, (unvoll.). 1899.
Eichhoff	= Eichhoff, J. J., Topogr. stat. Darstellung des Rheins. . . Köln 1814.
Eichelmann	= Eichelmann, Karl, Die Wasserstraßen in der els.-lothr. Volkswirtschaft, 1905.
Fesquet	= Fesquet, Voyage de Paris à Strasbourg, 1802.
Fischer	= Fischer, Dagob., Das ehemalige Zunftwesen in Zabern, 1868.
Friese	= Friese, Ökonomische Naturgeschichte der beiden rheinischen Départ. 2. Aufl., 1807.
—	= Friese, Etwas über die Naturgüter der beiden rhein. Départements, 1796.
Fritz	= Fritz, Johannes, Die alten Territorien des Elsasses nach dem Stande vom 1. Januar 1648.
Frost	= Frost, Bedingungen für intensiven und extensiven Landwirtschaftsbetrieb in Deutschland. Diss. 1903.
Fruhwirth	= Fruhwirth, Die Pflanzen der Feldwirtschaft.
Fournel	= Fournel, Les lois rurales de la France, 3 Bde., 1821.
	Georgica curiosa. Von dem Adelichen Land- und Feldleben (Hohberg), 2. Aufl. Nürnberg 1716.
Gérard	= Gérard, Charles, L'ancienne Alsace à table, 1877.
—	= Gérard, Charles, Coup d'œil sur l'industrie et le commerce de l'Alsace au XVIe siècle (Revue d'Alsace, 1850).
Grad	= Grad, Ch., Etudes statistiques sur l'industrie de l'Alsace, I, II, 1879.
—	= Grad, Ch., L'Alsace, le pays et ses habitants, 1889.
Hanauer	= Hanauer, A., Weistümer des Elsasses (Grimm), 1866.
—	= Hanauer, A., Etudes économiques sur l'Alsace, 2 Bde. 1878.
Haug	= Haug, H., Die Handelskammer zu Straßburg, 1903.
Hehn	= Hehn, Victor, Kulturpflanzen und Haustiere.
Heitz	= Heitz, Fr. Karl, L'Alsace en 1789 (1860).
Hertzog	= Hertzog, Aug., Der Handel und die Gewerbe zum Ausgang des Mittelalters, 1897.
	Histoire documentaire de l'industrie de Mulhouse. . ., I, II, 1902.
Hoffmann	= Hoffmann, Ch., L'Alsace au XVIIIe siècle. . . 4 Bde., 1906 ff.
Kirschleger	= Kirschleger, Fr., Flore d'Alsace, 3 Bde., 1852/62.
Kroeber	= Kroeber, A., Etat de l'industrie en Alsace vers 1735 (Revue d'Alsace 1867).
Krzymowski	= Krzymowski, R., Die Wirtschaftssysteme und Fruchtfolgen in E.-L., 1908.
Kühn	= Kühn, Joh., Das Bauergut der alten Grundherrschaft. Leipzig. Diss. 1912.
Ladoucette	= Ladoucette, baron de, Notice biogr. sur M. le Marquis de Lezay-Marnesia, 1817.
Lambla	= Lambla, J. B., Das Unterelsaß in den Jahren 1814—1818. Diss. 1913.
Laumond	= Laumond, Statistique sur le Dép. du Bas-Rhin, Paris an X.

		Lehrbuch für die landw. Winterschulen Elsaß-Lothringens, 3 Bde., 1909.
Leydhecker		Leydhecker, Die Zölle und indirekten Steuern in Elsaß-Lothringen, 1877.
Loriol	=	Loriol, La France (Guadet, Bas-Rhin), 1834.
Luroth	=	Luroth, L'administration municipale de Bischwiller à partir de l'année 1840.
Mantoux	=	Mantoux, La révolution industrielle au XVIIIe siècle.
		Manuel des adresses du commerce et de l'industrie, Strasbourg, 1868 u. a.
		Manuel du commerce, de l'industrie, des sciences. . . par Strohl, 1824.
Martzloff	=	Martzloff, G., Die Landwirtschaft im Elsaß im vorigen Jahrhundert unter franz. Herrschaft, 1913.
		Mercure alsacien, Répertoire général, 1846.
Mutzig	=	Mutzig, Georg, Geschichte der Gemeinde Hatten, 1906.
		Notes d'arrest du Conseil Souverain d'Alsace, 1742.
Oppenau	=	Oppenau, Fr. v., Christian Philipp Schroeder. . . 1888.
Paulli	=	Paulli, Sim. Straßburgisches Kauf- und Handelsbüchlein, durchgesehen durch J. H. Henricii, 1672.
Penot	=	Penot, Statistique du Dép. du Haut-Rhin, 1828 ff.
Platzer	=	Platzer, Hans, Die Verteilung der landw. und industr. Bevölkerung in Elsaß-Lothringen, 1910.
Reinhardt	=	Reinhardt, Ludw., Die Erde und die Kultur, Bd. IV, 1910.
Riquaut	=	Riquaut, Description et statistique agricole du canton de Wissembourg, 1860.
Rocke	=	Rocke, Das Kontinentalsystem und dessen Einwirkung auf die französische Industrie, 1894.
Rößlin	=	Rößlin, Des Elsasses und gegen Lothringen grentzenden Wasgawischen Gebirgs Gelegenheit, 1593.
Schild	=	Schild, Eusebius, Landw. Produktion und Konsumption in E.-L., 1883.
Schlipf	=	Schlipf, J. A., Populäres Handbuch der Landwirtschaft (viele Aufl.), 2. für das Elsaß bestimmte Auflage, 1843.
Schmidt	=	Schmidt, Charles, Les seigneurs, les paysans et la propriété rurale en Alsace au Moyen-âge, 1897.
Schmoller	=	Schmoller, Die Straßburger Tucher- und Weberzunft, 1879.
—	=	Schmoller, Straßburg zur Zeit der Zunftkämpfe, 1875.
Schwerz	=	Schwerz, M., Beschreibung der Landwirtschaft im Niederelsaß, Berlin 1816.
Serres	=	Serres, Olivier de, Théâtre d'agriculture, 1651.
Spach	=	Spach, L., Adrien comte de Lezay-Marnésia, 1854.
—	=	Spach, L., Lezay-Marnésia, influence de son administration sur l'agriculture du Bas-Rhin, 1848.
Stieda	=	Stieda, Wilhelm, Zur Entstehung des deutschen Zunftwesens, 1876.
Stöber	=	Stöber, Aug., Der Kochersberg, ein Landschaftsbild aus dem Unterelsaß, 1857.
Stolz	=	Stolz, J. L., Elementarhandbuch des els. Ackerbaus, 1842.

Thisse = Thisse, Emil, Die techn. Entwicklung der els. Landwirtschaft in der 2. Hälfte des 19. Jahrhunderts, Diss. 1910.
Tischert = Tischert, Elsaß-Lothringen und die Handelsverträge, 1898.
Tisserand, Léfébure = Tisserand et Léfébure, Etude sur l'économie rurale, 1869.
Tornier = Tornier, Rich., Beziehungen zwischen Witterung, Düngung, Bodenertrag. Diss. Göttingen 1912.
Untersuchung über die Lage und Bedürfnisse der Landwirtschaft in Elsaß-Lothringen, 1885.
Urkunden und Akten der Stadt Straßburg, I-VII. (Wiegand.)
Walter = Walter, L., Les regestes de l'abbaye de Neuviller.
Wündisch = Wündisch, Fr., Geschichtsübersicht für Elsaß-Lothringen, 1914.
Zollkeller-Tarif von Straßburg, 1700.
Zwinger = Zwinger, Theodor, Kreutterbuch (Theatrum botanicum), Basel 1696.

Jahrbücher, Berichte usw.

Actes de la préfecture du Départ. du Bas-Rhin.
Almanach alsacien, Répertoire commercial, 1854.
Annuaires historiques et statistiques du Dép. du Bas-Rhin.
Annuaires physico-économiques et statistiques du Dép. du Haut-Rhin.
Berichte über Handel und Industrie, herausgegeben vom Reichsamt des Inneren.
Bulletins de la Société d'histoire naturelle de Colmar.
Exposition des produits de l'industrie alsacienne organisée par la société industrielle de Mulhouse au mois de Mai 1836. Rapports.
Exposition universelle de 1855. Travaux du Comité départemental du Bas-Rhin.
Exposition universelle de 1867. Dasselbe. Rapport de M. Dubocq, 1868.
Exposition universelle de Vienne. Notice sur l'industrie et le commerce de l'Alsace (Ch. Grad). Auch deutsch, aber mit abweichenden Zahlenangaben, 1873.
Handelsarchiv, Deutsches.
Jahrbuch für Geschichte, Sprache Elsaß-Lothringens, herausgegeben vom hist. literarischen Zweigverein des Vogesen-Clubs, I-XXIX.
Jahresberichte der Handelskammer zu Straßburg i. Els.
Journal officiel de la France.
Journal officiel du Royaume des Pays-Bas.
Journal von und für Deutschland, herausgeg. von v. Bibra, I. II, 1784 f.
Landwirtschaft, Die Deutsche, bearbeitet vom K. Stat. Amt, Berlin, 1913.
Landwirtschaftlich-historische Blätter, V., VI. Jahrgang (Hertzog).
Landwirtschaftlicher Kalender für Elsaß-Lothringen, 1878 ff.
Landwirtschaftlicher Taschenkalender für Elsaß-Lothringen.
Landwirtschaftliche Zeitschrift für Elsaß-Lothringen, seit 1873.
Mémoires de l'académie de Metz, 1822 f.
Mitteilungen der Gesellschaft für Erdkunde und Kolonialwesen in Straßburg, 1913.
Mitteilungen der philomatischen Gesellschaft in Elsaß-Lothringen. 20. Jahrgang, 1912, IV., Heft 5, Seite 679 ff. (Krause).
Monatsberichte der Gesellschaft zur Förderung des Ackerbaues, der Wissenschaften usw. im Unterelsaß (früher mémoires, nouveaux mémoires und bulletins).
Monatsschrift Elsässische, für Geschichte usw., Zabern, Fuchs, I-VIII, (1913).

Notice des produits de l'industrie et des beaux-arts exposés au château royal de Strasbourg du 28 juillet au 10 août 1834.
Recueil des édits, déclarations, lettres patentes, arrests du Conseil souverain, 1771.
Recueil officiel des actes de la préfect. du Dép. du Bas-Rhin.
Revue d'Alsace.
Société Industrielle de Mulhouse. Rapport sur l'expos. des prod. de l'industrie tenue à Mulh. le 13 juin 1838.
Stationsstatistik der Reichseisenbahnen in Elsaß-Lothringen.
L'Utilité, journal spécial d'agricult. et d'industrie, 2 Bände, 1844.
Verhandlungen des Landesausschusses und Landtages für Elsaß-Lothringen.
Verhandlungen des Landwirtschaftsrates von Elsaß-Lothringen.
Vierteljahrshefte, Statistische.
Zeitschrift für die Geschichte des Oberrheins.
Zeitschrift «Die Vogesen».

Tageszeitungen.

Frankfurter Zeitung; Kölnische Zeitung; Straßburger Bürgerzeitung; Der Elsässer; Straßburger Neueste Nachrichten; Straßburger Neue Zeitung; Straßburger Post.

Kollegheft «Elsaß-Lothringen in volkswirtschaftlicher Beziehung» von Prof. Dr. W. Wittich.

Besondere Literatur zum Abschnitt «Gespinstpflanzen».

Brinkmeier = Brinkmeier, Der Hanf, sein Anbau, seine Bereitung (versch. Auflagen).
Gerig = Gerig, W., Terminologie der Hanf- und Flachskultur. . . Diss. 1913.
Hecker = Hecker, Der Flachs, 1897 .
Kuhnert = Kuhnert, Der Flachs, seine Kultur und seine Verarbeitung, 1897.
Mareau = Mareau, Th., Kultur und Zubereitung des Flachses und Hanfes usw., deutsch, Weimar 1866.
Oppenau = Oppenau, Fr. v., Der Hanfbau im Elsaß, 2. Aufl., 1896.
Flachs und Leinen, Mitteilungen des Verbandes der österr. Flachs- und Leineninteressenten. Seit 1894.
Deutsche Seiler-Zeitung, Berlin.

Abschnitt «Ölgewächse».

Mandekic = Mandekic, Vinko, Beiträge zur Kultur und Züchtung des Rapses. Diss. 1912.

Abschnitt «Färberpflanzen».

Lauterbach = Lauterbach, Fritz, Der Kampf des Waid mit dem Indigo. Diss. 1910.

Abschnitt «Krapp».

Bosch	= Bosch, van den, J. G. J., Over den bouw en de bereiding der Meerkrap.
Dehérain	= Dehérain, P. P., Traité de chimie agricole, 1892.
Gnelim	= Gnelim, Die Anthracenfarbstoffe. Braunschweig 1897.
	Handwörterbuch der Chemie, Neues. Braunschweig 1881, 3 Bde.
Kopp	= Kopp, Geschichte der Chemie. Braunschweig 1843.
—	= Kopp, Beiträge zur Gesch. der Chemie, Braunschweig 1869.
—	= Kopp, Emile, Recherches sur la garance d'Alsace, o. J,
Duhamel	= Duhamel de Monceau, Mémoires sur la garance et sa culture, 1757.
Rupe	= Rupe, Die Chemie der natürl. Farbstoffe, 1900.
Schultz	= Schultz, Gustav, Die Chemie des Steinkohlentheers, 2 Bde., 3. Aufl., 1900/01.
Schützenberger	= Schützenberger, Die Farbstoffe. . . Deutsch von Schrœder, 1870 (siehe ferner die dort Seite 281—285 aufgeführte Literatur, chemisch).

Berichte der deutschen chemischen Gesellschaft, Berlin 1869/70.

Die chemische Industrie. Berlin 1882 (Relig).

Tydschrift vor Nyverheid, Haag, XXXI-XXXVII.

Mémoire apologétique pour le sieur Isaac Bertrand de Bischwiller en Basse-Alsace, 1759.

Mémoire pour Isaac Bertrand, négociant de Bischwiller, appellant . . ., 1756.

Opérations du magistrat d'Hagenau concernant Isaac Bertrand de Bischwiller, 1757.

Literarische Beilage zur Gemeinde-Zeitung für Elsaß-Lothringen vom 2. April 1881.

In den Bulletins de la Soc. Ind. de Mulh. finden sich eine große Anzahl von Aufsätzen über Krapp von Kopp u. a.

Abschnitt «Zuckerrübe».

Bodenstein	= Bodenstein, C., Die Zuckerfabrikation in Elsaß-Lothringen, 1883.
Deiß	= Deiß, Anleitung zum Anbau der Zuckerrübe, 1837.
	Fabrication des sirops et sucre de raisin dans le Dép. du Bas-Rhin, 1810.
Felber	= Felber, A., Die Kultur der Zuckerrübe.
Grunelius	= Grunelius, M., L'industrie sucrière en Alsace, 1895.
Heliot	= Heliot, Le sucre de betteraves en France, 1900.
Kaufmann	= Kaufmann, Die Zuckerindustrie, 1878.
Lensch	= Lensch, Paul, Die Wandlungen in der Verfassung der Zuckerindustrie. Diss. 1900.
Lippmann	= Lippmann, von, Geschichte des Zuckers, Leipzig 1890.
Ostermeyer	= Ostermeyer-Chatelain, La betterave à sucre en Alsace, 1884.
Paasche	= Paasche, H., Zuckerindustrie und Zuckerhandel der Welt, 1905.
	Prospektus, Raffinerie alsacienne, o. O. u. J.
Schippel	= Schippel, Max, Zuckerproduktion und Zuckerprämien.
Schulze	= Schulze, Fr. G., Die deutsche Zuckerfrage. Jena 1850.

Spenlé-Legrand = Spenlé-Legrand, Rapport sur les avantages que présenterait l'installation d'une fabrique de sucre brut en Alsace, 1883.

Sucrerie de Hilsheim, 1838.

Vogel = Vogel, H., Die Vorteile des Zuckerrübenbaues, 1884.

(In der Landw. Zeitschrift für Elsaß-Lothringen 1874, 1880 bis 1885, 1893-96, seit 1900, finden sich Aufsätze in großer Zahl über den els. Zuckerrübenbau.)

Abschnitt «Zichorie».

Baumann = Baumann, D., Ausführlicher Unterricht über den Zichorienwurzel- und gelbe Rübenbau für den els. Bauern, 1819.

Bibra = Bibra, Baron v., Der Kaffee und seine Surrogate. München 1858.

Fries = Fries, Praktische Anleitung zum Kaffeezichorienbau, 2. Aufl., 1886.

Der Kaffee, Gemeinverst. Darstellung, herausgeg. vom K. Gesundheitsamt Berlin, 1903.

Katholische Schulzeitung für Elsaß-Lothr. 1907, Seite 121.

Abschnitt «Gemüsepflanzen».

Krzymowski = Krzymowski, R., Der Feldgemüsebau in Elsaß-Lothringen, 1913.

Lebbin und Baum = Lebbin, Georg, und Baum, Georg, Deutsches Nahrungsmittelrecht, I, 1907.

Konservenzeitung, Deutsche, Leipzig (Klinckhardt), seit 1899.

Abschnitt «Kraut».

Recueil des Principaux Textes relatifs à la Répression des Fraudes. Paris 1913.

Rosenthal-Wehner = Rosenthal-Wehner, Reichsgesetz gegen den unlauteren Wettbewerb vom 7. Juni 1909, 1911.

Abschnitt «Weberkarde».

Bourguignon = Bourguignon, E., Bischwiller depuis cent ans, 1875.

Cullmann = Cullmann, Geschichte von Bischweiler, 1826.

Dehio = Dehio, K., Die Bischweiler Tuchindustrie, 1912.

Archive.

Bezirks-Archiv Straßburg, Bezirks-Archiv Colmar, Stadtarchiv Straßburg, Stadtarchive in Bischweiler, Buchsweiler, Colmar, Hagenau, Molsheim, Wasselnheim, Zabern (die betr. Nummern sind meist in den Fußnoten angegeben. Archiv der Handelskammer zu Straßburg, Protokollbücher der Handelskammer zu Straßburg.

EINLEITUNG.

Unter Handelsgewächsen versteht man solche Pflanzen, die der Landwirt entweder gar nicht, oder nur zu einem verhältnismäßig kleinen Teil für die eigene Wirtschaft baut, die vielmehr feldmäßig zum Zweck des Verkaufs als Handelsware oder als Rohstoff für gewisse Zweige der Industrie gepflanzt werden. Sie erfordern infolge des Interesses des Bauern an möglichst hohen und guten Erträgen eine intensive Bodenkultur, und stellen auch an die Arbeits- und Kapitalkraft des einzelnen Besitzers höhere Anforderungen als die übrigen Gewächse. Wenn auch in der Regel fruchtbares Ackerland zu ihrem Anbau gewählt wird, so ist das doch nicht unbedingt erforderlich. Auch in weniger fruchtbaren Böden werden Handelsgewächse gepflanzt.

Landwirtschaftlich-technisch gehören nur bestimmte Gruppen von Pflanzen zu ihnen: Gespinst-, Öl-, Gewürz- und Färberpflanzen. In diesem Sinne pflegt auch die Statistik den Begriff «Handelsgewächse» zu bestimmen. Allein diese Gruppierung darf für die vorliegende Arbeit nicht maßgebend sein. Heute muß der Begriff der Handelspflanzen auch auf andere Gewächse ausgedehnt werden, die ausschließlich für den Handel oder die industrielle Verarbeitung gepflanzt werden (Zuckerrüben, Spargel, Erbsen usw.). Freilich darf man andererseits den Begriff nicht zu sehr dehnen. Auch Getreide, Kartoffeln werden heute hauptsächlich für Handel oder Industrie gepflanzt. Doch fehlt es bei diesen Gewächsen an der Intensivkultur, die den Handelsgewächsen eigentümlich ist.

Man kann die Handelspflanzen wieder in Handelsgewächse im engeren Sinne und in Industriepflanzen scheiden. Zur ersteren Klasse gehören Spargel, Erdbeeren, (im Mittelalter: Kastanien), zur letzteren Zuckerrüben, Weberkarde, Tabak u. a. Doch finden sich auch Zwischenstufen, wie ein großer Teil der Gemüsepflanzen, die heute sowohl für den Handel (Verkauf durch Zwischenhändler auf dem

Markte), wie zur industriellen Verarbeitung in Konservenfabriken gepflanzt werden [1]).

Bei dem Charakter der Pflanzen als Handelsgewächse muß der Landwirt sich mit seinem Anbau und der Größe seiner Anbaufläche nach der Absatzmöglichkeit und der Konjunktur richten. Daher finden wir gerade bei diesen Pflanzen ein außerordentliches Schwanken der Anbaufläche und die Kurve ihrer statistischen Darstellung zeigt eine charakteristische Wellenbewegung.

Die Handelsgewächse verlangen erhöhte Arbeit, vermehrtes Betriebskapital und zum Teil auch besondere Anlagen des bäuerlichen Hofes zur Aufbewahrung der Ernte. Manche Gewächse haben sogar auf die Bauart der Häuser (Tabak) oder auf das Aussehen einer ganzen Gemarkung (Hopfen, Spargel) einen bestimmenden Einfluß gehabt. Stets aber macht sich ihr Anbau in dem steigenden Wohlstand der Bevölkerung geltend [2]). Vor allem wird der Landwirt durch den intensiven Anbau gezwungen, selbst hart zu arbeiten. «Nur die fleißigen Bauern pflanzen Tabak und Hanf» heißt es in einem Bericht aus Erstein vom Jahre 1769 [3]).

Die Erziehung zur Arbeit bleibt aber nie ohne Erfolg, selbst wenn für den Augenblick nichts davon zu merken ist. Ihre Wirkung zeigt sich auch nicht bloß äußerlich. Sie liegt vor allem in der Einwirkung auf den Charakter, der sich durch die Erziehung der Arbeit festigt, zu strenger und sittlicher Lebensführung nötigt. Der ernste Grundton des Charakters läßt sich heute in den vorwiegend Handelsgewächsbau treibenden unterelsässischen Dörfern (z. B. Geudertheim, Gerstheim, Olwisheim, Schleithal u. a. m.) noch wohl erkennen.

Das Unterelsaß ist und war von jeher ein reiches Land, das seine wirtschaftliche Kraft dem Ackerbau verdankte, und auch heute durch die innigen Wechselbeziehungen seiner Landwirtschaft zur Industrie in besonderem Maße begünstigt ist.

Rößlin, der gelehrte Arzt und Schriftsteller schreibt im Jahre 1593, das damals gebräuchliche Sprichwort, nach dem dasjenige Land das beste sei, in welchem 5 W gefunden würden: «Weitzen,

---

[1]) Auch die Rebe, die im Unterelsaß auch heute noch von großer Bedeutung ist, gehört an sich zu den Handelsgewächsen. Doch muß sie aus dem Rahmen der vorliegenden Betrachtung ausscheiden, da ihre Geschichte im Lande bekannt und auch bereits des öfteren dargestellt worden ist (vergl. Dr. Julius Frick, Die wirtschaftlichen Verhältnisse des Weinbaues und Weinhandels im Elsaß seit 1871, Straßburg, 1911, und die dort auf Seite VII bis IX angegebene Literatur).

[2]) Im Bezirks-Archiv Straßburg, C 391, finden sich Belege für das 18., in Migneret a. a. O., III, für das 19. Jahrhundert.

[3]) Bezirks-Archiv Straßburg, C 213.

Wein, Wasser, Waid, Wäld», werde im Elsaß noch durch ein sechstes W gekrönt: Wildfur oder Wildpret. Münster, Merian, Bock, nach ihnen Arthur Joung und Schwerz, alle Schriftsteller des Mittelalters und der Neuzeit, die vom Elsaß reden, rühmen den Reichtum des Landes und die hohe Entwicklung seiner Landwirtschaft.

Die Industrie hat im Unterelsaß nie die Rolle gespielt wie im Oberelsaß oder in neuerer Zeit in Lothringen, und eigentümlich war ihr stets der landwirtschaftliche Anstrich der einzelnen Fabrikzweige. Schon anfangs des 18. Jahrhunderts fanden sich Getreidemühlen größeren Umfanges in einzelnen Gemeinden, und später überall im Lande zerstreut Krapp-, Waid- und Ölmühlen und -darren, Hanfreiben und Bleichereien. Zu Beginn des 19. Jahrhunderts entstanden Tabak- und Zuckerfabriken, Brauereien, und in neuerer Zeit hat sich die Mühlenindustrie im Lande zu außergewöhnlicher Bedeutung emporgeschwungen, die die sämtlichen ähnlichen Unternehmungen Süd- und West-Deutschlands sehr weit hinter sich läßt. Daneben sind große Konservenfabriken entstanden, und eine Kleinindustrie, die Sauerkraut- und Senffabrikation. Bei manchen kleineren Betrieben ist heute noch die bäuerliche Anlage zu erkennen, bei der der viereckige fränkische Bauernhof auf einer Seite vom Wohnhaus, auf der zweiten vom Stall, auf der dritten und vierten von den für die Ölmühlen, Rötfabriken usw. dienenden Gebäuden umschlossen wird (der Röthof in Ingweiler, Brauerei Haag, die Ölmühle in Wilwisheim u. a. m.).

Der Handel mit elsässischen Landesprodukten war von jeher bedeutend. Wie elsässer Wein seit dem 12. und 13. Jahrhundert in Norddeutschland berühmt war, so gesucht war elsässer Getreide in Süddeutschland und der Schweiz, die das Elsaß (allerdings wohl mehr den Sundgau) ihre Kornscheuer nannte. Elsässer Hanf, elsässer Krapp und elsässer Flor brachten neben Getreide im 18. und 19. Jahrhundert dem straßburger Kaufmannsstande Reichtum und Ansehen. Der Handel mit Landesprodukten war der Geschäftszweig, dem die meisten und bedeutendsten Mitglieder der straßburger Handelskammer im vorigen Jahrhundert angehörten, unter denen vor allem ihr langjähriger Präsident Jean-Georges Humann hervorragt, der lange Jahre hindurch französischer Finanzminister und vorher in Straßburg Zuckerfabrikant gewesen war[4]).

Die Bedeutung der Handelsgewächse für die Landwirtschaft des Unterelsaß hat der leider früh verstorbene Landwirtschaftslehrer Dr. Heß in seiner Dissertation behandelt[5]). Die Arbeit er-

[4]) Vergl. Haug, Die Handelskammer zu Straßburg i. E., Seite 5 ff. [5]) Dr. Jakob

streckt sich allerdings nicht auf alle Handelsgewächse und auch insoweit fast nur mit Beziehung auf die gegenwärtigen Verhältnisse. Die Bedeutung der Handelsgewächse, die geschichtliche Entwicklung ihrer Beziehungen zu Handel und Industrie des Unterelsaß zu schildern, ist das Ziel der vorliegenden Arbeit. Für diese Darstellung lagen zwei Wege offen: Einmal konnte in fortlaufender, historisch sich entwickelnder Darstellung etwa von Jahrhundert zu Jahrhundert der Anbau der einzelnen Pflanzen zusammengefaßt geschildert werden. Diese Darstellung hätte den Vorteil gehabt, den Überblick zu erleichtern, die Übergänge von einer Art zur anderen deutlicher hervortreten zu lassen, hätte aber allerdings die Darstellung der einzelnen Pflanzen zerrissen und häufige Wiederholungen bedingt. Aus diesem Grunde ist hier die zweite Möglichkeit gewählt worden, eine Aneinanderreihung von Monographien der einzelnen Gewächse in historischer Beschreibung, die natürlich oft miniaturartig schildern kann, wie das bei der ersteren Art der Darstellung nicht möglich wäre, die aber doch einen mosaikmäßigen Überblick über die Handelsgewächse allgemein ermöglicht.

Leider muß aber für die allgemeine Darstellung einzelner Pflanzen in neuerer Zeit, erst recht für das Mittelalter, das gelten, was Graf Chaptal, der bekannte französische Minister des Innern unter Napoleon I. und bedeutende Schriftsteller, im Jahre 1819 bezüglich des Hanfes und Flachses gesagt hat[6]): «Cette petite culture, qui n'emploie qu'un carré de jardin, ou quelques ares de terre dans les champs, est immense, parce qu'elle est générale; mais on ne peut pas l'apprécier pour la faire entrer dans un état de recensement». Der Mangel an statistischem Material aus früheren Jahrhunderten machte sich gerade bei der vorliegenden Arbeit unangenehm geltend.

Zum besseren Verständnis und zur Vermeidung überflüssiger Wiederholungen sind einige Vorbemerkungen unerläßlich als äußerer Rahmen für die Darstellung der einzelnen Gewächse.

a) Vorbemerkungen allgemeiner, geographischer und landwirtschaftlich-technischer Art.

Die Bedeutung des Handelsgewächsbaues für die Landwirtschaft des Unterelsaß gegenüber der des Oberelsaß und Lothringens ergibt sich daraus, daß im Unterelsaß im Jahre 1912: 3 % des Acker- und

Heß, Die Bedeutung der Handelsgewächse für die Landwirtschaft im Unterelsaß, Berlin 1909. Die Arbeit ist in Einzelheiten nicht immer genau, ist aber für den Gesamtüberblick klar und gewissenhaft geschrieben. [6]) Chaptal a. a. O. I,

Gartenlandes, im Oberelsaß nur 0,5 und in Lothringen gar nur 0,1 % dem Handelsgewächsbau gewidmet war [7]). Allerdings wird dieses Bild etwas dadurch verschoben, daß man zu den Handelsgewächsen auch Erbsen, Bohnen, Linsen, die von der Statistik unter der Rubrik «Getreide und Hülsenfrüchte» gezählt sind, rechnen müßte. Diese Pflanzen werden in Lothringen und im Oberelsaß viel angebaut, so daß sich die dortige Prozentziffer etwas erhöhte. Andererseits würde auch die Ziffer des Unterelsaß durch die Zuzählung der Anbauzahlen von Zuckerrüben, Kraut und Feldkohl, die jetzt unter der Rubrik «Hackfrüchte und Gemüse» gezählt werden, wieder beträchtlich erhöht.

Die Bodenverhältnisse der oberrheinischen Tiefebene, speziell des Unterelsaß, sind für den Handelsgewächsbau günstig. Von Lauterburg ab ist die ganze Ebene südwärts bis Mülhausen zusammengesetzt aus den verschiedensten Gesteinsarten, aus verwittertem Granit und Sandstein, die teils der Rhein aus den Alpen angeschwemmt, teils die Ill und ihre zahlreichen Nebenflüsse in der Ebene abgelagert haben [8]). Dazu kommt der Löß und Lehm, der sich an den verschiedensten Stellen des Landes abgesetzt hat. Alle diese Gesteinsarten trifft man in bunter Reihenfolge an, und sie äußern sich in den mannigfaltigen Kulturen, die wir oft in ein und derselben Gemarkung im Elsaß nebeneinander antreffen. Eine weitere Quelle der Fruchtbarkeit, auf die Dr. Heß ganz mit Recht hingewiesen hat, ist für die ganze Ebene das Grundwasser, das die verschiedenen Kalk- und Kiesmassen langsam zerreibt und in fruchtbares Erdreich übergehen läßt. Es führt dem Boden stets von unten die nötige Feuchtigkeit zu, da die Ebene nicht sehr regenreich ist, und nimmt wieder das überflüssige Wasser durch die leichte Durchlässigkeit des Bodens auf, und leitet es langsam nach Norden ab. Der Boden des Elsasses ist im ganzen leicht bestellbar. Die Fruchtbarkeit nimmt im Süden des Elsasses langsam ab und verschwindet ganz im Lügenfelde bei Mülhausen. Deshalb finden wir dort auch die bedeutende Industrie, während das Unterelsaß überwiegend agrarischen Charakter trägt. Zu den günstigen Bodenverhältnissen gesellt sich nun noch das für die gesamte Landwirtschaft so vorteilhafte Klima. Große Wärme, geringe Feuchtigkeit sind die Merkmale der klimatischen Verhältnisse in der Ebene. Im Verein mit

---

Seite 184. [7]) Vergl. die Tabellen Nr. 1 und 2 im Anhang. Der Reichsdurchschnitt betrug 1900: 0,7 % nach dem Stat. Jahrbuch für das Deutsche Reich, 1913. [8]) Das Reichsland Elsaß-Lothringen I, Seite 8 und 9 (Gerland).

dem Boden und dem so vorteilhaften Grundwasser bilden sie die Grundlagen der hochentwickelten Intensivkultur.

Dazu kommen noch die günstigen Besitzverhältnisse und die Dichte der Bevölkerung. Die Gesamtbevölkerungszahl betrug nach der Volkszählung am 1. Dezember 1910 im Unterelsaß: 700938, im Oberelsaß: 517865 Personen. Im Jahre 1907 waren in der Landwirtschaft tätig

im Unterelsaß:	244050	Personen	(35,71 %),
im Oberelsaß:	142962	»	(27,96 %),
in Lothringen:	181145	»	(28,96 %).

Durchschnittlich waren also 31,21 % im Jahre 1907 gegen 37,96 % im Jahre 1895 und 41,93 % im Jahre 1882 in Elsaß-Lothringen in der Landwirtschaft beschäftigt.

Besonders günstig für den Handelsgewächsbau sind die Besitzverhältnisse. Wir haben im Unterelsaß meist den Kleinbesitz von 2 bis 5 und 5 bis 20 Hektar [9]), im Oberelsaß herrschen die mittleren Bauernbetriebe vor; oft genügt schon eine Fläche von 1½ Hektar für eine Familie als Existenzminimum im Unterelsaß. Der Anbau der Handelsgewächse, die einer ganz besonderen Pflege bedürfen, vollzieht sich daher zum großen Teil in den kleinen Betrieben, in denen Dienstboten nicht vorhanden sind. Die Familie des am Ertrag interessierten Bauern muß daher meist allein die notwendigen Feldarbeiten verrichten — nicht zum Schaden des Anbaus. Außerdem eignet sich der Kleinbesitz noch aus einem anderen Grunde für die Handelsgewächskultur: Der Kleinbauer kann sich besser als der Großgrundbesitzer den Absatzverhältnissen und den Preisschwankungen anschmiegen. Er wird statt Tabak Zuckerrüben in seinem Acker pflanzen, wenn er merkt, daß er bei diesen mehr erlöst, und wird wieder Tabak pflanzen, wenn für diesen die Aussichten besser sind. Allerdings ist im Interesse einer geordneten Rotation ein allzuhäufiger Übergang von einem zum anderen nicht gut zu heißen.

Die Anbaufläche der Handelsgewächse ist leider in den letzten 50 Jahren bedeutend gesunken. Sie betrug im Unterelsaß [10]):

Im Jahre	1852:	15071	ha	(7,81 %	des Acker- und Gartenlandes)
» »	1866:	17450	»	(8,93 %	» » » »)
» »	1878:	13656,3	»	(6,75 %	» » » »)
» »	1883:	12685,79	»	(5,94 %	» » » »)
» »	1893:	8017,73	»	(3,96 %	» » » »)
» »	1900:	6058,30	»	(3,03 %	» » » »)
» »	1913:	5792,88	»	(?% [11])	» » » »).

[9]) Dr. Heß, a. a. O., Seite 17. Vergl. die Tabelle Nr. 3 im Anhang. Dr. Thisse, a. a. O., Seite 20 ff.

[10]) Siehe die Tabellen Nr. 4 und 5 über die Anbau-

Der Anbau der Handelsgewächse erstreckt sich nun nicht über das ganze Unterelsaß. Er wird, abgesehen vom Weinbau, nur in der Ebene betrieben und auch hier nur in den Kreisen Straßburg-Land, Erstein, Schlettstadt, Hagenau, Weißenburg. Der gebirgige nordwestliche Teil des Kreises Zabern ist für die Handelsgewächskultur ganz ungeeignet, und auch in den Kantonen der Ebene desselben Kreises sind die Handelspflanzen nur schwach vertreten. Desgleichen scheiden die oberen Teile des Breusch- und Weilertales für den Anbau der Handelsgewächse aus. Als Anbaugebiet bleibt daher ein Vieleck, im Norden begrenzt etwa vom Schienenstrange der Linie Weißenburg-Lauterburg, im Osten vom Rhein, im Westen von einer Linie Weißenburg-Ingweiler-Wasselnheim-Barr, im Süden von der Bezirksgrenze des Unter- und Oberelsaß.

Oft finden sich gewisse Arten von Handelsgewächsen nur auf den Fluren weniger Gemeinden, sei es, daß diese ein Monopol besitzen (im Mittelalter: Krapp), oder daß sich nur ihr Boden zum Anbau eignet: Senf, Kraut, sei es aus anderen, in den wirtschaftlichen Verhältnissen der Gemeinde liegenden Gründen: Spargel, zum Teil auch Tabak und Hopfen.

b) Vorbemerkungen geschichtlicher, politischer, zollpolitischer und wirtschaftlicher Art.

In historischer Beziehung läßt sich das Unterelsaß schwer isoliert betrachten; es gehörte mit dem Oberelsaß, mit Deutsch-Lothringen zum Teil, und auch mit verschiedenen Teilen der Pfalz aufs engste zusammen. Die wirtschaftliche Entwicklung unseres Landes vollzog sich in ganz anderen Bahnen als die politische.

Schon in den ersten Jahrhunderten unserer Zeitrechnung wurde der Ackerbau lebhaft betrieben. Bis zum Jahre 250 herrschte römische Kultur, das Land war dicht besiedelt, von guten Straßen durchzogen, der Ackerbau muß damals schon lebhaft betrieben worden sein. Seit dem Jahre 350 kamen die Germanen über den Rhein herüber, 50 Jahre später die Alemannen. Der Einfall der Hunnen im Jahre 451, die plündernd und verwüstend nach Westen zogen, bedeutete für die Landwirtschaft im Elsaß das Ende des Niederganges, der seit den Durchzügen der Germanen eingesetzt hatte. Erst seitdem die salischen Franken die Alemannen unterworfen

---

fläche der einzelnen Handelsgewächse im Anhang. [11]) Die Zahlen der Erhebung über die Bodenbenutzung vom Jahre 1913 sind noch nicht endgültig

und das Königreich Austrasien gegründet hatten, zu dem auch das Unterelsaß gehörte, setzt eine neue Kulturperiode ein, die durch die Gründung der großen Klöster Maursmünster (Lochweiler, um 600), später Weißenburg (660), Ebersmünster (660), Neuweiler (725), außerordentlich gefördert wurde.

Zur Regierungszeit Karls des Großen stand der Ackerbau bereits auf einer hohen Entwicklungsstufe. Wenn auch die Capitularien, besonders das berühmte Capitulare de villis in ihrem Geltungsbereiche auf bestimmte Teile des südlichen Frankenreiches beschränkt gewesen sein mögen [12]), so ist jedenfalls soviel sicher, daß der elsässische Ackerbau auf fast ebenso hoher Entwicklungsstufe stand als der aquitanische. Elsässer Wein war damals schon weit berühmt. In den folgenden Jahrhunderten wird das Elsaß bei den oftmaligen Versuchen von deutscher und französischer Seite, das Land zu erobern, mehrmals verwüstet; desgleichen bei den Einfällen der Ungarn in den Jahren 917 und 925. Erst die Zeit der Hohenstaufen brachte wieder eine Blütezeit für die ländliche Wirtschaft, aus der heraus in diesen Jahren die Stadtwirtschaft sich entwickelte, die von Friedrich Barbarossa und seinen Nachfolgern außerordentlich begünstigt wurde (Verleihung des berühmten Stadtrechtes an Hagenau 1164). Diese günstige Entwicklung wurde durch die energische und fördernde Verwaltung einer Reihe tatkräftiger Landvögte (Wölflin) in außerordentlichem Maße begünstigt. In den Städten entstand ein rege pulsierendes Leben. Das Handwerk und der Handel standen vor allem in Straßburg in hoher Blüte; früh finden wir dort große Märkte, auf denen die Erzeugnisse des Landes feilgeboten wurden, sei es zum sofortigen Verbrauch oder zum Handel und zur Verarbeitung. So förderte die Landwirtschaft die Stadtwirtschaft und umgekehrt.

Bis zu dieser Zeit waren die Handelsgewächse nur zum eigenen Bedarf gepflanzt worden. Ackerbau und Handel waren früher auch kaum geschieden gewesen. Die städtischen Gewerbetreibenden pflanzten selbst die Gewächse, die sie zur Verarbeitung nötig hatten. Doch mit der Zunahme des Absatzes und mit der Erweiterung der Handelsbeziehungen trat die Trennung zwischen Land- und Stadtwirtschaft ein. Als das emporstrebende straßburger Bürgertum im Jahre 1262 die Gewalt des Bischofs gebrochen, von seiner Herrschaft sich befreit hatte, war aus dem ackerbäuerlichen Städtchen eine

---

ermittelt. [12]) Nach Dopsch (a. a. O. I, Seite 54) ist das Capitulare de villis eine von Ludwig dem Frommen für Aquitanien erlassene Wirtschaftsordnung vom Jahre 794/5. Dopsch hat zum ersten Mal überzeugend dargetan, daß die Capitu-

Handelsstadt ersten Ranges geworden, die vor allem Wein, Korn und auch elsässische Handelsgewächse versandte [13]). Schon Karl der Große hatte 775 auf Bitten des Bischofs Etto die «homines ecclesie St. Marie» in Straßburg von Zoll und Abgaben bei ihrem Handel im ganzen Reiche befreit mit Ausnahme der Plätze Quentowich, Sluis, Dursteede. Dieses Zollprivileg war 831 erneuert worden. Schon damals müssen also Handelsbeziehungen bestanden haben, die räumlich von Quentowich (England) und Dursteede (Dänemark) bis nach Italien reichten [14]). Dieser Handel war in der Zwischenzeit außerordentlich gewachsen. 1349 war die Stadt schon so mächtig geworden, daß sie es wagen konnte, zur Vermeidung gewisser Zölle des Kaisers den Rhein zu sperren und den Verkehr zu unterbinden. Mit der Beseitigung der alten Rheinfähre Ende des 14. Jahrhunderts und dem Bau der Rheinbrücke bei Straßburg konnte der Verkehr sich noch lebhafter entwickeln.

Die Handelsgewächse wurden bis dahin nicht auf den Äckern gepflanzt, sondern in besonderen Gärten, die abseits von der Feldmark in der Nähe des Hauses lagen. Diese «horti», die aus ursprünglicher Allmende abgesondert waren [15]), waren eingehegt (Garten vom gotischen gairdan); der Acker, die «frumentiferi et pratorum agri» [16]) dienten zum Körnerbau und als Wiesen. Dort pflanzte man siligo (Winterweizen), triticum (Weizen); auch Roggen, avena (Hafer), ordeum (Gerste) wird erwähnt.

Der anfangs fast überall vorhandene Eigenbetrieb der Grundstücke wurde schon früh aufgegeben. Im 8. bis 10. Jahrhundert bestand jeder Hof aus einem Wohnhaus mit landwirtschaftlichen Nebengebäuden und einer bestimmten Menge Feld und Wiesen. Der grundbesitzende Herr, Bischof oder Kloster, der früher mittels besonderer Beamten (Meier) eigene Landwirtschaft betrieben hatte, gab die von ihm selbst bebauten landwirtschaftlichen Grundstücke fort und behielt sich nur noch das Obereigentum mit den Regalien, Jagd, Fischerei, Bergbetrieb, Zölle und Abgaben vor.

Doch der Ackerbau kommt nur bei freiem Betriebe vorwärts. Deshalb hatten im 9. und 10. Jahrhundert bei dem sich weiter aus-

---

larien in unserer Gegend keine Geltung gehabt haben können. [13]) Wiegand, Straßb. Urk.-Buch I, Seite 15. Achtnich, Karl, Der Bürgerstand in Straßburg, Seite 2. [14]) Sluis = Sclusas soll der Paß über den Mont Cenis nach Italien sein (vergl. Sitzungsberichte der K. Preußisch. Akad. der Wissenschaften, 1905, XXVII). [15]) Hansen, Agrarhistorische Abhandlungen, Seite 160; Fritz Joh., Das Territorium des Bistums Straßburg um die Mitte des XIV. Jahrhunderts, Seite 179. [16]) Straß-

breitenden System des Obereigentums weite Landstriche brach gelegen.

Früh war schon die Dreifelderwirtschaft eingeführt, und die feldmäßige Handelsgewächskultur brachte auch vielfach eine besondere Fruchtwechselwirtschaft mit sich. Die Ackerbaugeräte sind bis zum 19. Jahrhundert gleich geblieben [17]). Auch das Mergeln kannte man seit Ende des 13. Jahrhunderts (Gipsgruben in Türkheim, Waltenheim).

Während das 13. Jahrhundert das Elsaß zu hoher Blüte führte, war seit dem 14. Jahrhundert das Land von mancherlei Mißgeschick heimgesucht. 1313 und 1348 wütete die Pest, ebenso 1427. 1365 fielen die «wilden Engländer» plündernd ins Land, 1439 und 1444 die Armagnaken. 1447/48 wurde durch den Wasselnheimer Krieg ein Teil des Unterelsaß verwüstet. Gleichzeitig gingen die Herren mit der Einführung des römischen Rechtes darauf aus, die Bauernrechte einzuschränken. Mancherlei Bedrückung anderer Art führte dann zur Erhebung der Bauern, zunächst im schlettstadter Gebiet (1493); dann 1503 und 1525 [18]) im ganzen Elsaß, und zu ihrer Unterwerfung. 1592 wurde bei dem Streit zwischen dem protestantischen Administrator Markgraf Johann Georg von Brandenburg in Straßburg und dem katholischen Bischof Karl von Lothringen in Zabern wieder ein großer Teil des kochersberger Landes verwüstet; in der ersten Hälfte des 17. Jahrhunderts kamen die Greuel des dreißigjährigen Krieges, während dessen 1622 Mansfeldische Truppen, 10 Jahre später die Schweden die Felder verwüsteten, und von 1636 auf 37 Truppen Bernhards von Weimar und die Franzosen im Lande lagen, in welchem große Hungersnot herrschte.

Es ist ganz auffallend, wie sich bei diesen andauernden Plünderungen und Verheerungen die Landwirtschaft derart entwickeln konnte, daß ihre Erzeugnisse weithin im deutschen Lande und über dessen Grenzen hinaus berühmt und gesucht waren. Ebenso auffallend ist es auch, daß die elsässischen Grundherren, vor allem das Bistum Straßburg, nach dem Kriege zur Hebung des Bauernstandes, zur Linderung seiner Not nichts getan haben. Die Fürsorgemaßregeln kamen von außen. Vom französischen König wurde die Einwanderung ins Elsaß begünstigt, indem nicht nur unbebaut liegende Ländereien zu niederen Preisen oder unentgeltlich angeboten, sondern auch zeitweilige Steuerfreiheit in Aussicht gestellt

---

burger Urk., Buch I, Seite 190.

[17]) Siehe Annales des Dominicains, Seite 231. Eiserne Pflüge kommen schon im 9. Jahrhundert vor (Weißenburger Urbar).

[18]) Kiener, Zur Vorgeschichte des Bauernkrieges am Oberrhein, 1904. Zeitschr.

wurde; und in gleicher Weise sorgte die Hanau-Lichtenbergische und die Pfalz-Zweibrückische Herrschaft in ihren Gebieten.

Der dreißigjährige Krieg hat dem Elsaß und seiner Landwirtschaft aber nicht in dem Maße geschadet, wie man gemeinhin annimmt. Viel schlimmer sah es nach Beendigung des niederländischen Erbfolgekrieges im Lande aus. Der Große Kurfürst hatte als Verbündeter der Niederlande den Franzosen vom Elsaß aus in den Rücken fallen wollen und war hier auf die Truppen des Prinzen von Condé und Turennes gestoßen. 3 bis 4 Jahre lagen damals die Franzosen und die Kaiserlichen im Lande und von ihrem Tun und Treiben gibt uns heute noch manche alte Urkunde Aufschluß. In den Rechnungen des Stiftes Neuweiler zum Beispiel heißt es aus den Dörfern der zaberner, buchsweiler und hochfelder Gegend: «es ist wegen beständiger Kriegsgefahr, und weilen die leuth nit bey hauss wohnen könen gar wenig gebaut, unnd Was gebaut gewesen von den Kayserlichen und Franzosen verderbt worden» [19]). Der Mattenzins konnte nicht erhoben werden, weil seit 1674 «niemand gemäht oder die Soldaten». Und gar mancher Bauer «hat in der Plunderei Alles verloren, haben die Franzosen alles genommen und ist er gestorben» (1678). Noch im Jahre 1683 finden wir aus so manchem Dorfe den Eintrag: «Ist noch eine Einöde.»

Gerade in dieser Zeit setzt eine neue Blüteperiode im Ackerbau ein. Im Dezember 1682 und November 1687 erließ der König neue Edikte zum Anbau brach liegender Ländereien. Die Kultur der Handelspflanzen nahm neben dem Getreidebau einen neuen Aufschwung. Dieser Neuanpflanzung der Handelsgewächse standen auch weniger Schwierigkeiten gegenüber als heute, wo der Übergang von einer Fruchtart zur anderen sich nur schwer bewerkstelligen läßt. Damals war eben in dem neu zu bebauenden Boden nichts gepflanzt gewesen.

Zum großen Teil entsprangen diese fördernden Maßnahmen auch wohl selbstsüchtigen Interessen der Herren, die von dem «kleinen Zehnt», der von Hanf und Flachs, Tabak, Welschkorn, Kraut und Rüben, Safran und Ölgewächsen erhoben wurde, höhere Geld- oder besser zu verwertende Naturalerträge als von dem «großen (Getreide-) Zehnt» erhofften.

Allmende wurde in Ackerland umgewandelt und an die Bürger der kleineren Städte (Bischweiler, Hagenau) und Bauern zum Handelsgewächsbau verpachtet. Gleichzeitig kamen Industrien ins Land, hauptsächlich solche, die die Landesprodukte verarbeiteten.

---

für die Gesch. des Oberrheins, N. F. XIX, Seite 479 ff. [19]) Bezirks-Archiv

Die reicheren Fabrikanten beschäftigten sich auch noch vielfach selbst mit dem Ackerbau und trieben Handel mit den hochwertigen Gewächsen.

Dieser Handel wurde durch die französische Zollpolitik mächtig angeregt. Ein Arrêt des Conseil d'Etat vom 3. Oktober 1680 hatte alle Zölle auf dem «plat pays», königliche wie herrschaftliche, aufgehoben. Nur diejenigen an der Grenze von Straßburg, Lothringen, der Schweiz und der Pfalz blieben bestehen, «pour les droits dus à Sa Majesté à l'entrée et à la sortie de la province» [20]. Der Verkehr im Elsaß war frei; nach der Kapitulation von Straßburg (1681), wurden auch die Grenzen dorthin geöffnet. Im Jahre 1698 erneuerte der Intendant de la Fond die Freiheiten und bestimmte, daß alle Waren, die aus Straßburg mit der Bestimmung nach Deutschland über die Rheinbrücke gesandt würden, und alle elsässischen Waren mit der Bestimmung nach dem Auslande, zollfrei sein sollten. So kann man unter diesen günstigen Handelsverhältnissen einen Aufschwung auf allen Gebieten verfolgen. Großer Reichtum kam in die Stadt, der sich heute noch in einer Reihe von Prunkbauten in Straßburg wie im übrigen Elsaß kundgibt. Das «Elsässische Halbfrankreich», wie es Goethe beschrieben hat, war aller Vorteile teilhaftig, die damals die Zugehörigkeit zu dem einheitlich und fest regierten Frankreich vermittelte, es war aber von den Lasten befreit, mit der die übrigen französischen Provinzen diese Zugehörigkeit bezahlten. Es war bis zur französischen Revolution eine «Province étrangère effective», aber nicht nur in zollpolitischer Hinsicht.

Für die Güte der ins Ausland gehenden Waren wurde durch genaue Prüfung in Straßburg, in Hagenau und den anderen handeltreibenden Städten gesorgt.

Wurden die Waren in dieser Prüfung für schlecht befunden, so wurden sie ohne weiteres ins Wasser geworfen oder verbrannt. Waren sie gut, so wurden sie durch ein aufgedrücktes Siegel unter den Schutz der Stadt gestellt und so versandt [21].

Eine Reihe tüchtiger Intendanten sorgten für die Landwirtschaft in jener Zeit [22]. Auch jetzt wurde wieder ungebautes, brachliegendes Land dem Ackerbau erschlossen, und vor allem der Getreidebau gefördert. Genaue Berichte wurden eingefordert über den Stand der Landwirtschaft im allgemeinen, über die einzelnen Ge-

Straßburg, G 5542. [20]) Reuß, Histoire d'Alsace, 1912, Seite 159 u. a. [21]) Loriol, La France, Seite 58 u. a. Um die Mitte des 18. Jahrhundert gab man diese Prüfung auf. [22]) Le Pelletier (1700—1716), Angervilliers (1716—1724), de Brou (1728—1743), Lucé (1753—1764), später der Präfekt Lezay-Marnesia

wächse und über das Maß der Selbstversorgungsmöglichkeit der einzelnen Gemeinden mit Getreide [23]). Aus diesem Grund sah man wohl den Anbau von Handelsgewächsen damals nicht so gerne, da er dem Getreidebau Ackerland entzog. Aber mit dem Aufschwung des Handels wurden einzelne Zweige der Handelsgewächskultur (Krapp) mächtig gefördert, und ihr Anbau regte wiederum die Industrie und den Ausfuhrhandel in hohem Maße an.

Straßburg vor allem gewann infolge der günstigen Zollverhältnisse, und auch durch seine vorteilhafte Lage am Kreuzungspunkt zweier großer Verkehrsstraßen und am Endpunkt der Rheinschiffahrt eine außerordentliche Bedeutung als Handelsstadt für den Ausfuhr- und Durchgangsverkehr. Mehr als drei Viertel des ganzen Handels von England und dem Niederrhein nach der Schweiz (über 100 000 Zentner Waren jährlich) ging durch das Elsaß, 5000 Fuhrleute mit 20—26 000 Pferden bewältigten ihn. Straßburger Schiffer nahmen schon seit langer Zeit eine Monopolstellung auf dem Rhein ein. Es war eine Zeit ungeheueren Aufschwunges, während in Frankreich selbst die Revolution sich langsam vorbereitete.

Der Ausbruch der Revolution hatte auch für das Elsaß schwerwiegende Folgen [24]), ganz abgesehen von den politischen Ereignissen der damaligen Zeit in unserem Lande. Durch das Zollgesetz vom 15. Mai 1791 wurde der Handelsverkehr auf der elsässischen Seite unterbunden. Das Elsaß wurde in die französischen Zollschranken mit einbezogen, es gehörte von da ab auch wirtschaftlich zu Frankreich. Zwar wurde der Transithandel durch die Gesetze vom 10. Juli 1791 und 7. September 1792 ausdrücklich begünstigt, diese Vorrechte durch ein weiteres Gesetz vom 24. Juli 1793 aber wieder aufgehoben. Es sei unklug, so begründete die Nationalversammlung das Gesetz, dem Auslande den Verkehr mit den Grenzstädten zu gestatten. Diese Maßregel richtete sich vor allem gegen den straßburger Handel, sie vernichtete ihn. In kurzsichtiger Weise hat auch in der Folgezeit die französische Gesetzgebung den alten Handel unterbunden und vermochte ihn auch später nicht mehr zu beleben, zumal die Gesetze vom 8. Floréal XI und später vom 28. März 1819 die Durchfuhr, wenn überhaupt, so doch nur unter erschwerten Bedingungen erlaubten. Trotz ungünstiger Wegeverhältnisse ging der

(1810—1814). [23]) Bezirks-Archiv Straßburg, C 391 u. a. [24]) Die diesbezüglichen Ausführungen bei Wiebach: Beiträge zur Kenntnis der Volksdichteänderung im Unterelsaß, Seite 26, gehen vollständig fehl, haben allerdings im Rahmen der fachwissenschaftlich tüchtigen Arbeit wenig Bedeutung.

Verkehr auf die rechtsrheinische Seite hinüber und hielt sich dort, zum Teil bis heute.

Mit der Einbeziehung des Elsasses in das französische Zollgebiet im Jahre 1791/92 wurden seine lebhaften Handelsbeziehungen mit Deutschland und der Schweiz abgebrochen. Aus einem internationalen Verkehr und Export war ein lokaler geworden. Die Ausfuhr von Handelsgewächsen war damit ebenfalls unmöglich. Allerdings wurde dadurch manches Kapital frei, das nun in der heimischen Industrie angelegt werden konnte, die infolge ihres charakteristischen landwirtschaftlichen Anstriches dem Ackerbau einen Ersatz für die fehlenden Absatzmöglichkeiten im Handel bot.

Eine weitere Förderung erfuhr die Landwirtschaft in jener Zeit durch die großen Gesetze der Nationalversammlung. Die Feudalherrschaft wurde in dem Dekret vom 4. August 1789 abgeschafft, und im Gesetz vom 28. September / 6. Oktober 1789 die Freiheit des Bodens, des Anbaus gewährleistet:

«Le territoire de France, dans toute son étendue, est libre comme toutes les personnes qui l'habitent.

Les propriétaires sont libres de varier à leur gré la culture et l'exploitation de leurs terres. . .»

Die feudalrechtlichen Abgaben und Lasten wurden abgeschafft, der Verkauf der Nationalgüter am 14. Mai 1790 angeordnet, wodurch man eine Verkleinerung des Besitzes und Vermehrung der Betriebe zu erzielen hoffte, die allerdings nicht erreicht wurde. Doch entwickelte sich gerade um die Wende des 18. und 19. Jahrhunderts die elsässische Landwirtschaft in Verbindung mit der Lokalindustrie, die in den verschiedenen unterelsässischen Städten reges Leben entfaltete. Der Handelsverkehr allerdings ruhte in diesen Jahren auf einer ungesunden und unnatürlichen Basis: Die dauernden Kriege hielten ihn auf einer gewissen Höhe, denn die englische Seemacht machte die Einfuhr von Kolonialwaren über die französischen Seehäfen unmöglich, so daß man sie von Holland den Rhein herauf einführen mußte, und ebenso mußten französische Waren über Straßburg in neutrale Seehäfen exportiert werden, und die Verpflegung der in Deutschland stehenden Armeen mußte den Weg über Straßburg nehmen.

Die Kontinentalsperre, die Dekrete vom 21. November 1806, 17. Dezember 1807, 11. Januar 1808 und 5. August 1810, unterbanden auch diesen Handel. Doch waren sie andererseits für manche Handelsgewächse der Grund hoher Blüte [25]). Freilich war die Sperre

25) Vergl. den Abschnitt «Zuckerrübe».

von zu kurzer Dauer, um nachhaltige Wirkungen hervorzurufen. Das Tabakmonopol, das Ende des Jahres 1810 erlassen wurde, die Einfuhr des Zuckerrübenbaues zeigen, daß die Regierung damals ein lebhaftes Interesse an der Landwirtschaft nahm, das im Unterelsaß durch den tatkräftigen Präfekten Lezay-Marnésia in vorbildlicher Weise zum Ausdruck gebracht wurde.

Das berüchtigte Finanzgesetz vom 28. April 1816 verbot bald nach der Aufhebung der Kontinentalsperre zugunsten der französischen Handelsmarine und der Seehäfen die Einfuhr von Kolonialwaren über die Landesgrenzen. Statt auf dem Rhein mußte man nun die Waren zu viel höheren Preisen aus Havre beziehen. Damit war der internationale Handelsverkehr Straßburgs endgültig vernichtet, besonders da ein weiteres Gesetz vom 27. Juli 1822 die Zollformalitäten noch erschwerte. Der Handel Straßburgs, der bis dahin vorwiegend in nord-südlicher Richtung gegangen war, nahm nun ostwestliche Richtung an. Die wirtschaftlichen Verhältnisse mußten sich nach der französischen Volkswirtschaft richten, auch die Handelsgewächse mußten ihren Absatz zunächst im Lande selbst und dann jenseits der Vogesen suchen. In mannigfachen Schwankungen hat seit dieser Zeit die elsässische Landwirtschaft die Geschicke der französischen geteilt, doch überragte sie nach Bewirtschaftungsweise, Ertrag und Absatz die der meisten Departements. Arthur Joung und Schwerz hatten den niederelsässischen Ackerbau vorbildlich genannt, — er war es noch bis weit in die Mitte des Jahrhunderts hinein, durch Regierung und gelehrte Gesellschaften gefördert.

Die reine Dreifelderwirtschaft mit unangebauter Brache war schon lange Zeit aufgegeben, seit um rund 1760 der Pfarrer Christian Philipp Schroeder zu Schillersdorf den Klee aus dem Hunsrück ins Elsaß gebracht und in der Brache gesät hatte, und so zur verbesserten Dreifelderwirtschaft gekommen war. In anderen Teilen des Landes (Pfarrer Oberlin im Steintal) pflanzte man etwa um dieselbe Zeit Futterpflanzen und Kartoffeln in der Brache.

An manchen Stellen des Landes war man schon längere Zeit, gerade infolge der Handelsgewächskultur, zur Fruchtwechselwirtschaft übergegangen (Zweifelder — freie — Wirtschaft) [26]). Es stand auch betriebstechnisch der elsässische Ackerbau auf hoher Stufe zu derselben Zeit, als Albrecht Thaer in Deutschland seine ersten Ver-

[26]) Leider konnte das z. Zt. angekündigte Werk: Die landwirtschaftlichen Wirtschaftssysteme Elsaß-Lothringens, von Dr. R. Krzymowski nicht mehr benutzt werden.

suche machte. Die Wirtschaftsweise verdiente das Lob Fesquets [27]: «Quel colosse de force, de richesse serait la France, si dans toute son étendue la culture des terres y était entendue comme dans ce département!» Jahrzehnte hindurch behauptete die Landwirtschaft ihre hohe Entwicklungsstufe; der Absatz wurde durch die Kanäle und durch die früh gebauten Eisenbahnen noch gefördert.

Da kamen die kriegerischen Ereignisse des Jahres 1870 und die Wiedergewinnung Elsaß-Lothringens für das neue Deutsche Reich.

Nun sah das Land seine Handelsbeziehungen mit dem Westen plötzlich abgeschnitten, um der deutschen Volkswirtschaft vollständig fremd gegenüber zu stehen. «Erprobte und erworbene Käufer müssen verlassen werden, um unsicheren, zufällig aufgefundenen nachzulaufen, während den alten oder früheren bekannten Verbindungen unvorbereitete oder unbekannte mit ungewissen Schuldnern sich unterschieben. Das sind die Folgen der Umwandlung des Marktes [28].»

Unter dem Umschwung der politischen Verhältnisse hatten die Handelsgewächse im allgemeinen nicht so sehr zu leiden. Wohl sahen die straßburger Brauereien, die bisher an Frankreich einen starken Abnehmer gehabt hatten, sich nun auf ein Absatzgebiet angewiesen, das schon von einer großen Zahl anderer Brauereien versorgt wurde. Doch blieb ihnen der elsässische Markt, und auch der französische erschloß sich ihnen bald wieder. Schwerer litt der Anbau des Tabaks. Die französische Regie hatte so günstig gewirkt, daß die Anbaufläche von rund 4000 ha im Jahre 1808 auf rund 7400 ha im Jahre 1860 im Unter- und Oberelsaß gestiegen war. Doch zog man nur schweren Tabak, der zu Kau- und Schnupfzwecken verarbeitet wurde, und zur Erzielung möglichst großer Quantitäten stark mit Jauche und stickstoffhaltigem Stallmist gedüngt war. Der deutsche Konsument wollte feineren, leichteren Tabak; elsässer Tabak war für die Zigarren zu schwer. So sank die Anbaufläche bedeutend bis in die neunziger Jahre.

Schwerer als diese Umwandlung des Marktes waren für unsere Handelsgewächskultur die Folgen des Übergangs von der Volks- zur Weltwirtschaft und die Erleichterung und Verbesserung der Verkehrsverbindungen. Ausländische Waren kamen in großen Mengen ins Land und bewirkten einen rapiden Rückgang einiger unserer Handelspflanzen.

[27]) Anfang des 19. Jahrhunderts. Voyage de Paris à Strasbourg, Seite 34.
[28]) Charles Grad im «Bericht über die Industrie im Elsaß» für die Wiener Weltausstellung, 1873, Seite 3.

Neuzeitliche Erfindungen und Entdeckungen trugen das Ihrige zum Aussterben anderer Gewächse bei. Diese Kulturen sind natürlich nicht im Elsaß allein zurückgegangen; sie sind auch in anderen Gegenden mit der veränderten Konjunktur verschwunden. Aber im Elsaß machte sich ihr Niedergang gerade in jener Zeit besonders fühlbar.

Seit dem Jahre 1870 hat die elsässische Wirtschaft alle Wandlungen der deutschen Volkswirtschaft mitgemacht. Unser Land war nur durch seine abgeschnittene Lage in der Südwestecke des Reiches ungünstig gestellt, wo im Süden die Schweiz, im Westen Frankreich sich durch hohe Zollschranken abschlossen, und im Osten das nachbarliche Baden mit seiner hochentwickelten Landwirtschaft und Industrie in scharfen Wettbewerb mit dem Elsaß trat. Für unsere Handelsgewächse kommt daher zunächst der Absatz im eigenen Lande in Frage. Doch haben auch die für die Landwirtschaft wichtigen industriellen Zweige nach und nach in Altdeutschland festen Fuß gefaßt, und eine günstige Weiterentwicklung darf hier erwartet werden, besonders da auch der Handel sich lebhaft entwickelt.

Durch alle Phasen der unterelsässischen Wirtschaftsgeschichte ziehen sich stets die Handelsgewächse als wichtiger Faktor für den Handel und das Gewerbe in den kleineren Städten und vor allem für die straßburger Industrie. Bald mehr, bald weniger angebaut, haben sie die alten ländlichen Fabrikationszweige zu hoher Blüte gebracht und üben auch heute noch auf Industrie und Handel große Wirkung aus. Stadtwirtschaft in engstem Verein mit der Landwirtschaft — so war stets das Gepräge der unterelsässischen Wirtschaftsgeschichte.

Merkwürdigerweise ist das Elsaß aber trotz des kaufmännischen Einschlags in seiner landwirtschaftlichen Betriebsverfassung ein Land mit einer bäuerlichen Naturalwirtschaft gewesen und geblieben, wie wir sie in anderen Gegenden mit ähnlichen Betriebsbedingungen lange nicht in diesem Maße finden. Unser Bauer zieht auf seinem Acker die Rohstoffe für seine Nahrung, Kleidung und Beleuchtung; er backt heute, wenn es irgend möglich ist, sein Brot noch selbst, selbst wenn der Bäcker nur wenige Häuser weiter wohnt; bis in die letzten Jahre trug er einen Kittel aus selbstgewonnenem und selbstgesponnenem Hanf und Flachs, leuchtete sich mit Öl aus Raps von seinem Acker. Die Grundlage dieser Kombination von Geld- und Naturalwirtschaft ist in der enormen Bodenkraft zu suchen, die gerade dem Handelsgewächsbau so förderlich war. Zur Erklärung dieser auffallenden Erscheinung müssen wir bis in die zweite Hälfte des 17. Jahrhunderts zurückgehen. Es war die Zeit der Not nach den Stürmen des dreißigjährigen Krieges und nach den Verwüstungen des niederländischen Erbfolgekrieges. Damals pflanzte man Getreide zunächst nur für die eigene Wirtschaft. Ängstlich suchte die Regierung die Gemeinden dahin zu bringen, soviel Körnerfrüchte zu bauen, daß sie vom eigenen Getreide sich selbst das Jahr hindurch ernähren konnten [29]).

Bauten sie zu wenig, so mußte hinzugekauft werden, da man damals die Kartoffel als Volksnahrungsmittel noch nicht oder wenig kannte. Mit den Lehren des Merkantilsystems ließ sich der Ankauf auswärtigen Getreides aber schwer vereinbaren. Daher mußte man gleichzeitig andere Pflanzen verkaufen, die einen höheren Ertrag erbrachten als Getreide: Die Handelsgewächse. Zunächst verkaufte man den Überschuß, den man zum Verbrauch im eigenen Haushalt nicht nötig hatte. Bald ging man aber dazu über, ausschließlich zum Verkauf zu pflanzen und nur der Überschuß verblieb zurück. Die wirtschaftlichen Bedürfnisse anderer Länder, vor allem Hollands und der Schweiz, die beide der Sitz bedeutender Industrien waren, regten den Marktverkehr mit Handelspflanzen an, der durch den Durchgangshandel begünstigt und gefördert wurde. Nach allen Seiten ging das Gut, von allen Seiten strömte die Ware herbei. Diese günstigen Absatzbedingungen, die vortreffliche Verkehrslage ließen die Bodenkraft des Landes zur vollen Entfaltung kommen und bildeten die Grundlage für die bäuerliche Geldwirtschaft [30]). Wohl brauchte auch die Stadt Getreide. Das bezog sie aber aus den reichen Einkünften der Zehnten, die an die Grundherrschaften abgeliefert werden mußten und von ihnen verkauft wurden.

Konnten kleinere Mengen der Handelspflanzen nicht abgesetzt werden, so wurden sie in der eigenen Wirtschaft verbraucht. Manche Gewächse hatten überhaupt mehr die Bestimmung, im Haushalt verbraucht zu werden, wie die Ölgewächse zum Beispiel. Durch die hohen Belastungen der ländlichen Wirtschaft hatte der Bauer wenig Geld zum Ankauf der Sachen, die er benötigte. Der Boden war aber reich, er konnte sich alles selbst ziehen. Gründe der Sparsamkeit waren es, die unserem Bauernstand die naturalwirtschaft-

---

[29]) Dagsburg, zum Beispiel, das damals noch zum Unterelsaß gehörte, konnte nur für zwei Monate das nötige Getreide erzeugen, in den Jahren zwischen 1750 und 1760, Hagenau nur für sechs Monate. [30]) Daher stammt auch die eigentümliche, in Deutschland seltene Zweifelderwirtschaft, die sich meist beim Kleinbetrieb in den Kreisen Straßburg-Land, Hagenau, auch Erstein, findet und

liche Lebensweise erhielten. Dieser naturalen Wirtschaft sind unsere Bauern selbst sich gar nicht recht bewußt. Sie fällt aber dem Beschauer sofort auf, wenn er unserer Bauern Lebensart mit der der benachbarten Gegenden vergleicht. Nur in den Gebirgsgegenden des Schwarzwaldes und der Eifel, auch in Niederbayern, finden wir die Naturalwirtschaft noch in ähnlicher Weise deutlich ausgesprochen wie bei uns. Dort sind aber die wirtschaftlichen Verhältnisse anderer Art. Die Höfe liegen weit auseinander und weit entfernt von den Städten, und nur wenig und unbequeme Verbindungswege vermitteln den Verkehr. Um so auffallender muß die Naturalwirtschaft bei uns erscheinen, wo überall kleinere Städte, die seit langen Jahrhunderten ein Marktrecht haben und auf guten Wegen zu erreichen sind, den Mittelpunkt der Dörfer ihres Gebietes bilden, und wo vor allem mit Straßburg, seit alten Zeiten für das ganze Land die «urbs», leichte Verbindungsmöglichkeiten und enge persönliche und wirtschaftliche Beziehungen bestehen. Die naturalwirtschaftliche Lebensart unserer Bevölkerung hängt wieder mit ihrem schon angedeuteten konservativen[31]) Grundcharakter zusammen, der sich allerdings da unliebsam äußert, wo es gilt, neue Kulturen einzuführen, eine neuzeitliche Art der Bewirtschaftung und Bodenbearbeitung an die Stelle des alten Schlendrians treten zu lassen.

Glücklicherweise für unsere wirtschaftlichen Verhältnisse im Unterelsaß ist die Industrie stark dezentralisiert. Dadurch wohnen viele Fabrikarbeiter auf dem Lande. Sie betreiben gleichzeitig etwas Landwirtschaft (Gemüse-, Erbsenbau usw.) und werden so zum lebendigen Bindeglied zwischen Landwirtschaft und Industrie. Von 100 industriellen Arbeitern im Lande waren 34,5 im Jahre 1895, 37 im Jahre 1912 auf dem Lande angesiedelt. Daraus folgt einmal, daß Landwirtschaft und Industrie bei uns eng aufeinander angewiesen sind, andererseits bietet die Zunahme der Dezentralisation der Industrie eine Gewähr dafür, daß die Aus- und Abwanderungen, wie die Sachsengängerei so mancher männlicher Personen aus dem Oberelsaß oder dem westlichen Teil des Kreises Zabern und des Kreises Saarburg in den lothringer Industriebezirk, in den Kreisen der Ebene unterbleiben wird. Es ist so auch eine Gewähr dafür gegeben, daß die kleinbäuerliche Wirtschaft und mit ihr der Anbau

die eine intensive Wirtschaftsweise und starke Produktion gestattet. [31]) Nicht politisch zu verstehen, obwohl ein großer Teil der unterelsässischen Landwirte politisch zu rechtsstehenden Parteien (Konservative, Zentrum) hinneigt, unter gleichzeitiger Verbindung mit fortschrittlichen Ideen. Auch hierin äußert sich die

gewisser hochwertiger Pflanzen (Gemüse u. a.) nicht vernachlässigt werden wird.

Wenn sich auch Mangel an Dienstpersonal bemerkbar macht — die unterelsässische Landwirtschaft wird davon nicht so betroffen; die Handelsgewächskultur kann durchschnittlich von dem kleinbäuerlichen Besitzer und seiner Familie selbst betrieben werden[32]). Nur müssen sich die Landwirte mehr dem Absatz anzupassen lernen, unter gleichzeitiger Festhaltung an einem bestimmten Fruchtfolgensystem. Im Gegensatz zur Pfalz, Baden, Hessen wird bei uns zu oft gewechselt. Wenn der dortige Landwirt auch einmal weniger löst, er pflanzt die betreffende Fruchtart doch, weil er sich sagt, sie gehört in den Turnus, ich m u ß sie pflanzen. Diese Überlegungen und Berechnungen fehlen unseren Bauern zum großen Teil; auch wäre vielfach eine kaufmännischere Organisation dringend nötig; der patriarchalische Betrieb hat aufgehört, die Absatzverhältnisse erfordern hier ein wachsames Auge. Deshalb muß die genossenschaftliche Organisation weiter ausgebaut werden, auch wäre eine Umgestaltung der landwirtschaftlichen Schulverhältnisse wünschenswert, die sich zwar durchaus bewährt haben, aber doch noch mehr gerade für die Kleinbauern und industriellen Arbeiter auf dem Lande auszubauen wären. Das landwirtschaftliche Versuchswesen müßte noch weiter ausgebildet werden, denn nur wenn er es praktisch vorgezeigt bekommt, läßt sich der Landwirt belehren. Die Landwirtschaftsschulen liegen oft zu weit entfernt von den einzelnen Gemeinden. Es wäre deshalb praktisch, in den abliegenden Gemeinden Wanderkurse abzuhalten, zu deren Kosten neben dem Staat vor allem die Gemeindekassen und Genossenschaften beitragen müßten. Auf diesem Wege müßte auch für eine vermehrte Benutzung landwirtschaftlicher Maschinen gesorgt werden, ein Gebiet auf dem andere Gegenden (Pfalz, Hessen) uns weit voraus sind. Vor allem müßte aber der Obstbau in ganz anderem Maße betrieben werden als heute. Von nennenswerter Bekämpfung der Obstschädlinge ist bei uns keine Rede. Früher ging es ja auch ohne Spritzen, denkt der Bauer. Warum soll elsässer Obst hinter dem anderer

---

merkwürdige Verbindung von Natural- und Geldwirtschaft. [32]) Allerdings widerstreben ihr oft die weiblichen Familienglieder, auf die ein großer Teil der Arbeiten entfällt; denn sie haben infolge vermehrter Kälber- und Schweineaufzucht und vergrößerter Milchwirtschaft mehr Hausarbeit als früher und suchen deshalb die Feldarbeit einzuschränken. Übrigens rührt der Mangel an weiblichen Dienstboten in den Städten, abgesehen von der Zunahme der Fabrikbeschäftigung der Mädchen auf dem Lande, daher, daß infolge des Fehlens von Dienstboten auf dem Lande die Bauerntöchter gezwungen sind, zu Hause zu bleiben.

Länder zurückstehen? Könnte es nicht ebensogut eine besondere Art der Handelsgewächse werden, von derselben Berühmtheit, wie sie die elsässer Kastanie im Mittelalter genoß? Die wirtschaftliche Bedeutung der Handelsgewächse im Unterelsass erheischt eine tatkräftige Förderung durch Regierung und Vereine. Der unterelsässische Ackerbau ist ganz besonderer Art, er läßt sich mit dem anderer Länder nicht unter ein Schema bringen. Daher kann man die Mittel zur Hebung des Bauernstandes und der ländlichen Wirtschaft aus anderen Ländern nicht ohne weiteres auf unsere Verhältnisse übertragen. Von der geschichtlichen Grundlage ausgehend, müssen wir dieser Eigenart des unterelsässischen Ackerbaues Rechnung tragen und vor allem einzelne hochwertige Handelspflanzen, deren Anbau sich besonders für Boden, Klima und Besitzverhältnisse eignet, pflegen. Es sollten uns nicht wieder andere Gegenden mit schlechterem Boden durch bessere Bewirtschaftung ihrer Felder, durch bessere Verarbeitung der Erzeugnisse ins Hintertreffen drängen! Die elsässischen Handelsgewächse waren im Mittelalter die Grundlage, auf die der alte Ruhm von der Fruchtbarkeit des Landes sich stützte, sie sollen sich auch heute einen Ehrenplatz unter den deutschen Gewächsen erringen und erhalten.

Die Gespinstpflanzen.

Die Gespinstpflanzen, Hanf und Flachs, sind wohl die ältesten in unserem Lande angebauten Handelsgewächse. Wir wissen, daß sie schon zu Römerzeiten bei uns heimisch waren, wahrscheinlich noch früher. Damals wurde nicht nur die Bastfaser der Pflanzenstengel zum Spinnen benutzt, der Flachs besonders wurde wegen seines ölreichen Samens zum Verspeisen gepflanzt. Die Triboker, die in der brumather Gegend ihre Niederlassungen hatten, sollen sich besonders auf den Hanfbau verstanden haben, schon zu Römerzeiten. Nachweisen läßt sich das natürlich kaum, doch werden ja schon früh Leinengewänder als Kleidung erwähnt, und die Kunst des Spinnens und Webens war im Altertum weit verbreitet.

Seit dem frühen Mittelalter hat der elsässische Bauer Hanf und Flachs gebaut [1]), geerntet und selbst die Faser zubereitet. In gleicher Weise spann man den Faden für die Leinwand auf den Höfen, Schlössern und Burgen wie in der kleinen Bauernhütte. Doch entstand schon im 13. Jahrhundert als besonderes Gewerbe die Faserbearbeitung in besonderen Mühlen (Hanfreiben), noch früher das Gewerbe der Weber, die teils auf dem Lande blieben, zur Verarbeitung des selbstgesponnenen Garnes, teils in die Städte zogen und sich dort zu mächtigen Organisationen zusammenschlossen. Noch bis in das vergangene Jahrhundert hinein fand man in jedem Bauernhause das Spinnrad, und landauf landab die Hanfreiben, in denen die grobe Faser fein gerieben wurde.

Mit Hanf und Flachs stellte man alle Sorten Faden her, Seilerwaren, feine und gröbere Leinwand, Damastzeug, Leib- und Bettwäsche, sowie Pack- und Segeltuch. Für die feineren Gewebe, für Spitzen wurde mehr der weichere Flachsfaden verwandt.

Schon früh im Mittelalter wurde «hänffen und flächsen garn» ein Handelsartikel von großer Bedeutung für den straßburger Markt. Im 13. Jahrhundert entstanden schon verschiedene Märkte im Unterelsaß, auf denen auswärtige Kaufleute den Hanf roh aufkauften und ausführten. Berühmt waren die Märkte in Hatten und in Ehl bei Ben-

[1]) Die früher in anderen Gegenden auch als Gespinstpflanze angebaute Brennessel scheint im Elsaß nicht oder nur in geringem Umfange kultiviert worden zu sein. Über die Brennessel in der heutigen Wirtschaft vergl.: Wolff, Richard, Die Jute und ihre Surrogate, Diss. Heidelberg, 1914, Seite 29.

feld; und noch im 18. Jahrhundert war der Hanf für die straßburger Kaufleute von großer Wichtigkeit. Schwerz konnte noch in einem bekannten Zitat die Bedeutung des Hanfes für das Elsaß der des Weines für die Moselgegend oder des Leins für Flandern gleichsetzen. Doch beide Pflanzen sind im letzten Jahrhundert so stark zurückgegangen, daß sie jetzt fast vollständig verschwunden sind.

Der Hanf.

Sein Anbau ist seit Jahrhunderten im wesentlichen gleich geblieben. Er ist mit sich selbst sehr verträglich, und so gab es in manchen Gegenden besondere Äcker, auf denen alle Jahre Hanf gebaut wurde. Er gerät auch gut nach Hackfrüchten, Kartoffeln und Tabak, für andere Pflanzen ist er eine gute Vorfrucht, weil er kein Unkraut aufkommen läßt und ein reines Feld hinterläßt. Legt man auf feines Gespinst Wert, so sät man dichter als wenn man zur Samengewinnung Hanf pflanzt, da der Licht- und Luftmangel den Stengel in die Höhe treibt und ihn schlank und weniger holzig werden läßt.

Man unterscheidet beim Hanf männliche und weibliche Pflanzen. Die männlichen, kleineren (daher irrtümlicherweise Femmel von femmella = Weibchen genannt) tragen Blüten mit Staubgefäßen, die weiblichen (Maschel, vom lateinischen masculus) weibliche Blüten mit Stempeln.

Ende Juli oder Anfang August findet die Ernte statt. Sie erfolgte früher teils durch Ausraufen, teils durch Abschneiden. Bei den ausgerauften Stengeln mußte zunächst die Wurzel abgehauen werden. Der weibliche Hanf wird etwas später geerntet, da der Same erst im September reift. Zur Samengewinnung werden die Samenträger zum Trocknen schräg gestellt oder gelegt. Nach einigen Tagen wird der Same in Gefäße ausgeschüttet und ausgeklopft, auch auf Leintüchern gedroschen. Wenn der Same herausgenommen ist, werden die Stengel nach ihrer Dicke ausgemustert und zur Fasergewinnung geröstet. Um den Bast von dem holzigen Teil des Stengels zu trennen, muß der sie verbindende Pflanzenleim aufgelöst werden. Dies geschieht in der Tau- oder Wasserröste durch Bakterien, in der modernen Dampfröste durch Dampf oder Chemikalien.

Zur Tauröste werden feuchte Wiesen oder Weiden gewählt, auf denen die Stengel reihenweise dünn nebeneinander gelegt werden. Durch den Wechsel von Sonnenschein, Regen und Tau bilden sich

Sporpilze, die den pektinhaltigen Stoff lösen und die Faser von Mark und Rinde trennen. Je nach der Witterung ist der Hanf nach 3 bis 5 Wochen auf diese Weise «geröstet», so daß der Bast sich vom Stengel abziehen läßt. Dann wird er zusammengestellt und an der Luft in der Sonne getrocknet.

Bei der Wasserröste wird der Hanf in fließendes Wasser gelegt, um dort die Gärung vollziehen zu lassen. Seit Ende des 18. Jahrhunderts legte man besondere Gruben an in der Nähe eines Baches oder Flusses, in die man Flußwasser leitete, das oben langsam ein-, unten unter Mitnahme des Schlammes auslief. In diese Gruben wurden Holzkisten gesenkt, in denen der Hanf zusammengebunden nebeneinander gestellt war. Die Wasserröste dauerte 8 bis 14 Tage. Der Hanf wurde dann ausgewaschen und 14 Tage zum Trocknen und Bleichen auf eine Wiese gelegt. Gelegentlich wurde er auch bis zum Dezember aufbewahrt und kam dann auf die Schneeröste; so lange der Schnee lag, blieb er draußen liegen.

Die Tau- wie die Wasserröste wurden bis in die letzten Jahre angewandt. Die letztere mehr im Ried, in der Gegend der Altwässer des Rheins zwischen Rhein und Ill.

Die Wasserröste war längere Zeit hindurch Gegenstand besonderer Aufmerksamkeit der französischen Regierung [2]). Durch Dekret vom 15. Oktober 1810 wurde die Hanfröste im großen auf fließendem Wasser den Etablissements insalubres et dangereux eingereiht, weil man glaubte, die Fische gingen durch die Sporpilze zu Grunde, und das Wasser werde dadurch verdorben und Träger der Cholera.

Verschiedene Verordnungen des französischen Ministers des Innern befahlen, die Hanfrösten im kleinen möglichst fern von menschlichen Wohnungen zu verlegen [3]).

Nach dem «Rösten» wird die Hanffaser vom Stengel gelöst und verarbeitet. Das «Dörren» oder «Dulfen» beginnt. Zu diesem Zwecke wurde in der Nähe des Dorfes eine tiefe Grube ausgehoben, in die ein schräger Zugang führte, das Dulfloch. Hier wurde unten ein Feuer angezündet, der Hanf über dem Feuer auf Eisenstangen, Stäben oder Brettern ausgebreitet und dauernd hin- und hergewendet. Etwa 10 Stunden wurde der Hanf hier geröstet, von morgens bis abends oder abends bis morgens. Zur Feuerung wurde Holz verwandt. Im vorigen Jahrhundert verlegte man das Dulfloch, gelegentlich auch «Knitschloch» genannt, in ein besonderes Gebäude, in dem eine Grube ausgemauert wurde, zu der eine Treppe führte.

---

[2]) Dalloz, Rép. «rouissage». [3]) Bezirks-Archiv Straßburg, M, adm. gén. agric. corresp., 1807—1840.

Hier wurde unten das Feuer angezündet, zu dem man infolge Holzmangels und zur Erzielung gleichmäßiger Wärme und Vermeidung hoher Flammen Coks benutzte. Dorthin bringen auch heute noch die Bauern ihren Hanf und lassen ihn für ihre Rechnung dulfen oder darren.

Um nun die holzigen Teile von der Faser zu lösen, wird der Hanf nach dem Dörren gebrochen und geschwungen. Er wird auf ein Gestell gelegt, an dessen einem Ende ein Hebel befestigt ist, der sich mit dem freien Ende auf- und abbewegen läßt. Auf der nach unten gerichteten Seite dieses Hebels sind zwei Schienen angebracht, die in drei Schienen auf dem Gestell hineinpassen. Mit der linken Hand werden die Stengel quer über das Gestell gelegt, der Hebel mit der rechten Hand niedergedrückt. Dadurch wird der holzige Teil der Stengel zwischen den Schienen zerdrückt, geknickt, und fällt beim Herausziehen der Stengel zu Boden. In neuerer Zeit hat man angefangen, Brechmaschinen zu verwenden, durch die der Hanf gezogen wird, und die die holzigen Teile, die Ageln, herauspressen. Nach diesem maschinellen Brechen oder «Knitschen» kommt heute der Hanf nochmals in die Handknitschen.

Nach dem Brechen wird der Hanf, die vom holzigen Teil des Stengels gelöste Faser, mit dem Schwingmesser abgestrichen, «geschwungen». Man hält ihn dabei wieder mit der linken Hand fest. Durch Abschütteln wird das hierbei sich abtrennende Werg herausgebracht, die kurzen und dicken Fasern, die mit den Ageln zusammen zum Anfeuern verwandt werden. Nach diesem Schwingen werden die Fasern in Zöpfe geflochten und in Bündeln aufgespeichert, bis die Händler kommen, oder bis die Fasern in der eigenen Wirtschaft gebraucht werden.

Zur besseren Verarbeitung brachte und bringt man den Hanf nach dem Brechen und Schwingen noch in die Hanfreiben. Eine Hanfreib besteht aus einem «Königsstock» in der Mitte, der senkrecht auf einem großen runden Steinblock steht. Um den Königsstock drehen sich schwere Mahlsteine. Unter diese Mahlsteine wird der Hanf geworfen und bei der Drehung hin- und hergeschüttelt und gerieben, auch mit der Hand öfters gewendet. Die Steine werden wie in den Ölmühlen durch ein Göpelwerk mit Pferdeantrieb in Bewegung gesetzt. War der Bast hier einige Stunden gerieben, so war er ganz fein, weich und silbergrau.

Außer dem durch die Tau- und Wasserröste zubereiteten sogenannten Schwarz- und Weißhanf kennt man noch den Schleißhanf, der im Unterelsaß wenig, mehr im Oberelsaß angepflanzt wurde.

Er wird nicht gebrochen und nicht geschwungen; die Bastfaser wird vom Stengel abgezogen, geschlissen. Man verwendet nur den großen Hanf dazu, dessen Fasern vornehmlich zu Tauen verarbeitet werden, weil sie länger und stärker sind.

Die Händler hecheln den Hanf vor der Verarbeitung noch einmal. Er wird dabei über eine Platte gezogen, auf der in schrägen Reihen nach oben stehende Zacken oder Spitzen befestigt sind, die beim Durchziehen des Hanfes den Bastfaden in einzelne Teile spalten und die kurzen Fasern und die groben, das Werg, ausscheiden. Es gibt Hecheln verschiedener Größe, man verwendet zunächst die großen, mit weit auseinander stehenden Zacken, dann zum Schluß die feineren.

Die Verarbeitung des gehechelten Hanfes wird seit Jahrhunderten in gleicher oder ähnlicher Weise betrieben. Aus dem Anfang des 14. Jahrhunderts schon findet sich wohl mit die älteste heute erhaltene bildliche Darstellung der Leinwandbereitung in größerem Umfang im ehemaligen Kanonikatshaus des Chorherrenstiftes von St. Johann in Konstanz. In einem Zyklus von Bildern von Leinen- und Seidenweberinnen, in dem drei Reihen von je sieben Bildern übereinanderstehen, wird auch die Hanfbereitung dargestellt mit erläuterndem Text:

1. Hanf ich wol reitur (bereiten) kan
   (Ein Mädchen rieffelt den Hanf durch einen engen Kamm).
2. thesens (= Schwingen) mus i m began
   (Sie bearbeitet den Bast mit dem Schwingholz).
3. Hecheln wil ich tribe.
4. Werch kan ich wol riben
   (Sie hechelt und kratzt den Hanf auf).
5. Das leg ich an mit sinnen
   (Sie befestigt ein Bündel Hanf am Rocken).
6. So kan ich es wol gespinnen.
7. ? Ich haspel ses peng gebein
   (Sie haspelt das im Bild 6 gesponnene Garn auf eine Winde).
8. Garn widen (winden) kan ich rein
   (Sie wickelt das Garn von der Winde auf eine kleine Spule) usw.[4]).

Diese damals in der Bodenseegegend angewandte Verarbeitungsmethode wird auch bei uns üblich gewesen sein, da ja damals vom Oberrhein zum Bodenseegebiet mannigfache Kultur- und Han-

[4]) Wienecke, Hertha. Konstanzer Malereien des 14. Jahrh. Diss. Halle. 1912, Seite 13, und die dort angeführte Literatur.

delsbeziehungen bestanden. Zum Spinnen benutzte man damals die Handspindel, die aus einem etwa 30 Zentimeter langen, oben und unten zugespitzten Holze bestand, an dem unten eine Schwungmasse, ein Stein oder Zinn befestigt war; der gehechelte Hanf wurde um den Spinnrocken gewickelt, die einzelnen Fasern wurden mit der rechten Hand ausgezogen, während die linke Hand die Spindel drehte, an der der Faden so befestigt war, daß er sich mitdrehen mußte. Die Schwingmasse hielt die Spindel weiter in Drehung, wenn die Hand sie losgelassen hatte. Die Spindel sank allmählich zu Boden und hing an dem sich bildenden Faden. Wenn sie zum Boden gesunken war, wurde der Faden an ihrem oberen Ende abgelöst, aufgewickelt, von neuem eingehakt, und die Spindel wieder in drehende Bewegung gesetzt.

Eine bedeutende Erleichterung in der Spinntechnik brachte das Spinnrad, bei dem die Hand nur noch die Fäden zu ordnen hat, während das Spinnrad selbst den Faden dreht und aufwickelt. Auch hierbei unterscheidet man Tritt- und Handräder. Eine genauere Beschreibung würde hier aber zu weit führen.

Das gesponnene Garn wurde zum Weber gebracht, deren es in jedem Dorfe, wo Hanf gepflanzt wurde, mehrere gab. Sie woben am Webstuhl das Garn zu Leinwand.

Schon früh haben sich diese Leineweber aus Arbeitern auf den Höfen der Adeligen und der Klöster zu selbständigen Handwerkern emporgeschwungen. Doch blieben sie meist auf dem Lande wohnen, im Gegensatz zu den Wollwebern auch im 13. und 14. Jahrhundert, als die Zünfte in der Stadt sich zu organisieren begannen und auf die politische und wirtschaftliche Lage ihren machtvollen Einfluß ausübten. Mit Recht erklärt Dr. Hertzog aus dem ländlichen Charakter das geringe Ansehen der Leineweber den städtischen Wollwebern gegenüber, das sich bis auf den heutigen Tag in dem alten Volksliede «Die Leineweber haben eine saubere Zunft» erhalten hat. Ende des 18. Jahrhunderts muß diese Hausindustrie der Leineweber auf dem Lande weit verbreitet und sehr stark betrieben worden sein; seit dem Aufkommen der oberelsässischen Textilindustrie läßt sich aus Berichten und Akten ein Rückgang feststellen, ohne ihn allerdings genau bestimmen und umschreiben zu können.

Die noch graue Leinwand wurde darauf gebleicht, auf Wiesen von Kindern ausgebreitet, begossen und gewendet. Um die Mitte des 18. Jahrhunderts entstanden besondere Bleichereien, die das Bleichen für fremde Rechnung besorgten. Fast in jedem Dorfe gab es solche. Heute noch erinnert vielfach ein Gewann «die Bleich» und ähnliche an diese alten Betriebe.

Nach dem Bleichen war die Leinwand fertig zur Verwendung als Leib-, Bett- oder Tischwäsche, oder, nachdem sie gefärbt war, als Kittel.

In den verschiedensten Verwendungsarten kam der verarbeitete Hanf nach Straßburg, nach Hatten, nach Schlettstadt usw. auf den Markt. «Flächsen und hänffen Garn» wurde von Straßburg in großen Mengen ausgeführt, Spinnhanf, gehechelter Hanf, Strenhanf (chanvre long = Hanf in Strängen) spielten im mittelalterlichen straßburger Handel eine große Rolle, auch Hanfsaat wurde ausgeführt. Die Henfer und Seyler waren eine berühmte Zunft in Straßburg, an die noch die Seilergasse erinnert.

Die Ausfuhr des Hanfes wurde seit dem 14. Jahrhundert besteuert. Damals schon versuchte man, die Zölle zu hinterziehen, indem man die Handelsniederlassungen außerhalb der Stadtgrenze gründete. Auf derartige Schliche nimmt ein Erkenntnis der Fünfzehner wegen des Hanfzolles Bezug um die Mitte des 15. Jahrhunderts:

«Ouch so ist den XV fürkommen, das hanf in der Wanzenöwe verkouft, do gewëgen, gelifert und geladen wurt, dodurch nu der Statt ir Zölle ouch gemynret und abgezogen werdent. das verkündent üch die XV ouch solichs zu versehen und dazu zu tunde, als sich geburt. actum sabato Oswaldi anno 1458 [5]).»

Später mußte der lange (Stren-) Hanf ein Schaugeld von 8 Pfennig Straßburger pro Zentner zahlen, das teils bei der Hanfwage im Straßburger Kaufhaus, teils draußen erhoben wurde:

Schau-geld vom Strenhanff. (chanvre long).

Der Strenhanff-Schaw ist nur unterworffen der jenige Strenhanff welcher hier gearbeitet / oder von solchen orten herein gebracht wird / wo keine ordentliche Schaw auffgerichtet ist / dann wann von den Schawern an denen orthen / wo solche Schawen seind / ein Schein erteilt und in dem Kauffhauß vorgewiesen wird / so bezahlt dergleichen Strenhanff kein Schawgeldt.

Von dem jenigen aber so hier geschauet wird / oder worüber kein Schaw-Zedul fürhanden ist / hat der Verkäuffer / oder wer denselben herein führen läßt / dem Kauffhauß vom Centner einen Batzen zu erlegen / davon gehören der Statt zwei dritte Theil, der übrige

---

[5]) Abgedruckt in Eheberg I, Seite 179.

dritte Theil aber / wird unter die Schawer ihrer Mühe halben vertheilt.

Andere Gattungen Hanffs werden nicht geschawt / dannenhero sie auch des Schawgeldts befreyet seynd [6]).

Außer dem von den einzelnen Herrschaften auf Hanf und Flachs gelegten Zehnt, mußte vielfach auch ein Spinngeld gezahlt werden, zum Beispiel im Amte Hatten, in dem jeder Bauer gezwungen war, jährlich 2 ℔ Hanf für die Herrschaft spinnen zu lassen. Wer nicht spinnen wollte, konnte sich durch einen Schilling vom Pfund «loskaufen» [7]). Aus den Rechnungsaufstellungen über den Ertrag dieses Spinngeldes läßt sich auf die ungefähre Verbreitung des Anbaus zu damaliger Zeit schließen:

Aus dem Jahre 1684 ist uns eine Zahl im Amt Hatten erhalten. Es wurden dort 106 Pfund Hanf geliefert [8]). Danach kann der Hanfanbau damals nicht mehr sehr stark gewesen sein, allerdings ist zu berücksichtigen, daß nach den Kriegen in den siebziger Jahren jenes Jahrhunderts viele Äcker noch nicht bestellt wurden [9]).

Aus den Jahren kurz vor den Verwüstungen dieses Krieges findet sich im bischweiler Gemeinde-Archiv eine genaue Berechnung über den Hanfzehnt [10]). Im Jahre 1667 sollte «jeder Acker so Hanf getragen, gnädigster Herrschaft (der herzoglich Pfalz-Zweibrückischen) 10 Pfund gebrechten Hanf» geben. Nach der Berechnung mußten 65 Bürger 409½ Pfund geben, so daß damals 41 Acker Hanf gepflanzt wurden (rund 8 Hektar). Auf den einzelnen Bürger entfällt demnach rund 12 Ar im Durchschnitt. Der Anbau des Hanfes wurde also in Bischweiler nur im kleinen betrieben. Doch kann diese einzelne Rechnung [11]) nicht darüber täuschen, daß der Hanfbau im Elsaß auch damals noch im großen für den Verkauf betrieben wurde, und daß die Verarbeitung des Bastes weit über den Rahmen einer gewöhnlichen hausindustriellen Tätigkeit hinausging, wie Hieronymus Bock um die Mitte des 16. Jahrhunderts bezeugt: «Die Seyler und diejenigen so sich spinnens ernëhren wissen den besten brauch

[6]) Ordnung oder Tarif der Verzollung in der Stadt Straßburg Kaufhaus 1685, Seite 74. [7]) Die Bedeutung dieser Bestimmung ist viel größer, als es auf den ersten Blick erscheint. Denn sie zeigt uns, daß der unterelsässische Bauer zu damaliger Zeit schon ein hohes Maß von wirtschaftlicher Selbständigkeit dem Herrn gegenüber hatte. War der Hanf billig, so zog man vor, in natura zu liefern, war er hoch im Preis, konnte man die Geldabgabe wählen. In Lothringen war das Recht, die Lieferung des Zehnt in Geld oder in natura zu verlangen, auf seiten des Seigneurs, der es natürlich zu seinem Vorteil ausübte. [8]) Mutzig, Hatten, Seite 101. [9]) Vergl. Einleitung, Seite 11. [10]) J J 10. [11]) Es finden sich aus dem 18. Jahrhundert im Straßburger Bezirks-Archiv in Rechnungen für das Stift Neuweiler und des Bistums Speier u. a. verschiedene Aufstellungen.

und genieß der Hanfkreutter / solches alles zu beschreiben ein eigen Buch bedörffte [12]).»

Nach wie vor ging der Hanf als Handelsware hauptsächlich die Rheinstraße abwärts. Ende des 18. Jahrhunderts kamen Händler aus Italien und Spanien, die mit den französischen und elsässischen Hanfhändlern in Wettbewerb traten. Zum Schutz des einheimischen Hanfbaus legte daher ein Arrest vom 17. März 1773 einen erhöhten Zoll auf ausländischen Hanf [13]). In dieser Zeit stand der elsässische Hanfbau in seiner höchsten Blüte. Überall wurde Hanf gepflanzt, Hanfreiben, Hanfrösten entstanden in den verschiedensten Gegenden [14]). Schwerz berichtet, daß im Unterelsaß allein 60 000 Zentner gehechelten Hanfes erzeugt wurden, sodaß damals rund 8000 Hektar mit Hanf gebaut worden sein müssen, die sich auf die Gemarkungen von 194 Dörfern verteilten. Einzelne Dörfer müssen daher eine ganz außerordentliche Hanfanbaufläche gehabt haben. Die Preise gingen unter oft bedeutenden Schwankungen langsam in die Höhe [15]). Viele Berichte der Bürgermeister und der einzelnen Intendanten und Präfekten heben den wohltuenden Einfluß vor allem der Hanfkultur unter den übrigen Handelsgewächsen auf den Wohlstand der Bevölkerung hervor, und im Gegensatz zum Oberelsaß [16]) wurde der Hanf mehr und mehr zum Verkauf gepflanzt.

Mit dem Umschwung der Zollverhältnisse im Jahre 1791 ging der Hanfbau stark zurück. Zwar wurde das Elsaß, obwohl zollpolitisch nunmehr mit Frankreich vereint, von dem dort zugunsten der französischen Marine erlassenen Hanfausfuhrverbot vorderhand ausdrücklich freigelassen. Aber doch war nun die Ausfuhr erschwert, und die Konkurrenz des badischen Hanfes gewann mehr und mehr an Boden zum Schaden des elsässischen Anbaues.

Es kam dabei außer dem für das Elsaß ungünstigen Preisverhältnis noch die schlechte, unsachgemäße Art der Bereitung der Faser hinzu. Der Hanf wurde schon in der Röste unrichtig behandelt. Bei der Wasserröste wurde er in schlammigem Wasser gehalten und bei der Tauröste mit Rasenstücken zugedeckt. Er erhielt dadurch eine schmutzig-graue Farbe, die auch in den Hanfreiben nicht mehr zu entfernen war, und mußte zu niedrigen Preisen verkauft werden. Verschiedene Verordnungen der damaligen Präfekten Laumond und Shee, so vom 16. Thermidor VIII und 16. Thermidor X [17]), vom 22. Messidor XI [18]) nahmen sich deshalb des Hanf-

[12]) Seite 126 v. [13]) Bezirks-Archiv Straßburg, C 671, C 148. [14]) Bezirks-Archiv Straßburg, C 166, 207, 387, 579, 700 u. a. m. [15]) Schwerz gibt 75 Franken an, im Bezirks-Archiv Straßburg wird oft 48 und 50 livres pro Zentner angegeben. [16]) Bezirks-Archiv Colmar, M 123. [17]) Recueil officiel des actes de la préf. du Bas-Rhin, III, Seite 494. [18]) Recueil officiel des

baues an. Einmal wurde die Wasserröste in Flüssen verboten, gemäß der Vorschrift des französischen Ministeriums des Innern, die eingangs schon erwähnt wurde. Zur Verbesserung des Verfahrens bei der Röste sollte ferner in allen Gemeinden, wo es die örtlichen Verhältnisse zuließen, unter Anleitung der Ingenieure des Brücken- und Straßenwesens Flußwasser auf eine Wiese geleitet werden. Das Ausheben der erforderlichen Gräben, die Herbeischaffung von Steinen, die man zur Beschwerung des Hanfes statt der Rasenstücke anwenden sollte, wurde durch den Gemeinderat den einzelnen Bürgern aufgetragen; die Kosten hatte teils der Einzelne zu tragen (eine Art Fronde, aber nicht im Interesse der gesamten Gemeinde, sondern nur in dem des hanfpflanzenden Teiles der Bürger), teils übernahm sie der Staat (Entschädigung der Beamten).

Andere Polizeiverordnungen sorgten für einen geordneten und geregelten Geschäftsbetrieb beim Verkauf des Hanfes. Durch Verbote wurde dem Schwindel entgegengetreten, der besonders bei dem Verkauf des gehechelten Hanfes durch Dazustecken von ungehecheltem unter die gehechelten Hanfzöpfe betrieben wurde, wodurch die Ware schlechter und durch die holzigen Teile an Gewicht schwerer wurde.

Elsässer Hanf wurde damals viel für die Marine (Segeltuch, Tauwerk), aber auch in ausländischen Fabriken verbraucht. Durch ein Dekret vom 11. Pluviose XI wurde daher zu Gunsten der französischen Marine die Ausfuhr aus dem Elsaß verboten, das alte französische Hanfausfuhrverbot aus dem Jahre 1792 nun auch auf das Elsaß ausgedehnt [19]), da man in der französischen Marine hänfene Gewebe und Taue nötig brauchte.

Damit ging der Hanfbau im Elsaß stark zurück. Durch den Transport nach Brest auf dem Rhein oder nach Toulon (Saone und Rhone) wurde der Reingewinn so herabgemindert, daß der Anbau nicht mehr lohnend erschien und die Bauern sich mehr dem Hopfen-, Tabak-, bald auch dem Zuckerrübenbau zuwandten. Oppenau berechnet einen Rückgang der Hanfanbaufläche von etwa 8000 Hektar in den Jahren 1778 bis 1802 auf 5400 Hektar im Jahre 1811. Jedenfalls hatte das Verbot vom Jahre 1802 eine einschneidende Wirkung, die sich in vielfachen noch erhaltenen Bittschriften und Beschwerden äußert.

Die straßburger Handelskammer berichtet am 19. Januar 1809 sogar, die Anbaufläche sei im Jahre 1808 wegen des Ausfuhrverbotes und auch wegen der damals für den Tabak gezahlten hohen Preise

actes de la préf. du Bas-Rhin, IV, Seite 249. [19]) Bulletin des lois de la

um die Hälfte zurückgegangen. Sie beklagt sich vor allem darüber, daß das Ausfuhrverbot aufrecht erhalten werde, wo doch elsässer Hanf für die Marine gar nicht in Betracht kommen könne und zur Verarbeitung als feinere Leinwand und zum Spinnen für den Hausbedarf viel geeigneter sei.

Glücklicherweise liegen gerade für das Jahr 1811 einige statistische Tabellen vor, die die Anbaufläche in den einzelnen Kantonen angeben. Man pflanzte damals im Unterelsaß [20]):

Im Arrondissement	Schlettstadt:	809,70	ha Hanf
» »	Weißenburg:	1667,26	» »
Im Kanton	Bischweiler:	213,00	» »
» »	Wasselnheim:	105,60	» »
» »	Molsheim:	116,00	» »
» »	Geispolsheim:	477,00	» »
» »	Hagenau:	194,58	» »
» »	Brumath:	504,00	» »
» »	Truchtersheim:	596,00	» »
» »	Oberhausbergen:	514,00	» »
» »	Buchsweiler:	97,50	» »
	Zusammen	5284,64	ha Hanf.

Bei dieser Aufstellung fehlen außer dem Arrondissement Zabern einige Kantone (Straßburg), in denen wenig Hanf gepflanzt wurde. Allerdings sind beim Arrondissement Weißenburg die heute nicht mehr zum Unterelsaß gehörenden Kantone Bergzabern, Kandel, Landau mitgerechnet, in denen allein 872 ha Hanf angepflanzt wurde. Jedenfalls ist die von Oppenau berechnete Zahl von 5400 Hektar also noch etwas zu hoch gegriffen.

In dieser statistischen Tabelle fällt der außerordentlich große Anbau im kochersberger Land auf, in den Kantonen Truchtersheim, Oberhausbergen und Brumath. Von hier wurde viel Hanf im großen an Händler verkauft. In anderen Kantonen, Wasselnheim z. B., wurde nur zum Hausbedarf gebaut.

Auf den Märkten in Straßburg, Hagenau, Bischweiler, Zabern, Pfaffenhofen, Buchsweiler u. a. verkauften die Bauerfrauen den übriggebliebenen Hanf im kleinen zu 3, 4 oder 5 Pfund.

Die Erträge schwankten in den einzelnen Kantonen außerordentlich. Während man im Durchschnitt 525 Kilogramm Rohhanf und

---

République, Nr. 246 (XI). [20]) Zusammengestellt aus den allerdings nicht ganz übereinstimmenden Tabellen in M. adm. gén. Industrie et Commerce. Statist. Industr. 1806-12; M. adm. gén. Agricult. an VIII-1811; M. adm. gén. Agricult.

450 Kilogramm geschwungenen Hanf erhielt, wurde der Ertrag in manchen Kantonen nur auf die Hälfte angegeben. Der Gesamtertrag betrug im Arrondissement

Zabern:	4754 Dz.	zu	je	115	frcs
Schlettstadt:	2699	»	»	» 120	»
Straßburg	9070	»	»	» 110	»
Weißenburg:	5557	»	»	» 120	»

Eine Reihe von Fabriken verarbeiteten den Hanf damals im Elsaß. In Straßburg war die größte die der Gebrüder Saum in Ruprechtsau, mit über 3000 Arbeitern (meist Heimarbeitern) und 230 Bleichern und Webern. Sie arbeitete nur für die Regierung, der sie jährlich 50 000 Meter Segeltuch liefern konnte. Außerdem gab es eine kleinere Fabrik von Vetter, die seit 1791 bestand und 46 Arbeiter [21]) beschäftigte, von Bernard, dessen Fabrik allerdings kaum von handwerksmäßigem Betrieb sich unterschied (7 Arbeiter), eine Fabrik von Zaepfel und eine von Vogt mit 6 und 9 Arbeitern. Daneben gab es 137 kleinere selbständige Weber mit insgesamt 144 Arbeitern und 54 Seilereien mit 73 Arbeitern in Straßburg. In Hagenau, Fegersheim (700 Arbeiter), Mutzig (200 Heimarbeiter), in Pfaffenhofen gab es Spinnereien, in Herlisheim eine Zwillichmanufaktur. In Bischweiler arbeitete die Fabrik von Christian Bertrand schon längere Jahre. Sie war mit anderen Betrieben verbunden [22]). Außerdem gab es eine große Anzahl Hanfreiben und Bleichereien im Lande. Die Hanfreib in Schwindratzheim, die 1811 drei Arbeiter beschäftigte, ist heute noch zu sehen, wenn auch schon seit langen Jahren nicht mehr im Betrieb.

Im Oberelsaß gab es 1811/12 wenig Fabriken, die elsässischen Hanf verarbeiteten. Da dort mehr zum Hausbedarf gepflanzt wurde, finden sich in größerer Zahl Bleichereien und Hanfreiben überall im Lande verstreut [23]).

Erneute dringende Vorstellungen der straßburger Handelskammer in Paris führten endlich im Jahre 1816 die Aufhebung des Hanfausfuhrverbotes, der sich stets die Marineverwaltung widersetzt hatte, herbei. Damit stieg der Anbau wieder, wenn auch nicht in dem von Handels- und Industriekreisen erwarteten Maße. Denn mittlerweile hatte Baden einen bedeutenden Vorsprung erzielt. Badischer

---

1807-40; Bezirks-Archiv Straßburg. [21]) In M. adm. gén. Industr. et Commerce, 1806-12 sind 98 Arbeiter angegeben. [22]) Protokollbuch der Handelskammer zu Straßburg, II. Der Name Bertrand wird in dem Abschnitt über den Krapp oft erwähnt. [23]) Bezirks-Archiv Colmar, M 127.

Hanf hatte die Märkte erobert, badische Hanfsaat machte der elsässischen bedeutende Konkurrenz, und sogar ins Elsaß wurde badischer Hanf zur Seilfabrikation geliefert. So blieb der Absatz des Rohhanfes, der schon durch die Zollverhältnisse von 1790/91 und durch das Ausfuhrverbot stark gelitten, allerdings die elsässische Industrie dadurch angeregt hatte, auf das Elsaß in erster Linie beschränkt. Die verarbeiteten Seilerwaren wurden auch noch an die französische, auch holländische Marine geliefert, gelegentlich auch an deutsche Schiffe.

Die große Segeltuchfabrik von Saum konnte in den Jahren von 1820—1830 durchschnittlich 300 000 Meter im Jahre liefern, auch an anderen Orten bestanden Segeltuchfabriken oder Spinnereien [24]), zum Beispiel in Düppigheim, in Biblisheim bei Hagenau (Saglio und Comp., deren Name uns ebenfalls bei der Krappfabrikation begegnet), in Straßburg (Gebr. Gau [25]), und in Hönheim.

Fast jeder Bauer, jeder Tagelöhner, pflanzte damals ein Stück Land mit Hanf zum Hausbedarf. In jedem Dorfe gab es Weber, in jedem Hause das Spinnrad, an dem die Hausfrau und die Töchter den Hanf und Flachs spannen, während die Mägde das Werg zupften und zum Faden auszogen.

Die Weber arbeiteten auch für den Betrieb der großen Fabriken. So konnten die 58 Webermeister in Hatten im Jahre 1825 mit 80 Webstühlen 30—40 000 Ellen Leinwand nach Straßburg liefern [26]). In diesen Jahren erblühte der Hanfbau im Elsaß aufs neue. Er versorgte das lokale Bedürfnis, und Segeltuch und Seile fanden auch im Ausland wieder Absatz. Die Straßburger Handelskammer konnte im Februar 1831 dem Militär-Intendanten in einer statistischen Darstellung berichten [27]), der Hanf sei eines der reichsten Erzeugnisse des Landes. Die Ernte im Unterelsaß schätze man auf jährlich 50 000 Doppelzentner, in 150 Dörfern betreibe man seinen Anbau.

Für Ruprechtsau allein wird die Ernte des Jahres 1837 auf 1290 Doppelzentner angegeben [28]), und 1838 betrug die Anbaufläche im Unterelsaß wieder 5263 Hektar.

Um die Mitte des vorigen Jahrhunderts macht sich jedoch ein starker Rückgang im Hanfbau bemerkbar. Er erklärt sich einmal aus der größeren Rentabilität anderer Handelsgewächse (Tabak, Hopfen, auch Kartoffeln und Getreide), andererseits aus der bequemen und billigen Beschaffungsmöglichkeit von Geweben und Zeugen der ober-

---

[24]) Archiv der Handelskammer in Straßburg, Aktenstück 447. [25]) Annuaire, an VII, Seite 145, an VIII, Seite 324 usw. [26]) Mutzig, Hatten, Seite 66. Protokollbuch der Handelskammer, Band XX, Seite 116. [28]) Protokollbuch der Handelskammer, Band XXIII, Seite 144.

elsässischen Textilindustrie und auch der bischweiler Fabriken, die gerade in der Zeit von 1848 bis 1870 sich zur höchsten Blüte entwickelten.

So sank die Anbaufläche im Unterelsaß von

5263	ha	im	Jahre	1838 auf
4083	»	»	»	1852 und
3900	»	»	»	1866.

Im Arrondissement Straßburg war die Anbaufläche von rund 2800 ha im Jahre 1811 [29]) auf 1966,10 ha im Jahre 1852 zurückgegangen, im Kanton Truchtersheim pflanzte man nur noch 385,97 ha, in Schiltigheim 381,00 ha, Brumath 305,00 ha usw. [30]).

Der Gesamtwert der Ernte des Arrondissements Straßburg wird für das Jahr 1852 auf 1 939 540,20 Franken angegeben [31]).

Leider gehen die Angaben über die Saatmenge, Ertrag pro Hektar an Faser und Samen, Kosten der Produktion, in den einzelnen Gemeinden und Jahren so stark auseinander, daß sich ein zuverlässiges Bild davon nicht geben läßt. So schwankten die Kulturkosten im Jahre 1852, einschließlich Ernte, zwischen 64 Franken pro Hektar in Brumath und 388,00 Franken in Wasselnheim. Guerin [32]) hat für den Kanton Benfeld in seiner ausführlichen Darstellung einen Durchschnittsreinertrag von 218,22 Franken pro Hektar berechnet für die Jahre 1853—1862.

Die Abnahme der Hanfanbaufläche von 3900 ha im Jahre 1866 auf 1813 ha im Jahre 1883 im Unterelsaß, und vom 1268 ha im Jahre 1863 (allerdings mit dem Arrondissement Belfort mit rund 280 ha) auf 488,49 im Jahre 1883 im Oberelsaß ist einmal die Folge der vermehrten Einfuhr der Baumwolle nach Beendigung des amerikanischen Bürgerkrieges, ferner der durch die zollfreie Einfuhr der Jute außerordentlich geförderten Zunahme der Jutespinnerei, endlich auch, wie bereits früher angedeutet, der höheren Rentabilität anderer Handelsgewächse (Hopfen) und der Futterpflanzen. Seit dem Jahre 1882, dem Jahre der Vollendung des St. Gotthard-Tunnels, kam der italienische Hanf in großen Mengen über die Alpen und trat in außerordentlich scharfen Wettbewerb mit dem elsässischen Hanf. Der italienische Hanf war an sich nicht etwa besser als der elsässische. Er war aber billiger, da er trotz der Transportkosten

---

[29]) Vergl. die Tabelle auf Seite 32. [30]) Statistique quinquennale de l'arrondissement de Strasbourg, 1852. [31]) 27 525,40 Zentner gehechelter Hanf, 2238,20 Hektoliter Hanfsamen. [32]) Statistique agricole du canton de Benfeld. v. Oppenau berechnete im Jahre 1896 für den Weißhanf einen Reinertrag von 207,75, für den Schwarzhanf von 140,60 Mark pro Hektar

infolge niedriger Arbeitslöhne, Bodenverzinsung usw. zu wohlfeilerem Preise geliefert werden konnte. Er war auch besser zubereitet.

Ende der sechziger Jahre hatte man übrigens auch im Elsaß schon eingesehen, daß die althergebrachte Art der Zubereitung gegenüber derjenigen anderer Gegenden mit modernem Betriebe nicht mehr standhalten konnte. Vor allem mußte die umständliche, anstrengende, daher teuere Handarbeit im Betriebe ausgeschaltet werden. Durch gemeinsame Verarbeitung suchte man die Betriebskosten zu verringern. Hanfverwertungsgenossenschaften wurden gegründet[33]); 1868 schaffte man in Oberhausbergen zwei Hechelmaschinen zu genossenschaftlichem Betriebe an[34]); um dieselbe Zeit trat als weitere Verbesserung an die Stelle der alten Dörrgrube die bereits besprochene gemauerte Koksdörre. Die Handbrechstühle ersetzte man durch die Brechmaschine, die durch Dampf-, heute durch Benzinmotore betrieben, und bei der der Hanf durch verschiedene geriffelte Walzenpaare hindurchgetrieben oder gezogen wird, wodurch die Ageln vollständig ausgequetschst werden.

In Saasenheim im Oberelsaß wurde 1896 eine Hanfbereitungsanstalt gegründet, die nun an Stelle der Koksöfen den Dampf zur Heizung der Dörre benutzte und mit einer Brech- und Schwingmaschine verbunden war[35]).

Seither hat man verschiedentlich versucht, den Hanfbau zu fördern, worum sich besonders Fr. v. Oppenau verdient gemacht hat. Durch Vermittlung der elsaß-lothringischen Regierung wurden bei der Kriegsmarine mit elsässischem Tauwerk Versuche angestellt, die in bezug auf Festigkeit und Gebrauchsdauer ein dem russischen Hanf gleichwertiges Ergebnis gezeitigt haben (im Jahre 1903).

Doch vermochten solche günstige Resultate den Rückgang der Anbaufläche, der nun einmal eingesetzt hatte und überall weiter um sich griff, nicht aufzuhalten. Im ganzen Elsaß wurde im Jahre 1912 Hanf nur noch gepflanzt[36]):

In	Kurzenhausen	1,00 ha
»	Sässolsheim	1,30 »
»	Breuschwickersheim . .	9,50 »
»	Obenheim	1,00 »

(2. Aufl., Seite 29). [33]) Über die Tätigkeit zweier Hanfverwertungsgenossenschaften siehe Thisse, a. a. O. Seite 149. [34]) Migneret IV, Seite 197/8. [35]) Landw. Zeitschr. für E.-L. 1903, Seite 97; v. Oppenau a. a. O., 2. Aufl., Seiten 19 und 23. [36]) Außerdem in verschiedenen Gemeinden weniger als 1 ha. Im Jahre 1913 ergab die genaue Erhebung 26,68 ha Hanf im Unterelsaß; in Breusch-

In Artolsheim	1,00 ha	(Wasserröste)
» Sundhausen	3,00 »	
» Oberseebach	1,50 »	
» Schleithal	1,20 »	
Im Kreise Altkirch (Köstlach, Mörnach, Riespach)	3,00 »	
Im Kreise Mülhausen (Niedermagstatt)	1,00 »	

In Breuschwickersheim hat sich der Hanfbau am längsten in größerem Umfange erhalten. Früher hatte man dort für die Hanffelder folgende Fruchtfolge:

1. Jahr: Hanf, gut gedüngt (Jauche),
2. Jahr: Gerste,
3. Jahr: Rüben.

Heute (seit etwa 10 Jahren) wird folgende Fruchtfolge eingehalten:

1. Jahr: Hanf, gut gedüngt (100 kg Ammoniak pro 20 Ar),
2. Jahr: Weizen, auch Zwiebeln, gelbe Rüben,
3. Jahr: Gerste.

Same wird in Breuschwickersheim heute keiner gezogen. Man erhält die Saat durch Makler, meist sogenannte 9-Wochensaat (Hanf, der nur 9 Wochen steht), im Gegensatz zur 14-Wochensaat, die früher verwandt wurde.

Es gibt noch 3 Hanfdörren in Breuschwickersheim, die allerdings nur noch 6—8 Tage im Jahre arbeiten. Der gebrochene und geschwungene Hanf wird an Händler verkauft, meist nach Brumath, wo er gehechelt wird. Je nach den Jahren schwankt der Preis für den Zentner Hanf zwischen 32 und 40 Mark, durchschnittlich erhält man heute vom Acker (= 20 Ar) 5—6 Zentner, im Jahre 1912 sogar 7 Zentner. Der Hanfbau lohnt daher noch ganz gut, man würde auch mehr pflanzen, wenn genügende und billige Arbeitskräfte zum Knitschen vorhanden wären.

Zur Verarbeitung in der Seilerei und Weberei wird elsässischer Hanf heute kaum noch verwandt. Italienischer und russischer Hanf ist billiger, daher käme heute nur noch der Hanfbau zum Privatgebrauch in Frage. Aber die Frauen wollen heute nicht mehr spinnen; sie kaufen lieber an Markttagen, wenn sie in der Stadt sind, billige Leinwand in Warenhäusern, die ihnen dann noch nach Hause frei geliefert wird; sie bedenken dabei nicht, daß eine solche Leinwand lange nicht so gut und so dauerhaft ist, als selbstgesponnene.

wickersheim ist die Anbaufläche etwas gestiegen, sonst aber durchweg gesunken.

So wird der Hanf in wenigen Jahren vollständig im Elsaß verschwunden sein, und mit ihm die alten Nebengewerbe; eine einzige Leinwandbleicherei besteht heute noch in Uttenhofen; Hanfhandlungen (in Straßburg, Brumath, Saarunion, Wasselnheim) gibt es noch etwa 10, ebenso einige Seilereien in Straßburg[37]), Hochfelden und Schlettstadt, die aber nur wenig elsässischen Hanf noch verarbeiten. Neben italienischem und russischem Hanf wird Manillahanf verwandt. Die neuerdings empfohlenen Sisalhänfe können vorderhand mit Manilla- und italienischem Hanf nicht in Wettbewerb treten, da sie leicht dehnbar und zu nachgiebig sind, für die Seilerei sich daher wenig eignen.

Mit dem Hanfbau ist aber auch der poesievolle Brauch des Spinnens, des gemeinsamen Zusammenkommens in den Kunkelstuben an den langen Winterabenden verschwunden. Alle Mädchen des Ortes kamen in einer Stube zusammen, saßen im Kreise an der Kunkel, während die jungen Burschen auf den Bänken an der Wand saßen, rauchten, gruselige Geschichten erzählten oder sangen. So ging es den ganzen Winter hindurch bis auf Weihnachten (die Sperrnacht), wo die Kunkel für einige Tage fortgestellt wurde.

Die Kunkelstube hat auf die Kultur unseres elsässischen Bauernstandes einen hervorragenden Einfluß gehabt. Mit alten Sagen wurde man vertraut, man pflegte den Sang der Volkslieder, mehr noch den religiösen. Von Kinematographen, von Tingeltangel-Liedern wußte man noch nichts; der Wirtshausgang der jungen Burschen an Werktagen war verpönt[38]).

Wenn man die alte Zeit gegenüber der heutigen auch nicht zu sehr loben darf, so muß man doch sagen, daß das gesunde urwüchsige Bauerntum heute verschwunden ist, und zumeist heute eine mit städtischem Wesen übertünchte ungesunde Halbkultur sich breit macht, die auch mit künstlichen Mitteln, mit Veranstaltungen von Vereinen, Vorträgen usw. schwer zu heilen ist, weil alle diese Heilmittel nur gelegentlich und von außen an die Landbevölkerung herantreten, und die ständige, liebevolle Kleinarbeit an Herz und Gemüt unserer Bauern fehlt. Gerade dieses tägliche Zusammensein an den Winterabenden erzeugte ein Gefühl der Zusammengehörigkeit unter den Dorfbewohnern, das seit dem Eingehen der Kunkelstube bedenk-

---

[37]) In Straßburg besteht eine Seilerei seit 1673. [38]) Vergl. den Aufsatz «Der Hanf im Dorfleben» von Karl Sandel, Straßburger Post, 31. März 1908. Über die Kunkelstuben siehe: Lienhart in den Jahrbüchern des V. C., Band VIII, Seite 76; IX, Seite 202; XIV, Seite 138; XVII, Seite 233; Kim, Geschichte des Dorfes

lich verschwindet. Und daran ist zum Teil auch der Rückgang des Hanfbaues schuld.

Der Rückgang der Hausspinnerei veranlaßte auch einen Umschwung in der alten Bekleidungsweise. Statt dauerhafter, fester, wenn auch gröberer Gewebe, wie dem aus dem Werg hergestellten Wirgetuch, das der Dorfschneider, der zu seinen Kunden ins Haus ging, verarbeitete, kauft man heute in Warenhäusern oder in den Kleiderläden in Hagenau, Weißenburg, Schlettstadt, Zabern die Anzüge fertig, oder man bezieht sie von den Kleiderhändlern, die meist aus dem «krummen Elsaß» kommen, aus Tieffenbach, Struth usw. und die ihre wollenen oder halbwollenen Waren billig an den Mann bringen. Selbstgesponnenes Leinen ist in der Aussteuer kaum noch zu finden, nur noch solches von Großvaters Zeiten her. Die Warenhäuser liefern billiger, sogar auf den Wochenmärkten, in Hagenau, Zabern, ist Fabrikleinen zu kaufen.

Mit der Hausindustrie des Spinnens ist auch die Weberei fast verschwunden, auch die Färberei des Tuches als Kleinindustrie geht nach und nach ein [39]).

Der Flachs.

Wie der Hanf wurde auch der Flachs zur Samen- und zur Fasergewinnung gepflanzt. Die mittelalterlichen Annalen erwähnen schon früh die Leinengewänder, die im Elsaß selbst hergestellt wurden. Die Benediktinermönche werden zu Karls des Großen Zeiten die Kenntnis der Leinwandbereitung vermittelt und vervollkommnet haben. 1239 trug die spätere Seilergasse in Straßburg den Namen Flachsgasse [40]), in Weißenburg wird die Herstellung einer bestimmten Menge Leinengewebes als Hofrechtsabgabe an den Grundherren früh erwähnt [41]). Der Flachszehnt findet sich allerdings erst später, seit dem 15. und 16. Jahrhundert.

Hieronymus Bock erwähnt im 16. Jahrhundert den Flachsbau als in Deutschland allgemein verbreitet; der Flachs wurde zweimal, «einmal gegen den Glentzen, gegen den Sommer und etwann auch gegen dem Herbst» geerntet.

Nordhausen, Erstein 1913, Seite 63 ff. [39]) Auch in Baden ist die Handweberei nur noch vereinzelt zu finden, allerdings wird dort in Gebirgsgegenden noch ziemlich viel gesponnen. Vergl. z. B. Straßburger Post, 16. März 1913. [40]) Straßburger Urkundenbuch I; Straßburger Gassen- und Häusernamen im M.-A., Seite 65; Seyboth, Das alte Straßburg, Seite 155. [41]) Hertzog, Handel und Gewerbe

Ichtersheim erzählt vom Flachsbau im Hattgau, den auch Merian als Ursprungsgebiet des besten elsässischen Flachses rühmt, wo ja auch der beste Hanf wuchs, und wo wir schon die Märkte am St. Michaelis- und St. Marxtag erwähnt haben, an denen ausländische Händler Hanf und Flachs kauften.

Der Flachs war aber lange nicht so verbreitet wie der Hanf. Im Jahre 1811, wo uns zum ersten Mal brauchbare Zahlen zur Verfügung stehen, wurden

im Kreise Straßburg (Oberhausbergen, Truchtersheim)	31,35 ha
im Kreise Schlettstadt	7,37 »
» » Weißenburg	140,76 »

gepflanzt. Aus dem Kreise Zabern fehlen die Zahlen [42]). Die weißenburger Zahl wird erheblich gekürzt, wenn man die heute nicht mehr zum Elsaß gehörenden Kantone Bergzabern, Kandel, Landau abrechnet, in denen allein 129,10 ha Flachs gebaut wurde. Damals pflanzte man zur Fasergewinnung wenig Flachs, mehr zur Samengewinnung. Auf den Märkten in Straßburg, Zabern und Wasselnheim verkaufte man auch Flachsfasern pfundweise. Doch war der Flachs zur Fasergewinnung im Elsaß seit der Wende des 18. und 19. Jahrhunderts nahezu verschwunden und kam auch nicht mehr in die Höhe, während in Frankreich zum Beispiel im Jahre 1836 6000 Spindeln für Flachsgarne in Tätigkeit waren, 1840 schon 25 000, 1860: 468 360 und Ende der sechziger Jahre an 700 000. Doch auch hier vernichtete die Masseneinfuhr amerikanischer Baumwolle den Flachshandel, die großen Bestände der Fabriken konnten trotz der Hilfe der Regierung nicht mehr abgesetzt werden, und die Preise fielen rapide. In Frankreich hat die Regierung zu wiederholten Malen den Hanf- und Flachsbauern Anbauprämien gewährt [43]). Nach diesen Gesetzen wurden den Landwirten, die Flachs und Hanf zum Spinnen bauen, Prämien gegeben, deren Gesamtbetrag die Summe von 2 500 000 Franken jährlich nicht übersteigen, und deren einzelner

im Elsaß, Seite 24. [42]) Nach M. adm. gén. Agricult. an VIII-1811; M. adm. gén. Agricult. 1807-40; M. adm. gén. Ind. et Comm. Statist. industr. 1806-12 im Bezirks-Archiv Straßburg. In M. adm. gén. Agricult. Renseignements statistiques an VIII-1811 findet sich eine statistische Tabelle mit Angaben über den Gesamtertrag im Jahre 1811, die mit der obigen nicht in Einklang zu bringen ist. Danach wäre im Arrond. Zabern 108 Dz. zu 210 frcs pro Dz., im Arrond. Schlettstadt 3 Dz. zu 200 frcs, im Arrond. Straßburg 12,50 Dz. zu 180 frcs, im Arrond. Weißenburg 56,30 Dz. zu 195 frcs pro Dz. Flachs geerntet worden. Diese Zahlen beziehen sich wohl auf die Samengewinnung. [43]) Z. B. Journal officiel vom

Betrag pro Hektar die Summe von 60 Franken nicht überschreiten soll.

Für das Elsaß hat der Flachsbau im 19. Jahrhundert keine Bedeutung mehr gehabt, und heute sind die feldmäßig gebauten, tiefblau blühenden Leinfelder nahezu verschwunden, und auch die langen zum Bleichen ausgelegten Leinwandstreifen sieht man nur noch sehr selten.

Nur in der Gegend von Wimmenau, Wingen, Ingweiler, Obermodern, auch vereinzelt bei Wasselnheim, Avolsheim, auch in der weißenburger Gegend (Schleithal, Salmbach) pflanzt man noch Flachs auf kleinen Flächen. Die Bauern legen bei der Kultur das Hauptgewicht auf die Samenkörner, die sie zur Viehfütterung und Aufschlägen bei Krankheiten verwerten. Zur Fasergewinnung wird nicht mehr gepflanzt. Die Anbauflächen sind aber stets klein; insgesamt wurden 1913 noch 17,34 ha Flachs im Unterelsaß gebaut.

Die Flachsstengel werden aufbewahrt, nachdem man den Samen herausgeklopft oder geschüttelt hat, und werden, wenn eine genügende Menge zusammengekommen ist, von den einzelnen Bauern bestimmten Agenten gebracht, die für bayerische oder württembergische Spinnereien (Ravensburg, Weingarten) die Faser in Empfang nehmen und für die Bauern nach Bestellung zu Tisch- und Bettüchern verarbeiten lassen. Es zeigt sich darin noch ein merkwürdiger und interessanter Anklang an die Naturalwirtschaft. Wenn die Bauern auch nicht mehr selbst spinnen[44]), so pflanzen sie doch noch Flachs, und ihre Tücher sind aus selbstgezogenem Rohstoff verarbeitet. In der Kette der Herstellungsfaktoren in eigener Wirtschaft fehlt gegen früher also nur ein Glied: das Spinnen im eigenen Hause, das heute von der Fabrik schneller und billiger besorgt wird. Bei der Verarbeitung zu Leinwand wird nach Wunsch rein Flachs oder auch ein Zusatz von Wolle, Baumwolle genommen.

Die Ölgewächse.

Die Ölpflanzen werden seit alter Zeit feldmäßig als Handelsgewächse angebaut zur Ölgewinnung aus den öl- und fetthaltigen Samen teils zu Beleuchtungs-, teils zu Speisezwecken. Die verschiedensten Pflanzen wurden dazu benutzt. Zunächst die eigentlichen Ölpflanzen, der Raps, der auch heute fast ausschließlich

14. Jan. 1892 u. s. f.; später am 15. Dez. 1909; 14. April 1910 u. s. f. [44]) In Salmbach wird jetzt noch gelegentlich gesponnen.

angebaut wird, der Rübsen, Mohn, ferner Lein, Senf, Wachholder, auch «Rocken- und Waitzenöl» fand sich im Mittelalter. Im vorigen Jahrhundert kamen zwei Spielarten des Rübsen auf: der Awehl und Biewitz, die Madia. Daneben war bis in die letzten Jahre Nuß- und Buchenöl sehr begehrt.

Der Raps und Rübsen wird heute meist als Winter-, Mohn und Leindotter als Sommerfrucht gebaut. Raps und Rübsen sind sich ähnlich, werden auch gelegentlich verwechselt. Der Raps ist eine gelbe Kohlrübe (brassica campestris oleifera), der Rübsen ist die dem Raps entsprechende Form der weißen Rübe, die man in die Blüten schießen läßt. Der Raps wurde und wird noch mehr in der Ebene gepflanzt, der Rübsen als widerstandsfähigere Pflanze findet sich auch in den Gebirgsgegenden.

Der Raps wird im Herbst gesät; meist findet man ihn in folgender Fruchtfolge: Weizen, Raps, Weizen. Ende April und im Mai gelangt er zur Blüte. (In dem warmen Frühling 1914 sah man schon vom 10. April ab die goldgelb blühenden Rapsfelder in der Gegend von Mommenheim und Schwindratzheim.) Im Juni wird geerntet, wenn die Schoten braun werden und anfangen aufzuspringen. Die Reife tritt sehr plötzlich ein, deshalb ist ein öfteres tägliches Nachsehen erforderlich. Die Pflanzen werden geschnitten, auf dem Felde ausgebreitet, getrocknet und dann vorsichtig heimgebracht. Die Wagen, in denen die Rapsstengel und Schoten heimgefahren werden, sind mit Tüchern belegt, ebenso früher der Boden, auf dem der Wagen zum Einladen stand, damit keine Körner verloren gehen. In der Scheune läßt man den Raps noch einige Tage trocknen und die Körner nachreifen; dann werden die Schoten ausgedroschen und zum vollständigen Nachreifen nochmals ausgebreitet. In Säcke verpackt werden die Körner bis zum Verkauf oder Verbrauch aufbewahrt.

Die Verarbeitung, das «Schlagen» oder «Stampfen» des Öles wurde zunächst auf den Höfen in eigener Wirtschaft betrieben bis zum 11. Jahrhundert. Dann sonderten sich die selbständigen Handwerker ab, die auf dem Lande oder in der Stadt das Ölschlagen besorgten, und zwar in derselben Wirtschaftsweise wie sie heute noch üblich ist, in dem Kundenbetrieb. Der Bauer bringt seine Körner dem Ölmüller, der sie mahlt, preßt und den Ölsaft nebst den Preßrückständen, den Ölkuchen, die ein vorzügliches Viehfutter abgeben, gegen Zahlung eines bestimmten Preises abliefert.

Daneben kamen mit dem 14. und 15. Jahrhundert die Handelsmühlen auf, die die Körner aufkauften, verarbeiteten und den Saft verkauften.

Der technische Betrieb des Ölschlagens ging im 16. und 17. Jahrhundert folgendermaßen vor sich: Die Mühle selbst stand zumeist an einem kleinen Wasserlauf, dessen Kraft ausgenutzt wurde. An einem Wellbaum des Wasserrades «wird ein gebräuchiges Kamm-Rad mit Zahnen und Zapffen angemacht, welches mit seinem Kamm in die Spindeln eines übersich nächst dabei gesetzten Rades eingreiffet und solches samt seinem Wellbaum herumtreibet. An diesen Wellbaum fornen werden Hebarme befestigt, welche die Stämpfel aufheben und wieder fallen lassen» [1]). Die Stempfel müssen mit eisernen Schuhen beschlagen und auch die Löcher, in die sie fallen, müssen mit starken eisernen Blechen ausgeschlagen sein.

Der Samen wurde zuerst gestoßen, dann in einem seitwärts stehenden Kessel über dem Feuer geröstet. Darauf wurde er warm in zwei Haartüchern in runde, in viereckiges Holz eingegrabene Löcher gelegt. Darauf wurde ein viereckiger Holzklotz gesetzt, von hinten ein Keil durchgestoßen, der vorn etwas schmäler als hinten war. Dann wurde der Schlägel auf- und niedergelassen, der Keil durch das Niederstoßen hinein- und dadurch unten das Öl hinausgetrieben, wo es in ein untergestelltes Geschirr lief. In ähnlicher Weise waren die damaligen Gewürz-, Mang-, Bohr- und Lohmühlen eingerichtet.

Im 18. Jahrhundert trat an die Stelle des Schlagens das Mahlen und Pressen, wie es heute noch üblich ist, und ähnlich auch bei Hanfreiben und Gipsmühlen angewandt wurde.

Bei diesem Verfahren kommen die Körner in die Mahlmühle. Ein großer Mahlstein sitzt in der Mitte eines Nebengebäudes des Hofes auf dem Boden auf. Er ist durchschnittlich etwa 1,80 Meter im Durchmesser breit. Horizontal oder vertikal wird auf diesem Mahlstein ein zweiter im Kreise herumbewegt. Zwischen diesen Mahlsteinen liegen die Körner, die hier ganz weich gemahlen und von den Schalen getrennt werden.

Der obere Mahlstein wurde und wird heute noch auf die verschiedenste Weise gedreht, teils (selten) durch Menschenkraft, teils durch Pferdeantrieb [2]); wo es möglich war, wurde Wasserkraft zum Antrieb benutzt, heute sind vielfach Benzinmotore im Gebrauch.

---

[1]) Nach Hohberg, Adeliches Land- und Feldleben, I, Seite 101. [2]) Eine kulturhistorisch interessante Ölmühle mit altem Gebälk und Göpelwerk ist heute noch in Breuschwickersheim zu sehen. (Seit 1797 bestehend. Auch an anderen

Die gemahlenen Körner werden auch bei dieser Art der Fabrikation auf einem bei Seite stehenden Feuer angewärmt, in ein Tuch gepackt, und dieses Tuch mit den Körnern in eine Presse gebracht, die seit dem 16. Jahrhundert in Kleinbetrieben schon üblich war. Die Presse wurde mit der Hand[3]), später bei größeren Pressen durch Anziehen der Schraube durch 2 Arbeiter zugeschraubt, heute preßt man vielfach unter Zuhilfenahme von Motoren. Durch den starken Druck wird das Öl aus den Samen hinausgepreßt und in einem Gefäße aufgefangen. Die im Tuche zurückbleibenden Rückstände der Körner werden noch ein zweites Mal ausgepreßt, wodurch man eine zweite Qualität Öl erhält. Dann werden die Preßrückstände eingeweicht und als Viehfutter verwandt. Das Vieh frißt diese Ölkuchen gerne. Der säuerliche Geschmack regt außerordentlich die Freßlust an und wirkt auch auf die Verdauung günstig ein. Bei den im Kleinbetriebe hergestellten Ölkuchen bleibt natürlich ein höherer Fettgehalt zurück, als bei den fabrikmäßig mit Maschinenkraft ausgepreßten, bei denen außerdem noch eine Extraktion vorgenommen wird. Doch enthalten auch diese Rückstände noch viel Stickstoff und geben immer noch ein wertvolles Kraftfuttermittel ab.

Zu Karls des Großen Zeiten war das Ölschlagen schon allgemein bekannt und in der Eigenwirtschaft der Klöster und Höfe üblich. Damals wurde neben dem ölhaltigen Samen des Hanfes und der Leinpflanze viel Nuß- und Buchenöl verwandt. Auch Olivenöl kannte man damals schon, das aus dem Süden bezogen und von den Reichen in den Apotheken und Wurtzgaden gekauft wurde. Die ärmere Bevölkerung verwandte das Nuß- oder Buchöl zu Speise-, das Rüböl zu Leuchtzwecken im Winter. Die Kreuzzüge brachten dann die Kenntnis der Mohnpflanze, deren ölhaltiger Same im Orient, wie der Hanfsame, zu berauschenden Getränken gebraucht wurde, nach dem Abendlande.

Schon früh war das Ölschlagen ein selbständiges Gewerbe geworden, und vom 12. Jahrhundert ab organisierten sich die Handwerker, die auf dem Lande und in der Stadt das Ölstampfen besorgten, zünftig. Im Jahre 1263 werden die oleylute in Straßburg erwähnt, die mit den Müllern und Tuchscherern damals eine Zunft bildeten. Aus der damaligen Zeit gibt es natürlich wenig Berichte über das Öl. Als aber die Ölsaat eine Handelsware geworden war, die im großen nach Schwaben und den Rhein hinunter ausgeführt wurde, da läßt sich die große Verbreitung des Ölgewächsebaues im Elsaß, schon im 14. Jahrhundert, erkennen.

Orten finden sich noch alte Mühlen.) [3]) Vergl. die Abbildung in H. Bock's

Das Leinöl war damals bereits hinter dem Mohnöl zurückgetreten. Die Leinpflanze wurde jetzt mehr ihrer Faser wegen angebaut. Seit dem 16. Jahrhundert kommt dann gerade in der straßburger Gegend die Ölgewinnung aus Raps und Rübsen mehr und mehr auf; das Rüböl fand seine Verwendung in den mittelalterlichen Hängelampen mit dem großen breiten Docht, die sich damals an Stelle der Wachskerzen einbürgerten. Leinöl wurde noch viel als Arznei für Menschen und Vieh benutzt.

Schon zu Anfang des 15. Jahrhunderts war auf den Handel mit den Ölgewächsen ein Ölzoll gelegt und die Abgabepflicht der Bauern auch auf die Ölpflanzen erstreckt worden. Aus einem Erkenntnis der XVer in Straßburg wegen des Ölzolles geht hervor, daß verschiedene Ölleute im Jahre 1458 aus der Stadt nach Schiltigheim gezogen waren und dort «Olestempfe uffrihten», wodurch der Stadt der Ölzoll entging. Dabei wurde auf einen noch früheren Fall Bezug genommen, des Herrn Claus von Grostein, der im Jahre 1427 in Straßburg erwähnt wird [4]).

Im 17. und 18. Jahrhundert hatte der Anbau der Ölpflanzen seine Blütezeit. Überall auf dem Lande entstanden Ölmühlen, «Öl für die Bürgersleut zu mahlen». Diese Ölmühlen wurden meist nur von dem Eigentümer und seinen Söhnen als Arbeitern bedient. Sie arbeiteten nur für die Kunden, die ihre Körner zur Mühle brachten. Fast in jedem Dorfe bestand eine Ölmühle, so daß sich deren Kundenkreis nur selten über den Bann des eigenen Dorfes hinaus erstreckte. Zum Verkauf wurde damals nicht so viel gemahlen: Saasenheim (Kr. Schlettstadt) z. B. hatte im Jahre 1788 [5]) zwei Ölmühlen, «welche von Pferden gezogen werden, in welchen aber nur dasjenige Öl verfertigt wird, welches jeder Bürger zu seinem Gebrauch nötig hat».

In dem nördlichen Teil des Unterelsaß, von Bischweiler bis in die Gegend von Weißenburg, wurde Ölsaat auch verkauft und zu Handelszwecken angebaut. Aus Weißenburg wird im Jahre 1778 berichtet [6]), daß der Raps in großem Umfang zum Verkauf angepflanzt werde, und daß der Handel mit Öl einen bedeutenden Umfang annehme. Man verkaufte gerade aus dieser und der bischweiler Gegend viel nach Deutschland, auch nach Straßburg wurde viel verkauft, wo die Drogisten und Gewürzhändler um 1700 unter anderem «Saffrankörner, Leinsamen, Tillensamen, Rübensamen, Peterlinsamen, Magsamen und Hanfsamen» feilhielten.

Kräuterbuch, Seite cjjj. [4]) Eheberg, I, Seite 178; Seyboth, Das alte Straßburg, Seite 14. [5]) Bezirks-Archiv Straßburg, C 656. [6]) Bezirks-

Unter der Änderung der Zollverhältnisse im Jahre 1791 hatte auch der Handel mit Ölsaaten zu leiden. Doch wenn auch der Ausfuhrhandel und damit der Anbau stark beeinträchtigt wurden, der Anbau der Ölgewächse mußte doch weiter betrieben werden. Denn mit der fortschreitenden Kultur hatte auch der arme Mann sich an die Lampe gewöhnt, zu deren Speisung das Rüböl diente [7]). So war der Anbau des Raps, Rübsen und Mohns für die Bedürfnisse der Haushaltungen gesichert. Die Kundenmühlen hatten nach wie vor einen regen Geschäftsgang. Sie verarbeiteten neben Nußöl Raps, Rübsen und Mohn. Senf wurde zum Ölschlagen nicht mehr angebaut, infolge des hohen Preises, den man aus der Senfverarbeitung zu Speisezwecken erzielen konnte; das Mohnöl wurde nach Angabe von Camus [8]) auch nach Paris als Olivenöl versandt.

Die Ölmühlen waren meistens mit anderen Betrieben verbunden. So hatte im Jahre 1811 zum Beispiel in Niedermodern Georg Augst «eine Mahlmühle mit 3 Gängen, eine Ölmühl, eine Lohstampf, eine Roth Tharr, eine Roth mühl». Der Betrieb beschäftigte 6 Arbeiter. Auch sonst fanden sich vielfach Mehl- und Ölmühlen oder Hanfreiben in der Hand eines Besitzers vereinigt.

Straßburg zählte im Jahre 1784: 11 Ölmühlen, im Jahre 1816: 16, im Jahre 1824: 18 Ölmüller (außerdem gab es damals in Straßburg 3 Drogisten und 9 Gewürzkrämer). Unter den Ölmüllern befand sich damals auch Charles Schulmeister auf der Meinau, den wir einige Jahre später auch Zucker fabrizieren sehen. Auch Namen von Handelsfirmen begegnen uns darunter, die wir bei der Betrachtung anderer Handelsgewächse wiederfinden, zum Beispiel die Firma J. G. Sengenwald, die wir auch als Krappfabrikanten kennen lernen [9]). Die Zahl der straßburger Ölmüller ist sich in den folgenden Jahrzehnten gleich geblieben. Im Jahre 1838 waren es 17, im Jahre 1843 wieder 18 Betriebe.

In Straßburg selbst wurden damals 50 ha Raps und 20 ha Mohn gepflanzt, außerdem 50 ha Hanf, von dem aber nur ein kleiner Teil zur Ölgewinnung verwandt wurde.

Archiv Straßburg, C 391. [7]) Petroleum kam erst um die Mitte des 19. Jahrhunderts auf. Zwar wird die Pechelbronner Pechquelle schon 1498 erwähnt, doch ein systematischer Ausbau wurde erst 1742 in Angriff genommen. Wenn auch in geringem Umfange das Erdöl zu Leuchtzwecken benutzt wurde, so hatte vor der Mitte des 19. Jahrhunderts die Petroleumbeleuchtung nur untergeordnete Bedeutung. [8]) Camus, A. G., Voyage fait dans les départements nouvellement réunis. . ., I, Seite 9. [9]) Strohl, P. J., Manuel du commerce, de l'industrie, des sciences, des arts et des métiers de la ville de Strasbourg, 1824.

Die Ölgewinnung im Unterelsaß zu damaliger Zeit mag aus folgenden Zahlen erhellen, die sich im Bezirks-Archiv in Straßburg finden [10]):

Von 1836-1840 wurden durchschnittlich jährlich 7820,90 ha Raps und Rübsen gepflanzt [11]), mit einem Gesamtertrag von 102 448 hl und einem Gesamtwert (bei 25,50 frcs pro Hektoliter) von 2 615 623 Franken.

Im Arrondissement Straßburg allein gab es damals [12]):

		Im Jahre	1838	1843	
Im	Kanton	Bischweiler	35	40	Ölmühlen
»	»	Geispolsheim	14	16	»
»	»	Molsheim	8	10	»
»	»	Schiltigheim	15	16	»
»	»	Truchtersheim	16	19	»
»	»	Wasselnheim	11	9	»
»	»	Straßburg (4 Kant.)	17	18	»
		Zusammen	116	128	Ölmühlen

Die große Verbreitung des Anbaus in den Gegenden mit intensiver Landwirtschaft zeigt sich an den Zahlen von Bischweiler, Schiltigheim und Truchtersheim, während Molsheim und Wasselnheim dagegen abfallen. Im Jahre 1852 wurden in Elsaß-Lothringen noch über 10 000 ha mit Ölgewächsen bepflanzt, 1866 noch 9517 ha.

Seit um das Jahr 1860 die Petroleumbeleuchtung eingeführt wurde, hat sich die Anbaufläche der Ölgewächse stetig verringert. Doch wurden noch im Jahre 1891 in Elsaß-Lothringen 5785,40 ha Ölgewächse angebaut, mit einem Ertrage von 3296,60 Tonnen.

Von da ab sinkt die Anbaufläche unaufhörlich [13]). Die nächste Zählung im Jahre 1893 ergab nur noch 3740,20 ha. Im Jahre 1900 waren es nur noch 1629,10 ha, im Jahre 1911 waren es 853 ha, bei der Zählung im Jahre 1912: 877 ha, was auf eine Steigerung der

[10]) Bezirks-Archiv Straßburg, M, adm. gén. agricult. Renseignements statistiques sur les grains oléagineux. 1843. [11]) Die Fläche des Mohn, Lein usw. ist nicht angegeben. [12]) Für die übrigen 3 Arrondissements finden sich keine genauen Angaben. Über den Anbau im Département du Haut-Rhin im Jahre 1812 und 1843 vergl. Bezirks-Archiv Colmar, M 91. Interessant sind die Zahlen der Gemeinde Geudertheim, die uns den Wechsel im Anbau der Handelsgewächse zeigen: Im Jahre 1843 wurden in Geudertheim gepflanzt: 20 ha Hanf, 60 ha Raps. Im Jahre 1890: 97 ha Tabak, 9 ha Hopfen, 1 ha Raps, Im Jahre 1913: 98 ha Tabak, 9 ha Hopfen, 8 ha Spargeln. Raps und Hanf sind also jetzt vollständig verschwunden, wogegen Tabak jetzt stark angebaut wird. Die Anbauzahlen der Handelsgewächse haben sich auf Kosten des Weizens gehoben (ebenso steigt auch die Anbaufläche des Roggens auf Kosten der des Weizens). [13]) Vergl. die

Anbaufläche von Winterraps im Unterelsaß von 256 ha im Jahre 1911 auf 318 ha im nächsten Jahre zurückzuführen ist. (Die Anbaufläche von Winterraps im Oberelsaß ging allerdings in derselben Zeit von 553 auf 520 ha herunter.) Doch betrug die Anbaufläche im Jahre 1913 nur noch 678,44 ha. Das Rapsöl als Beleuchtungsmittel mußte einmal dem Petroleumgebrauch weichen und bald darauf der Gas-, noch mehr der Elektrizitätsbeleuchtung. Heute, wo ein ausgedehntes Netz von Leitungen der straßburger Überlandzentrale und des lauterburger Werkes die Dörfer des Landkreises Straßburg, Zabern, Molsheim, Hagenau, Weißenburg versorgt, muß natürlicherweise die Ölbeleuchtung zurückgehen. Auch für Speisezwecke benutzt man heute andere Öle. Doch wird noch in vielen Dörfern das Rapsöl zu Brenn- oder Speisezwecken benutzt, auch als feines Schmieröl findet es Verwendung.

Die Kleinölindustrie wurde durch das Zolltarifgesetz vom 22. Mai 1885 [14]) gefördert. Es gelang, die ausländische Konkurrenz zu verdrängen, so daß die einheimischen Kleinmühlen und auch einige in diesen Jahren entstandene größere Betriebe den elsässischen, zum Teil auch badischen Markt versorgen konnten. Im Jahre 1887 konnte die elsässische Rapsernte sogar bei weitem nicht den Bedarf decken [15]). Doch schon die nächsten Jahre ließen die Aussichten der Ölgewächse wieder als weniger günstig erscheinen, da die mineralischen Öle zu billigen Preisen auf den Markt kamen, so daß der Bedarf an Rapsöl sich bedeutend verringerte [16]).

Natürlich spielten bei dem Rückgang der Ölgewächse auch noch andere Gründe mit. Die Rapserträge sind in den einzelnen Jahren je nach der Witterung starken Schwankungen unterworfen, die Pflanze gehört zu den unsicheren Gewächsen. Der Bauer wandte sich daher lieber anderen Pflanzen zu, wie Zuckerrüben, Tabak, Gemüsepflanzen, die in den Erträgen sicherer, im Anbau nicht schwieriger und nicht wesentlich teuerer sind. Mißernten führten daher manchen Ausfall in der Anbaufläche herbei. Außerdem waren die Preise für die Fabrikate der Rübölindustrie im Vergleich zu denen der Rapssaaten zu niedrig, die Bauern erlösten zu wenig.

Heute (1914) bestehen im Unterelsaß noch 80—85 kleinere oder größere Ölmühlen. Diese verteilen sich auf die einzelnen Kreise folgendermaßen:

Tabelle Nr. 7 im Anhang. [14]) Reichsg.-Blatt, Seite 96, 125. [15]) Deutsches Handels-Archiv 1887, II, Seite 80. [16]) Ebenda 1888, II, Seite 622 und Seite 87.

Kreis	Straßburg-Land	11	Ölmühlen
»	Erstein	9	»
»	Hagenau	5	»
»	Molsheim	15	»
»	Schlettstadt	10	»
»	Weißenburg	19	»
»	Zabern	13	»

Die großen Fabriken (z. B. in Griesbach, Wörth, Lingolsheim, Rheinau, Monsweiler) arbeiten heute mit elektrischem Betrieb oder mit Sauggas-(Benzin)-Motoren. Elsässischer Raps wird in diesen Fabriken weniger verwandt als norddeutscher, der zum Teil aus Hamburg zu Schiff über Straßburg bezogen wird. Die Fabriken setzen die Fabrikate an Händler, auch an Kleinabnehmer aus der Umgegend ab. Die kleineren Ölmühlen mit Pferde- oder Wasserantrieb arbeiten nur in Akkordverträgen. Sie erhalten von den Bauern die elsässischen Körner, mahlen sie, liefern Öl und Kuchen ab und beziehen dafür einen Lohn von durchschnittlich 80 Pfennig pro Sester (= 28 Pfund). Es wird in diesen Mühlen das ganze Jahr hindurch je nach Bedarf ein oder mehrere Tage in der Woche gearbeitet. Eine solche Ölmühle mahlt bei starker Arbeit von morgens 6 bis abends 8 Uhr etwa 250 bis 300 kg, meistens jedoch weniger, weil der Bedarf nicht so groß ist.

Handel treiben diese kleinen Ölmühlen wenig. Denn die Preise für die Rapskörner sind so hoch, daß der Besitzer beim Verkauf des Öles wenig verdient und nur durch die Kuchen einigen Gewinn erzielt. Dabei ist aber zu berücksichtigen, daß ein Ölmüller für den gekauften Raps in der Regel Barzahlung leisten muß, wogegen er einmal das Risiko einer langen Lagerung des Öles und der Kuchen bei sich tragen muß und dann auch beim Verkauf Gefahr läuft, erst nach und nach von den Abnehmern bezahlt zu werden, wodurch ihm ein beträchtlicher Zinsverlust entsteht.

1913 kostete der Doppelzentner Raps in Wilwisheim zum Beispiel 33—35 Mark. Gereinigtes Öl erzielte man daraus 35—38 Liter, pro Liter zu 1 Mark. Von den übrigbleibenden Ölkuchen (0,6 Doppelzentner) erzielte man einen Preis von 13—16 Mark pro Doppelzentner. Es ergibt sich also vom Doppelzentner Raps nur ein Reingewinn für den Ölmüller von 9—12 Mark.

In manchen Jahren ist der Doppelzentner Rapskörner auch zu 24—30 Mark zu kaufen, dann wird der Reinertrag natürlich etwas besser.

Je nach der Lage werden heute für die Kunden noch Leinsamen, gelegentlich auch «Buchlen» gemahlen. Die Ölgewinnung aus Nüssen hat ganz aufgehört, da die Nüsse, als Frucht verkauft, einen viel höheren Ertrag bringen. Überhaupt geht die Kultur des Nußbaumes stark zurück, da der hohen Holzpreise wegen viele Bäume gefällt, dagegen nur wenig neu gepflanzt wurden, außerdem das Wachstum lange dauert. Das Ölschlagen aus Bucheckern war früher in großem Umfange üblich. Die Leute gingen in den Wald, sammelten die «Buchlen» und ließen sie mahlen. Heute findet man Buchöl nur noch in ganz wenigen Gemeinden.

In verschiedenen Dörfern des Kreises Weißenburg [17]) wird heute auch noch ausschließlich zum Verkauf Raps angepflanzt. Die Körner werden gedroschen, in Säcke gefüllt und auf dem Speicher aufbewahrt, bis der Handelsmann kommt. Die Säcke sind Weizensäcke, die 100 kg Weizen, aber nur 170 Pfund Rapskörner fassen. Man erlöst dafür 24, 25 bis zu 28 Mark.

Die Färberpflanzen.

Die Färberpflanzen sind seit etwa 2 Jahrtausenden im Elsaß heimisch und sind Jahrhunderte hindurch für unsere Landwirtschaft von außerordentlicher Bedeutung gewesen.

Am bekanntesten von ihnen ist die Färberröte, der Krapp, der bis vor etwa 50 Jahren noch in unserem Lande gepflanzt wurde. Bevor wir aber seine Geschichte im Elsaß betrachten, wollen wir kurz auf die übrigen Färberpflanzen eingehen, deren Kultur, zum Teil auch beträchtlich, doch der Bedeutung der des Krapps nicht gleichkam.

Man verwandte zum Färben vor allem den Waid, dessen Indigogehalt eine blaue Farbe gab, den Färberwau, mit dem man eine gelbe Farbe, den Safran, mit dem man eine gelbrote, den wilden Safran oder Safflor, mit dem man eine rote Farbe erzielte. Sie wurden teils zum Hausgebrauch gepflanzt, zum Teil an Färber verkauft zum Färben wollener Tücher. Außerdem benutzte man im Mittelalter verschiedene Ginsterarten zum Gelbfärben, seit etwa 1700 auch den amerikanischen Indigo zum Blaufärben.

[17]) Vergl. die Tabelle Nr. 5 im Anhang. (Hunspach, Oberseebach, Schleithal u. a.)

Caesar berichtet schon bei der Beschreibung des 2. Feldzuges nach Britannien: «omnes vero se britanni vitro (= Waid) inficiunt, quod caeruleum efficit colorem atque hoc horridiores sunt in pugna aspectu» [1]). Wir dürfen annehmen, daß nicht allein die Britannier sondern auch die Kelten mit der Herstellung der blauen Farbe aus dem Waid bekannt waren. Im Capitulare de villis [2]) wird neben Krapp der Waid erwähnt, und in ganz Süd- und Mitteleuropa war sein Anbau verbreitet. Erfurt war schon 1290 seines Waids wegen berühmt, und hatte in Mitteldeutschland später mit Gotha, Arnstadt, Langensalza und Tennstedt bis etwa ins 15. Jahrhundert ein Privilegium, allein Waid pflanzen zu dürfen. Auch eine Ratsverordnung von 1259 zu Regensburg erwähnt Waidfärber [3]).

Im Elsaß sind wohl bis ins 12. Jahrhundert alle diese Färberpflanzen nur im kleinen, zum ausschließlichen Hausgebrauch in eigener Wirtschaft gepflanzt worden. Anders wurde es mit der großen volkswirtschaftlichen Umwälzung, die im 13. Jahrhundert einsetzte und Stadt und Land zum ersten Male wirtschaftlich schied.

Nun brauchte das Handwerk in den Städten die Erzeugnisse des Landes, ein lebhafter Handel, ein vermehrter Anbau entstand: Die Färberpflanzen wurden Handelsgewächse.

Diese Entwicklung setzte sich die folgenden Jahrhunderte hindurch fort. In Straßburg werden Waid und Safran um die Mitte des 15. Jahrhunderts urkundlich als Handelsware erwähnt [4]). Doch brauchte man wohl den größten Teil der Färberpflanzen noch für den häuslichen Bedarf. Im 16. Jahrhundert war es nämlich Mode, die Wäsche nicht weiß zu lassen, sondern gelb zu färben. Mit Ginster oder anderen Kräutern färbte man sie nach dem Waschen:

«Die Weiber im Westerrich haben auch zu den Betten ihre Streichkreutter / damit sie die Sterck gäl abbereitten / im Elsaß braucht man den wilden Saffran, im Wormbser Gau die gälen Camillen / . . . . [5]).»

Die Waidpflanze, die wie die übrigen Handelsgewächse in der Brache gesät wurde, wuchs etwa 30—50 cm hoch. Ihr Stengel wurde noch vor der Blütezeit abgeschnitten, die Blätter kurz gewaschen, gereinigt und getrocknet; sie kamen dann in eine Mühle, wo sie, mit Wasser vermengt, zu einem dicken Brei verarbeitet

---

[1]) Caesar, De bello gallico, Buch V, Kap. XIV. [2]) Kap. 43. [3]) Schmoller, Straßburger Tucher- und Weberzunft, Seite 365. [4]) Eheberg, I, Seite 271, 280 u. a. m. Hieronymus Bock erwähnt den Anbau des Waid im Elsaß nicht, im Gegensatz zur Waidkultur in Aachen und Düren. Anscheinend wurde der größte Teil des elsässischen Waids im Lande selbst verbraucht. [5]) H. Bock, Kreutter-

wurden. Diese dickflüssige Masse wurde auf einen Haufen zusammengeschüttet, nach 14 Tagen wurden Kuchen oder Kugeln daraus geformt, die im Backofen, besser noch in freier Luft getrocknet und dann an einem kühlen, luftigen Ort bis zum Verkauf verwahrt wurden. Aus den getrockneten Kugeln machte man auch oft Pulver zur besseren Aufbewahrung, da sich die Kugeln leicht erhitzten und entzündeten. Je länger dieses Pulver lag, desto schöner wurde die Farbe. Man erhielt ein schönes Blau, durch geeignete Mischungen aber auch Schwarz, Grau, Grün und Violett. Im 16. Jahrhundert bildete der Waid einen ganz bedeutenden Handelsartikel in Deutschland wie in Frankreich. Stark beschränkt wurde sein Anbau allerdings durch die Einführung des amerikanischen Indigo in Europa. In dieser Pflanze ist der Indigo-Farbstoff noch stärker enthalten; wenn er sich hier auch nicht fertig gebildet findet, so war der Gebrauch der Indigopflanze doch vorteilhafter als der des Waids, weil sie vor allem dauerhafter war. Und es war ganz natürlich, daß sie bald von den Färbern bevorzugt wurde. Das war aber für die Waidfabrikanten ein schwerer Nachteil. Zu ihren Gunsten wurde der Gebrauch der Indigopflanze daher bald untersagt. Im Jahre 1577 wurde in Frankfurt der Gebrauch des Indigos verboten, und das Verbot öfters, von Ferdinand III. sogar 1654 noch erneuert. Heinrich IV. verbot in Frankreich 1604 den Gebrauch des Indigo bei Todesstrafe[6]). Dies Verbot war eine praktische Folge der Lehren des Merkantilismus; aber es konnte nicht hindern, daß der Indigo trotzdem angewandt wurde, und daß Colbert sich schließlich doch gezwungen sah, im Jahre 1699 den Gebrauch des Indigos zu gestatten, freilich nur unter gleichzeitiger Verwendung des Waids. Im Elsaß war lange vorher schon die Benutzung des Indigos allgemein üblich, und die Stadt Straßburg hatte Mitte des 17. Jahrhunderts schon hohe Einnahmen aus dem Indigozoll.

In Frankreich wurde endlich im Jahre 1737 die Benutzung des Indigos bedingungslos freigegeben. Das hatte zwar für das Elsaß, das ja außerhalb der französischen Zollschranken lag, keine unmittelbare Bedeutung. Aber mit der vermehrten Anpflanzung des Indigos und der leichten Einfuhrmöglichkeit aus Frankreich ging die elsässische Waidkultur dauernd zurück. Die weniger dauerhafte und nicht so tiefblaue Waidfarbe stand eben der schönen Indigofarbe bedeutend nach. In Bischweiler zum Beispiel, wo sich im Jahre 1618 und später hugenottische Tuchweber, die aus Nordfrankreich stammten, über Pfalzburg und Zabern angesiedelt hatten, wurde

buch, Seite 130.

[6]) Chaptal, I, Seite 162.

im 17. Jahrhundert ausschließlich Waid, im 18. Jahrhundert Indigo zum Färben benutzt.

Doch noch einmal schien der Waidanbau wieder aufzuleben. Das war in der Zeit der Kontinentalsperre. Auch die Einfuhr des Indigos war außer anderen Waren von Napoleon verboten worden, und man glaubte auch sicher, der Waid könnte den Indigo wieder vollständig ersetzen. Der bekannte Chemiker und Minister unter Napoleon, Graf Chaptal, sagt noch 1819 in seinem Werke über die französische Industrie: «il n'y a plus de doute qu'on ne puisse remplacer l'indigo du nouveau monde par cet indigo européen» [7]). Aber man war die besseren Farben, die der Indigo ergab, doch so sehr gewöhnt, daß man sich zunächst auf dem Wege des Schmuggels Indigo verschaffte, was sogenannte kaiserlich privilegierte Schiffe besorgten [8]), und nach Aufhebung der Sperre stand natürlich der Benutzung des Indigos nichts mehr im Wege. Es gab zwar noch in Bischweiler im Jahre 1825: 4 Hauptfärbereien mit 8 Waidküpen [9]) (Küpe = Farbkessel), aber man ging auch hier bald wieder zum Indigo über, und 20 Jahre später wuchs der Waid nur noch wild, ohne daß man ihn weiter verwandte [10]). 1834 wird noch eine kleine Waidfabrik in Wasselnheim erwähnt, die aber auch bald verschwand.

Dagegen wurde immer noch eine andere Pflanze, der Wau, in der Färberei angewandt. Man gebrauchte ihn in Mülhausen seit 1788 [11]). Er ist eine krautartige Pflanze, die bis ein Meter hoch wird. Der gelbe Farbstoff sitzt in allen Teilen der Pflanze, besonders in den oberen Blüten und Ästen. Die Pflanze wurde ausgerissen oder abgeschnitten und kam, nachdem sie im Schatten an der Luft getrocknet war, zusammengebunden in den Handel. Der Wau war Gegenstand einer bedeutenden Kultur zu Beginn des 19. Jahrhunderts, besonders im Süden Frankreichs [12]). Im Jahre 1824 machte man auch in Bischweiler Versuche, ihn anzupflanzen und anscheinend mit Erfolg [13]). Später ist allerdings die Kultur wieder fast spurlos verschwunden [14]).

Die beiden folgenden Pflanzen, der Safran (crocus sativus) und der sogenannte falsche Safran oder Flor (carthamus tinctorius) waren in der straßburger Gegend lange Zeit von größerer Bedeutung.

---

[7]) Chaptal, I, Seite 162. [8]) Handwörterbuch der Staatswissenschaften von Conrad, Lexis, Elster, «Kontinentalsperre». [9]) Culmann, Bischweiler, Seite 129. [10]) Loriol, La France, Seite 127. [11]) Industrie de Mulhouse, Seite 303. [12]) Chaptal, I ,Seite 188. [13]) Culmann, Bischweiler, Seite 122. [14]) Schlipf,

Der Safran ist ein Zwiebelgewächs, in dessen Blütennarben ein gelbroter Farbstoff sitzt, der auf dem Lande heute noch zum Gelbfärben des Kuchens verwandt wird. Schon im Altertum und frühen Mittelalter war er ein beliebtes und weitverbreitetes Heilmittel und fand auch in der Küche Verwendung. Seit der Zeit der Kreuzzüge findet man ihn in Europa, wohin ihn die Kreuzfahrer aus dem Morgenlande gebracht hatten. (Das Wort Safran ist arabischen Ursprungs und bedeutet gelb.) Im Mittelalter bezogen die Kaufleute den Safran zunächst aus Südfrankreich und Spanien. Noch Ende des 14. Jahrhunderts reisten Kaufleute aus Basel nach Lyon, um aus jenen Gegenden spanischen Safran, Pfeffer und andere Waren zu holen [15]). In Basel selbst und wohl auch am Oberrhein wurde der Safranbau um 1420 eingeführt, doch wurde im Unterelsaß der echte Safran vor dem dreißigjährigen Kriege kaum angebaut. Hieronymus Bock erwähnt ihn im Elsaß nicht, nur im Wormser Gau. Nach dem dreißigjährigen Kriege finden wir den Safran im kochersberger Land, wo ein ziemlich bedeutender Handel mit ihm getrieben wurde. Bald finden wir ihn auch im nördlichen Teil des Unterelsaß und in der Gegend von Buchsweiler und Neuweiler.

Mit dem Safran wurde oft verwechselt der falsche oder wilde Safran, die Färberdistel (Safflor). Bei ihr sitzt der Farbstoff in den Blüten. Der Safflor wurde hauptsächlich in der straßburger Gegend angebaut, etwa südwärts bis Erstein, ja bis nach Schlettstadt [16]), nördlich bis in die Gegend von Hagenau. Neben Färberröte und Zwiebelsaat wird gerade der Flor als hochbedeutender Exportartikel Straßburgs oft gerühmt. Hieronymus Bock erzählt vom Safflor (carthamus), gar viele Kaufleute trieben mit ihm Handel, «darumb zielen und pflantzen die Straßburgische und Speirische Gärtner disen Saffran jährlichs in ihren Gärten und Äckern als andere Sommerfrücht».

Die Färber kauften den Flor von den Kaufleuten oder direkt von den Pflanzern. Auch wurde der Flor in der Hauswirtschaft gebraucht. «Die Weiber brauchen den Flor auch, wann sie jährlichs die Beth wöllen sterken [17]).» War so der Safflor im Unterelsaß in großem Maßstabe im 15. und 16. Jahrhundert angebaut worden [18]),

2, für d. E. best. Aufl. erwähnt sie kurz noch im Jahre 1843. [15]) Die baseler Krämerzunft hieß nach der edelsten Handelsware die Safranzunft. (In ähnlicher Weise hat sich bis heute die Bezeichnung Pfeffersäcke erhalten.) Über den «Safrankrieg» vergl. Amiet in: Beiträge zur vaterländischen Geschichtsforschung, vornehmlich der nordwestlichen Schweiz, Band I, 2. Heft, Seite 854. Siehe auch Migneret, I (Mémoire des Marquis de la Grange), Seite 519. [16]) Stadt-Archiv Hagenau, H H 15/7. [17]) Hieronymus Bock. [18]) Rösslin, Physikus der

so fiel seine Blütezeit doch hauptsächlich in das 17. und 18. Jahrhundert. Besonders gegen Ende des 17. Jahrhunderts war die jährlich vor allem in der straßburger Gegend erzeugte Menge sehr beträchtlich. Ein straßburger Händler verkaufte damals allein fast 4000 Zentner Flor in einem Jahre [19]).

Um das Jahr 1710 gaben die Gärtner zu Straßburg die Florkultur größtenteils auf, «trouvants mieux leur compte en celle du tabac». Die Landwirte der weiteren Umgebung blieben jedoch dem Anbau treu. Über die Natur und den Anbau der Pflanze sei bei der Bedeutung für den ehemaligen straßburger Handel kurz folgendes gesagt: Ein aufrechtstehender Stengel teilt sich in etwa 50-60 cm Höhe in mehrere Äste. An diesen sitzen steife, gezahnte, eiförmige Blätter, an denen im Juli eine klettenähnliche Knospe erblüht, die zuerst gelb, später dunkelrot und zuletzt braun wird. Die Ernte war sehr schwierig. Man durfte nur die braunen, reifen Blumen pflücken, mußte also ein und dasselbe Feld so und so oft absuchen. Die Blumen durften nicht verwelkt und naß sein, sonst waren sie wertlos. Sie wurden nach dem Pflücken in Säcke gestopft und so aufbewahrt. Von einem Morgen (0,33 ha), erhielt man bis zu 1 Zentner dieser Blumen. Das Pfund wurde je nach der Ernte zu 16, 20 und 24 sols verkauft.

Zum Gebrauch wurden die Blumen etwa 12 Stunden in Wasser eingeweicht [20]), ausgepreßt und danach in ein besonderes Holzschiffchen gelegt, wo sie ausgelaugt wurden. Durch dreimaligen Aufguß wurden drei verschiedene Farbtöne erzielt, und das Tuch

Reichsstatt Hagenau zählt in seinem Buche: des Elsaß und gegen Lothringen grentzenden Wasgawischen Gebirgs gelegenheit... im Jahre 1593 auf (Seite 17): «in welcher Gegend / Unter Elsaß / auch neben andern Früchten mit großer menge und nutz gezilt und in fremde Land geführt werden / zum theil zur Farbe dienlich, als Zwibelsaat, wilder Safran / die Röte (Rubia) zum theil zur Küche dienlich unnd anderer Sachen / als der Hirschen Senff / Rettich / Magsamen. . .»

[19]) Straßburger Stadt-Archiv 2421. Derselbe Händler (Herr Kueff) verkaufte im Jahre 1714: 151; 1715: 69; 1716: 192; 1717: 336; 1718: 123 Zentner Flor.

[20]) Straßburger Stadt-Archiv 2421. Dort findet sich auch folgende Anpreisung: «Elsasser Saffran. Worauss man 4 gattungen Roth färben kann. als Ponsov, Incarnat, Leibfarb und Rossenroth. Muß erstlich in einen Sack getan werden, in Wasser eingeweicht, sauber ausgewaschen als dann mit Potäsch die Farb ausgezogen. So kann man die Farb anmachen mit Essig oder Cittron Safft als dann kann man obige farben färben, nehmlich auf Seide, Baumwolle und Leinen. Gottfriedt Plarr, Kunströdt und schön farber beym blauen Lamb in Straßburg». Seyboth, Das alte Straßburg, erwähnt: Tränkgäßchen Nr. 12. Herr Georg Werthemann, Färber zum blauen Lamm, 1703; au mouton bleu, Gottfried Plarr, teinturier 1740. Jean Gottlieb Plarr, teinturier, 1789, 1795, Teinturier et Bains. Plarr 1802, 1834. In diesen Jahren

oder die Wolle zunächst in die schwächste, dann in die stärkeren Lösungen getaucht, und die Farbe mit Wein- oder Bieressig noch dauerhafter gemacht.

Im Elsaß selbst wurde wenig Flor verbraucht, meistens wurde er nach England oder Holland, auch in die Fabriken zu Paris oder Lyon gesandt. Man behauptete, das elsässische Wasser sei zu der Herstellung einer dauerhaften Farbe nicht zu benützen, das holländische oder englische Wasser sei viel geeigneter dazu.

Etwa um 1730 sollen ungarische Händler ins Elsaß gekommen sein, die den Samen mit nach Ungarn nahmen, und die dort sich entwickelnde Kultur soll der elsässischen schwer zugesetzt haben [21]). Diese Geschichte wird wohl jedenfalls ein Märchen sein. Der Grund des Rückgangs ist zweifellos darin zu suchen, daß die Farbe sehr wenig dauerhaft war [22]). Die Einwirkung des Sonnenlichtes genügte, um in wenigen Stunden die rote und braunrote Farbe zu bleichen [23]). Deshalb wurde die Farbe von selbst weniger gebraucht, und bald schrieben Verordnungen auch den Gebrauch dauerhafterer Farben vor [24]). So verschwand auch diese Pflanze allmählich, die einst einen großen Raum in der landwirtschaftlichen Kultur im Elsaß eingenommen und dem elsässischen Pflanzer großen Gewinn gebracht hatte. 1750 erhielt der Bauer nur noch 16 ₰ für das Pfund an Stelle von 30, 40 und 48 ₰, die er früher erhalten hatte [25]). Der Tabak, der Hanf, Kartoffeln vor allem, traten an die Stelle dieser Pflanzen, die heute noch in manchen Teilen unseres Landes wildwachsend anzutreffen sind.

Die Färberröte (Krapp).

In weit höherem Maße als die übrigen Färberpflanzen hat die Färberröte für den Ackerbau und die Industrie des Unterelsaß Bedeutung gehabt, da sie viel mehr angepflanzt wurde. Der elsässer Krapp, die hagenauer Röte, war weit berühmt und wurde in bedeutenden Mengen alljährlich ausgeführt. Sie hat im Mittelalter dazu beigetragen, den Ruhm von dem Reichtum unseres heimatlichen Bodens und von der Bedeutung des Handels der alten freien Reichsstadt Straßburg zu mehren und zu befestigen. «Gleich wie die besten

---

werden die betr. im Grundbuch der Stadt Straßburg aufgeführt. [21]) Hagenauer Stadt-Archiv, HH 15/3 und 15/6. [22]) Industrie de Mulhouse, Seite 309. [23]) Chaptal, I, Seite 188. [24]) Schützenberger-Schroeder, II, Seite 383. [25]) Hagenauer Stadt-Archiv, 15/6.

äcker umb Ach und Theuren (Aachen und Düren) gelegen / nun vil mehr zû den blawen Wayd farben / dann zu anderer frucht gebawet un geehret werden / also gehet es auch mit den Feldern so umb Speyer und Straßburg ligê / die müssen nun vil mer die wurtzel Rödt / dan Weitzen gebê / darzû dringt uns d' geniess», sagt Hieronymus Bock im Jahre 1539.

Der Krapp unterscheidet sich bedeutend von den bisher besprochenen Pflanzen. Bei diesen sitzt der Farbstoff in den Blüten oder Blättern der Pflanze, die in einem Jahre zwei- oder dreimal geerntet werden konnten. Beim Krapp enthalten die Wurzeln den Farbstoff und bis zu deren völliger Reife vergehen zwei bis drei Jahre. Diese Wurzeln gehen 50 bis 80 cm tief in den Boden; sie enthalten das Alizarin, welches eine dauerhafte schöne Farbe, das Krapprot, liefert, mit geeigneten Mischungen auch alle Töne rot, lila, braun und schwarz ergibt [1]).

Sein Anbau ist sehr alt. Nach Plinius und Dioscorides wurde er schon im Altertum zum Färben benutzt. Im 7. Jahrhundert war zu Saint-Denis bei Paris ein großer Krappmarkt, auf dem sowohl Krapp als damit gefärbte Zeuge im Handel waren [2]), und auf dem die auswärtigen Käufer lange Zeit sich mit Krapp und Waid versahen. König Dagobert soll sogar schon eine Abgabe für die Ausfuhr festgesetzt haben. Daß auch im Capitulare de villis die varentia (französisch: garance) genannt wird, ist schon kurz erwähnt worden. Dann fehlen uns Nachrichten über ihren Anbau etwa zwei Jahrhunderte hindurch. Doch muß der Krapp damals in der straßburger und hagenauer Gegend angebaut worden sein, wie auch etwas weiter nördlich in Speier, wo 1356 sein Anbau polizeilich eingeschränkt werden mußte [3]). Im 12. Jahrhundert schon sollen sich die Gärtner zu Hagenau, Brumath und Krautweiler (bei Brumath) Statuten für den Rötbau gemacht haben, was allerdings unwahrscheinlich ist. Vielleicht wird dieser Bericht für die hagenauer

[1]) Im Stadt-Archiv Straßburg finden sich verschiedene Rezepte zur Herstellung roter, blauer und brauner. auch schwarzer Mischungen (A A 3640). Auch im Privatbesitz einiger elsässischer Familien fand ich alte Rezeptbücher, von denen eines aus dem Anfang des 18. Jahrhunderts über 60 verschiedene Rezepte für die Krappfärberei enthält. Färberrezepte sind sonst wenig erhalten, da man sie nur mündlich weitergab und ungern veröffentlichte. Ein altes Färberrezept aus dem Jahre 1445, in Hildesheim geschrieben, findet sich im Freiburger Diözesan-Archiv VII, 1873, Seite 275 (Mone). [2]) Schulz, a. a. O. II, Seite 250 ff.; Cours d'agric. par le comte de Gasparin, 2e éd., IV, Seite 253 f. [3]) Schmoller, Die Straßburger Tucher- und Weberzunft, Seite 144. Vergl. auch: Journal von und für Deutschland,

Gärtner zutreffen, doch ist von solchen Statuten heute nichts mehr zu finden. Auch ist eine Gärtnerzunft in Krautweiler vor dem 14. Jahrhundert nicht bekannt. Krautweiler wird überhaupt urkundlich erst gegen Ende des 13. Jahrhunderts erwähnt. Friedrich Rotbart, eher wohl einer seiner Nachfolger, soll den Gärtnerzünften in Hagenau, Brumath und Krautweiler ein Rötmonopol gegeben haben: nur sie durften im Unterelsaß Krapp pflanzen. Leider läßt sich auch hierfür ein urkundlicher Beleg nicht erbringen. Doch haben die Zünfte später recht energisch und mit Erfolg auf ihrem Monopol bestanden, so daß anzunehmen ist, daß sie seit dem 13. oder 14. Jahrhundert ein solches besaßen [4]). Seit dieser Zeit wurde der Krappbau vor allem in Hagenau stark betrieben. Das St. Georgswerk, die Kirchenfabrik der St. Georgskirche in Hagenau, legte verschiedentlich ihre Kapitalien bei Gärtnern an, die das Darren der Röte gewerbsmäßig betrieben. Der Gärtner Kuntz Dorwehter «verkaufte» im Jahre 1459, seine Witwe im Jahre 1464, für eine Kapitalshingabe von 16 ₶ dem St. Georgsstift eine Rente von 16 ß, für die «das gehüse und die röte darren» zur Sicherheit dienten [5]). Diese Darre lag in der «Vifitzengasse». Eine andere Darre in der «Mulegasse» wird ebenfalls bei einem Vertrag mit dem Georgswerk 1469 erwähnt [6]).

Das St. Georgswerk erhob auch seit dem 15. Jahrhundert einen Rötezehnt, der anfangs des 16. Jahrhunderts auf jährlich 10 Florin geschätzt wurde [7]). Am 22. April 1483 wurde in einem Prozeß erkannt [8]):

«das die ittergerten, das sint die gerten die nützit dan obs tragen dhein zehend geben sollen, sie ligent inwendig oder ußwendig der Statt. Dagegen wann die obs oder ittergerten wider zu acker, matten gemacht, oder rete, frücht und anders darin gebuwen werden, das dan der zehen von denselben geben werden solt, als herkommen were.»

Man scheint viel Krapp im Werk bekommen zu haben, denn im Jahre 1536 mußten die Zehntknechte folgenden Eid leisten [9]):

---

herausgegeben von v. Bibra, II, 1785. [4]) Schöpflin, Alsatia illustrata, II, Seite 229: «Brumath: in agro eius rubia tinctorum provenit; ob quam peculiari Caesarum privilegio uti Hagenœnses, muniti sunt incolae.» — «Krautweiler, viculus est rubiae colendae privilegio cum Brumatensibus gaudens.» [5]) Cartulaire de l'église St. Georges de Haguenau von Hanauer, Straßburg 1898, Seite 334 und 339. [6]) Cartulaire, Seite 347. [7]) Cartulaire, Seite 478. Nach Hanauer hatte, abgesehen von dem Geldwert, 1 Florin damals einen Wert von 28 bis 30 Mark. [8]) Cartulaire, Seite 395. [9]) Cartulaire, Seite 488.

«. . . . . Item den zehenden, es sy an fruchten, wein, röthen, häne, gelt, kelwern, füllen, vürlin, hampf, flachs, rüben und anderm, truwlich herfordern und in zupringen. . . . .»

«Item auch sonderlich wann die röth in die tharre kompt, ein getruwlich ufsehen haben, damit die pfarre aus dörren, malen und secken kein schaden oder nachteil habe, und das auch kein röth one wissen und willen der pfleger und schaffner aus der tharre geführt, enweg getragen oder verkauft würde, gemalen oder ungemahlen, und also viel als ime jemer möglich selbs dabey sein, wann man die röth secke (= in Säcke verpacke). . . . .»

Als Handelsware finden wir seit Mitte des 15. Jahrhunderts die Röte in Straßburg öfters erwähnt [10]).

Spuren ihres Anbaus finden wir bald danach außer in Hagenau, Brumath und Krautweiler auch in Ingweiler. Dort muß sie schon um 1500 gepflanzt worden sein. Denn bei der Amtsübergabe des Gutleutmeisters im Jahre 1508 werden etliche «Bürger mit der Rötdarren» erwähnt [11]).

Auch später wird, etwa um 1527, noch zweimal von der Färberröte gesprochen bei Gelegenheit eines Darlehens, welches das Gutleuthaus einem Edelmann gewährte; es heißt da [12]):

«Item ij lib. ₰ hat Jerg Welcker, gutlut schaffener von der gutlut wegen geliehen Hans von Sarburg, sol er mit der nehsten Retten wider bezallen. . . .» — «Item het Cunradt, knecht Hans sun, witter gebetten, jm die ij lib. ₰ ston zu lossen noch j jor, und wil er den zins geben, verleit . . . . alle sin Redt, so man jm jor XXVIIj delben wurt.» Eine Rötdarre stand später dicht vor der Stadtumwallung, wo im 18. Jahrhundert der große Röthof gebaut wurde; eine Bürgermeisterrechnung vom Jahre 1633 erwähnt sie. Wie Ingweiler dazu kam, trotz des Rötmonopols der Hagenauer ungestört Krapp pflanzen zu können, läßt sich heute kaum mehr feststellen, da die Urkunde über das Monopol nicht mehr vorhanden ist.

In Straßburg mußten einige Gärtner, die im Jahre 1620 (gleichzeitig mit der Einführung des Tabaks auf dem Englischen Hof) mit der Krappflanzung begonnen hatten, auf eine Beschwerde der Hagenauer hin sämtliche Wurzeln wieder ausreissen, und ebenso ging es einem Einwohner von Hördt, der aus Krautweiler dorthin verzogen war und dort Rötwurzeln anpflanzen wollte, im Jahre 1699 [13]). Im Gebiet des Bistums Straßburg bestand das Rötmonopol demnach unangetastet fort.

[10]) Eheberg, I, Seite 272, 282. [11]) Jahrbuch für Geschichte. . . des V. C., Band XXII, Seite 90 ff. [12]) Ebenda, Seite 76 ff. [13]) Hagenauer Stadt-

Im kleinen, zum Hausbedarf, wurde im 16. und 17. Jahrhundert viel gefärbt. Man trug im Elsaß damals Kniehosen aus schwarzem oder buntem Bombasin [14]). Dieses baumwollartige Tuch ist wohl auch mit Krapp gefärbt worden. Um 1680 kommt bei den Frauen und Mädchen das rote Brusttuch auf [15]); ob es schon damals mit Krapp gefärbt wurde, ist nicht mehr nachweisbar, jedenfalls färbte man es im 18. und 19. Jahrhundert damit. Möbel, die auch oft einen roten oder braunroten Anstrich trugen, sind nicht mit Krapp bemalt worden. Denn die Farbe hielt sich nicht auf dem Holze. Daß man aber auch den Krapp, und zwar nicht allein die Wurzeln, sondern auch die Blätter, zu einem ganz modern anmutenden Gebrauch verwandte, zeigt uns der Straßburger Botaniker Melchior Sebitz: «Das gantze Kraut mit Essig gesotten unnd das Haar nach dem Zwagen damit bestrichen, ferbt es.»

Die krautweiler und brumather Gärtner brachten ihre Röte meist nach Hagenau, wo sie an Großhändler verkauft und von diesen an den Kleinhandel weiter abgesetzt wurde. Vor dem dreißigjährigen Kriege wurden aus Brumath rund 900 Zentner jährlich nach Hagenau verkauft, und außerdem ging damals noch eine bedeutende Menge nach Speyer, Frankfurt, Montbéliard.

Mit dem Handel befaßten sich hauptsächlich die Tuchhändler; sie gaben die Röte an die Färber weiter. In der Aufstellung der Hinterlassenschaft eines Tuchhändlers, des Altmarschalls Nikolaus Günther aus Hagenau, vom Jahre 1641 findet sich eine ansehnliche Menge Röte vor, trotz der Stürme des langen Krieges [16]):

«. . . Hat im Kaufhaus zu Hagenau lagern:
Röth: 52 Zentner 92 Pfund.
Zu Straßburg: 16 Zentner 94 Pfund.
Der Zentner zu 16 Gulden angeschlagen (durch die Testamentsexekutoren) und von allerseit Belieben approbiert und gebilligt worden:
Summa Röth zu gelt tut: 1117 florin.»

Der dreißigjährige Krieg hat der Krappkultur nicht viel geschadet. Mit den Wurzeln konnten die Soldaten nichts anfangen, sie waren auch zu schwer auszugraben.

Der Anbau und die Verarbeitung der Färberröte wurde Jahrhunderte hindurch in gleicher Weise betrieben. In Hagenau waren die sämtlichen Gärtner der Stadt in der Zunft vereinigt. An ihrer

---

Archiv HH 14. [14]) Kassel, Über elsässische Trachten, Seite 9. [15]) Kassel, a. a. O., Seite 27. [16]) Hagenauer Stadt-Archiv, F 88.

Spitze stand der «Obherr» der Zunft, der Zunftmeister. Einer der vier Stettmeister der Stadt war der «Obmann» der Zunft. Die Würde wechselte alle drei Jahre unter den 4 Stettmeistern. Die Amtspflicht des Obmannes bestand in der Leitung der Versammlung bei dem «Gemeinen Kauf», dem Gesamtverkauf der Röte durch die Gärtner, der in den 3 Jahren seiner Amtsführung 1—2 mal stattfand. Der Obmann erhielt für seine Tätigkeit einen Ehrensold, der nicht näher bestimmt war [17]).

Der einzelne Gärtner durfte nicht soviel Röte bauen wie er wollte. Es war vielmehr jedem einzelnen die Zahl der «Bethe» [18]), die er mit Röte anpflanzen durfte, in den Statuten ganz genau vorgeschrieben. Ein jung in die Zunft Aufgenommener durfte 6 Bethe, ein etwas älterer 8, usw. bis 16 und 18 Bethe mit Röte bepflanzen. Ferner war in den Statuten auch die Zahl der Pflanzen, die in ein Beth eingesetzt werden durften, genau angegeben [19]). Das wurde so peinlich gehandhabt, daß nach beendigter Anpflanzung vereidigte Beamte, «der Gärtner obleut, Röthe zu besehen», wie sie in dem ältesten bekannten Ratsprotokoll von 1542 genannt werden, eine jede Anpflanzung besichtigen und ausmessen mußten. Dieser Ausschuß von Beamten wurde alljährlich neu eingesetzt und stand unter der Oberaufsicht des Rates [20]). In Brumath heißt es in einer Kaufhausrechnung von 1602: «Haben die Rottdarre besehen, das keiner im Rauch dorret, im Dorren recht sieb haben und in der Mühlen». Im Jahre 1732 waren der Gärtner Obleut in Hagenau zwei alte und zwei junge Meister aus der Gärtnerzunft [21]). Fanden sie bei einem Gärtner eine zu große Anpflanzung, so wurde ihm der überschüssige Teil zerstört und er selbst zu einer Geldstrafe verurteilt.

Weiter gab es Vorschriften über den Anbau und die Zurichtung der Röte: Die Erntezeit wurde genau vorher festgesetzt, das Ausgraben oder «Delwen», das Reinigen der Wurzeln, das Dörren, Abreiben und Bearbeiten der Wurzeln war genau angegeben. Waren die Wurzeln zugerichtet, so wurde das Pulver in Ballen verpackt, mit dem Zeichen des betreffenden Gärtners und mit dem Stadtwappen versehen [22]). Die Röte war nun zum Verkauf bereit. Dieser ging folgendermaßen vor sich: Irgend ein Händler wandte sich an den Obmann der Zunft, der die Mitglieder in der Zunftstube zusammen-

[17]) Hagen. Stadt-A., H H 15. Siehe auch Schöpflin. Als. ill., II. [18]) Ein Beth war ein Flächenmaß, es war gleich 3600 Quadratfuß. [19]) Hagenauer Stadt-Archiv, H H 15/10. [20]) Das alte Statutenbuch von Hanauer und Klélé, Seite 57 und 59. [21]) Hagenauer Stadt-Archiv, H H 14. [22]) Hagenauer Stadt-Archiv, H H 15. Siehe Einleitung, Seite 12. Die Rötfabriken im 18. und 19. Jahrhundert hatten ebenfalls ihre besondere Zeichen: der Anfang des Markenschutzes.

berief. Der Händler fand sich ebenfalls in dieser Versammlung ein; er nannte den Preis, den er für die in der Niederlage aufgespeicherte Röte der sämtlichen Zunftmitglieder zahlen wollte. Darauf ging er hinaus. Der Obmann befragte nun die Mitglieder, ob sie mit dem Verkauf ihrer Röte nach den vom Käufer vorgeschlagenen Bedingungen, vor allem zu dem von ihm genannten Preise einverstanden seien. War die Mehrheit (einfache Stimmenmehrheit entschied) dafür, so stand dem förmlichen Abschluß des Kaufvertrages nichts mehr im Wege. War der größere Teil der Zunftmitglieder gegen den Verkauf, so wurde der Käufer wieder hereingerufen, neue, vorher vereinbarte Vorschläge wurden ihm gemacht, und er mußte einen neuen Preis nennen. So wurde weiter gehandelt, oft 5 bis 6 mal. Dann wurde der Vertrag entweder abgeschlossen, oder der Käufer endgültig abschlägig beschieden.

Ende des 17. Jahrhunderts kaufte einer der Stettmeister von Hagenau, Bartholomäus Frantz, später, bis 1705 oder 1706, der Kaufmann Melchior aus Basel den Gärtnern die Röte ab. Dann kam ein Straßburger, Zollikoffer, dessen Name etwa 100 Jahre später uns wieder begegnet, wo sein Träger Zucker- und Ölfabrikant und Landesproduktenhändler ist.

Dann aber nahm der Absatz bedenklich ab. Es kam vor, daß sich überhaupt kein Käufer meldete. Die gewerbsmäßigen Färber hatten wenig Bedarf, das Färben im eigenen Haushalt war nur von untergeordneter Bedeutung für den Handel. Das Färben scheint überhaupt im Mittelalter in nicht besonders hoher Blüte gestanden zu haben. In Straßburg gehörte es noch im 16. Jahrhundert zum Recht der Tucher und Tuchscherer [23]), und selbständige Färberzünfte fanden sich nur in Zabern, Buchsweiler, Wasselnheim, Molsheim und Mutzig [24]).

Daraus läßt sich schließen, daß im Mittelalter das Färberhandwerk nicht bedeutend gewesen ist, wenn auch im kleinen, je nach Bedarf, viel gefärbt worden ist. Den Färbern stand wie vielen anderen mittelalterlichen Handwerkern die Zunftverfassung hemmend im Wege. Das Kapital fehlte ihnen, sie waren ländliche Zünfte ohne große Bedeutung. Meist heiratete der Geselle die Witwe seines Meisters, die in der Regel älter war als er. Starb die Frau, so nahm er sich eine junge, die wiederum seinen Gesellen heiratete, wenn

---

[23]) Schmoller, Die Straßburger Tucher- und Weberzunft, Seite 418. [24]) Bestätigung der Ordnung für die Schön- und Schwarzfärber in Zabern, Molsheim und Mutzig im Jahre 1739, im Stadt-Archiv Zabern. Urkunde 25, Karton 7. Vergl. die Ordnung vom Jahre 1659 im Jahrbuch des V. C., III, Seite 81 (Lempfrid).

er gestorben war. Auf diese Weise litt der Färberbetrieb unter der großen Kinderschar und dem Mangel an Geld, der aus den persönlichen Verhältnissen hervorwuchs. Die geringe wirtschaftliche Kraft der Färber zeigte sich besonders seit dem Einsetzen der Konkurrenz aus dem Auslande; sie besaßen nicht genug Kapital zum erfolgreichen Wettbewerb und konnten daher auch nach der Aufhebung der Zünfte in der französischen Revolution ihre Selbständigkeit nicht bewahren.

Diese Färber kauften die Röte nur in kleineren Mengen und in der Regel von den Handelshäusern in Straßburg oder Hagenau. Wenn bei diesen keine Röte mehr zu haben war, mußten sie sich an die Produzenten wenden, denen sie nur kleinere Quantitäten abnahmen. Die Gärtner waren aber gezwungen, ihre Röte zu verkaufen und mußten sie dann zu $^1/_3$ oder $^1/_4$ des Wertes absetzen. In den Jahren 1724 und 1725 verkaufte man in Hagenau die Röte für 12 ℔ den Zentner, für den man sonst 40—48 ℔ bekommen hatte [25]). Brumath hatte zu Anfang des 18. Jahrhunderts seine Rötpflanzung des niedrigen Preises halber überhaupt eingestellt.

Auch in Hagenau übte die schlechte Geschäftslage ihre Wirkung aus. Zunächst wurde die Verkaufsorganisation abgeändert. Der «Gemeine Kauf» bezog sich jetzt nicht mehr auf die bereits fix und fertig zum Verkauf hergerichtete Ware, sondern auf die Röte, die in den nächsten Jahren angebaut werden sollte. Es war also kein Kauf mehr, sondern ein Akkord-(Dienst-, Werk-)vertrag [26]). Das Verfahren beim Gemeinen Kauf blieb jedoch das gleiche wie früher.

Diese Abänderung hatte ihre unleugbaren Vorteile. Sie verhinderte die Überproduktion. Kam kein Käufer, so wurde die Pflanzung eingeschränkt; die Zahl der «Bethe» wurde dem Einzelnen im Verhältnis verringert. Der einzelne Gärtner wußte dann im voraus ganz genau, daß ihm die angepflanzte Röte auch abgenommen würde, er kannte im voraus den Preis, den er dafür erhielt. Ein weiterer Vorteil lag darin, daß die Gärtner alle gleichviel für die Röte erhielten, im Verhältnis der angebauten Bethe. Andererseits lag hierin wieder ein bedenklicher Nachteil. Der einzelne gab sich wenig Mühe bei der Bearbeitung des Bodens, und es war ihm leicht, Darlehen auf den Erlös seiner Röte zu erhalten. Die Zunftordnung verbot daher die Beleihung der Röte über eine gewisse Grenze hinaus und verbot Termingeschäfte, wie sie heutzutage oft von den Hopfenpflanzern abgeschlossen werden.

[25]) Hagenauer Stadt-Archiv, HH 15/5. [26]) Ganz ähnliche Verträge bestehen heute noch zwischen den Zucker- und Konservenfabriken und den Pflanzern.

Die schlechte Bodenbearbeitung und das vollständig veraltete Verfahren bei der Verarbeitung der Röte war dann auch der Grund des starken Rückgangs des Absatzes. Der Bedarf an Röte war trotz der erhöhten Verwendung von Indigo nicht etwa geringer geworden. Aber andere Länder wirtschafteten längst rationeller im Anbau und im Verarbeitungsverfahren und brachten bessere und billigere Ware auf den Markt (Holland). Die elsässer Pflanzer hatten jeder fast ein anderes, ihm bequemes Verfahren bei der Herstellung des Krappulvers. Meist trockneten sie die Wurzeln im Backofen und mahlten sie dann mit der Handmühle.

Die schlechte Behandlung der Röte, die in Anbetracht der günstigen Anbauverhältnisse besonders erbärmlich war, forderte geradezu einen findigen Kopf heraus, sich die Erfahrungen anderer Gegenden zunutze zu machen und den Gärtnern den Weg zu günstigeren Verhältnissen zu weisen.

Ein hagenauer Bürger war es, Hoffmann, der das Verfahren so verbesserte, daß die Röte sich einen ersten Platz im Welthandel eroberte, man kann das wenigstens für einige Jahre sagen. Hoffmann wird deshalb vielfach auch als Vater der elsässischen Krappkultur bezeichnet [27]).

Im Jahre 1726 erscheint er zum erstenmal als Käufer; von da ab kaufte er den Hagenauern, später auch den Brumathern (denen der Anbau der Röte, den sie des mangelnden Absatzes wegen anfangs des Jahrhunderts aufgegeben hatten, in einem Prozeß im Jahre 1732 wieder gestattet worden war) und den Krautweilern 20 Jahre hindurch die sämtliche Röte ab [28]). Hoffmann sah bald, daß er einen industriellen Zug in das Herstellungsverfahren bringen müsse, um mit der ausländischen Ware in erfolgreichen Wettbewerb treten zu können.

Er machte eine Studienreise nach Holland und schlug bei der Rückkehr, nachdem er in die Gärtnerzunft aufgenommen worden war, den Gärtnern in den drei Gemeinden vor, er wolle ihnen von jetzt ab die Wurzeln unvorbereitet abnehmen, wobei sie aber doch die alten Vorschriften über die Ernte, das Reinigen und erste Trocknen anwenden sollten. Das war nun für die Gärtner ein

[27]) Schwerz und nach ihm manche andere Schriftsteller geben an, Karl V. habe den Krappbau im Elsaß eingeführt. Daß Karl V. sich überhaupt mit dem Krapp irgendwie beschäftigt hat, konnte ich nicht feststellen. Wahrscheinlich beruht die Annahme von Schwerz auf einer Verwechslung mit dem von einem mittelalterlichen Kaiser (Friedrich II ?) den Hagenauern verliehenen Monopol. [28]) Hagenauer Stadt-Archiv, HH 14 und 15. Bezirks-Archiv Straß-

bedeutender Vorteil, da sie den Abfall, der beim Dörren stets entstand, nicht zu tragen hatten, außerdem die Kosten des Dörrens und des Mahlens, der Heizung wie der Anlage überhaupt ersparten. Hoffmann seinerseits erzielte durch diesen Übergang der Herstellung aus den Formen der Hausindustrie in fabrikmäßige, durch bessere Behandlung, eine bessere Ware. Zunächst ließ er die Wurzeln auf großen Mühlen mahlen, die durch einen Mühlenkanal gespeist und später auf dem Wasser selbst errichtet wurden. An Stelle von 200—300 Zentnern gedörrter Wurzeln, die die Gärtner vor Hoffmanns Auftreten jährlich verkauften, erbrachten nun sämtliche Gemeinden zusammen 5000—6000 Zentner grüner Wurzeln, die gedörrt etwa 1200—1250 Zentner ergaben. Die Färber im Inlande verbrauchten um 1750 aber nur 50—60 Zentner. Alles übrige ging ins Ausland, das dafür rund 50 000 Pfund ins Elsaß zahlte [29]).

Hoffmann hatte sich inzwischen ein bedeutendes Vermögen erworben; er hatte nach und nach in der Gemarkung die zur Pflanzung der Röte geeignetsten Ländereien aufgekauft und baute schließlich allein so viel Röte an als die sämtlichen übrigen Gärtner, obwohl diese fast keinen anderen Erwerbszweig mehr hatten.

Für das Verfahren in der Darre wurde nun auch eine bestimmte Ordnung festgesetzt und neue Anbauvorschriften erlassen. Die Rötpflanzen gehörten nicht dem einzelnen Gärtner, sondern der Gemeinde. Niemand war daher berechtigt, die Pflanzen nach auswärts zu verkaufen oder zu verpfänden oder beim Verzug in einen anderen Ort, sie mitzunehmen. Auch die Darren, die in den drei Orten errichtet wurden, gehörten der Gemeinde. Die einzelnen Pflanzer durften nur noch auf der Ortsdarre, nicht mehr bei sich die Wurzeln dörren. Wer zuerst «ausgedolben» oder wessen Röte schimmlig wurde, durfte zuerst dörren. Auch hierfür wurden in den einzelnen Gemeinden Überwachungs-Kommissionen eingesetzt, aus dem Bürgermeister und zwei jährlich zu wählenden Rötpflanzern bestehend. Diese «Rötbeschauer» erhielten eine Gebühr von 3 Pfennig von jedem gedörrten Zentner.

Hoffmann brachte dadurch langsam die Kultur und die Fabrikation der elsässischen Röte wieder in die Höhe. Der Bauer pflanzte die Wurzeln gerne, da er einen guten Erlös erzielte (28 ₶ und 10 ß für die ganz unpräparierte Wurzel pro Zentner). Da erschien am 24. Februar 1756 ein königliches Dekret, das den Anbau der Röte für frei erklärte, und am 25. Juni des gleichen Jahres eine Verord-

burg, C 197.

[29]) Hagenauer Stadt-Archiv, HH 15. 4—500 Zentner verkaufte Hoffmann an Zollikoffer in Straßburg. Für die Kleinfärber behielt er eine Quantität

nung des Intendanten de Lucé, die für die Provinz Elsaß jedem Bürger den Rötebau gestattete «als ein Gewächs, dessen Handel einem jeden welcher bauen will, ohnbenommen ist»[30]). Damit war das Monopol der drei Städte gebrochen, aber auch das Handelsmonopol, das Hoffmann de facto durch seine Verträge mit den Pflanzern gehabt hatte. Ein bischweiler Bürger, der zielbewußte und unternehmende Isaak Bertrand, war der erste, der nun außerhalb der drei Gemeinden die Färberröte pflanzte. Er verschaffte sich junge Pflänzchen in Hagenau und ließ sie in Bischweiler setzen. Die Hagenauer sahen das natürlich mit höchstem Mißfallen und unglücklicherweise für Bertrand stellte sich heraus, daß seine Pflänzchen in Hagenau gestohlen worden waren. Ein langwieriger Prozeß entspann sich nun zwischen Hoffmann und den Gärtnern von Hagenau, Brumath und Krautweiler einerseits, Bertrand andererseits. Am 17. September 1758 gab der Conseil Souverain die Kultur der Färberröte für Bertrand frei. Damit war das alte Privilegium der Gärtner der drei Gemeinden vernichtet. Bertrand begann nun in Bischweiler in größerem Umfang mit der Pflanzung, die auch an verschiedenen anderen Orten aufkam. So zu Rottelsheim, Kriegsheim und Mommenheim. Und obwohl die Gärtner zu Hagenau nun sehr erheblich benachteiligt waren und energisch protestierten, blieb die Kultur frei. Umsomehr als schon das Dekret vom 24. Februar 1756 all denen Privilegien und 20jährige Steuerbefreiung zugesagt hatte, die die Ödländereien und die sumpfigen Ländereien umbrächen und so verbesserten, daß die Färberröte darin gebaut werden könnte. War zwar diese Maßregel durchaus ungeeignet, die Kultur des Krapp zu fördern, da er nicht in sumpfig-kaltem Boden, sondern weit besser in humusreichem, trockenem Sandboden wächst, so war doch jetzt durch die Erlaubnis zum freien Anbau der Grund zur Blüte gelegt. Und bald traf man an allen möglichen Stellen des Unterelsaß die Kultur der Färberröte an.

Die Art der Pflanzung und der Fabrikation ging folgendermaßen vor sich: Das Land, in dem Krapp gepflanzt werden sollte, mußte im Herbst und Frühjahr gedüngt und mehrmals tief gepflügt werden. Ende April wurden die Pflänzchen gesetzt. Man zog dazu mit der Haue Gräben, legte die Pflanzen in einer Entfernung von 8—13 cm hinein und deckte sie mit der Erde des nächstfolgenden Gräbchens zu[31]). 4 Hauer und 4 Einleger konnten in einem Tage etwa einen halben Acker, nicht ganz ½ Morgen, auf diese Weise anpflanzen[32]).

zurück. HH 19/9. [30]) Ins Ausland durfte die Röte aber nur in gedörrtem Zustand verkauft werden. [31]) Schlipf, a. a. O., Seite 154. [32]) Schwerz,

«In dem zweiten Jahre wird das Krappfeld mit Grund überschossen. Um diesen zu gewinnen, wird, da das Feld nicht in schmale Beete, sondern durchaus bepflanzt wird, alle neun bis zehn Schritt eine Pflanzenreihe weggelassen, wodurch an diesem Orte ein Fußpfad über die Breite des Feldes entsteht. Dieser Strich wird im ersten Jahre mit Speisekohl bepflanzt, um den Raum nicht unbenutzt zu lassen. Im zweiten Jahre wird er ausgegraben, und der daraus bezogene Grund dient zur Überdeckung des Krappfeldes [33]).»

Da der Krapp leicht erfror, ließ man ihn der Sicherheit halber nur zwei Jahre im Boden, obwohl er nach drei Jahren besser war. Das Aushauen wurde folgendermaßen besorgt: «Ein Graben wird gegraben, der Länge der Wurzelreihe entsprechend. Der Arbeiter steht nun in diesem Graben, haut mit dem Karste seitwärts unter die Wurzeln ein, und bringt die Erde weg. Da der Karst sehr breite Zähne hat, so bedarf es keines Spatens, um den Grund heraufzubringen. Der Arbeiter tritt bei seinem Aushauen rückwärts. Hat er auf diese Weise die ganze Zeile unterminiert, so stürtzt er sie Stamm für Stamm in den Graben; bedient sich wohl auch eines spitzigen Eisens, um den Grund an den oberen Wurzeln ein wenig loszustechen; hebt die in den Graben gesteckten Stämme auf und schüttelt die Wurzeln, damit der Grund vollends davon falle. Auf diese Weise kommen sie ganz, und nicht, wie mit dem Spaten so oft geschieht, stückweise zum Vorschein.

Auf mehr als acht Zentner trockenen Krapp (10 vom Morgen) darf man im Durchschnitt von Acker nicht rechnen. Der Mittelpreis schwankt zwischen 30 und 40 Franken.»

Ursprünglich scheint man in Hagenau in demselben Boden stets wieder Krapp gepflanzt zu haben, wodurch aber eine starke Bodenmüdigkeit entstand. Später bildete sich dort eine besondere Wirtschaftsweise heraus:

Die beiden ersten Jahre:	Krapp.
Im dritten Jahre:	Weizen.
Im vierten Jahre:	Gerste oder Roggen [34]).

Seite 436. [33]) Schwerz, Seite 438 und 439. [34]) Straßburger Stadt-Archiv, A A 2296. Dort findet sich folgende Tabelle von Hoffmann:

Krappkultur:

1. Jahr: } Krapp.	5. Jahr: } Krapp.
2. Jahr: }	6. Jahr: }
3. Jahr: Weizen.	7. Jahr: Weizen.
4. Jahr: verschiedene Körnerfrüchte.	8. Jahr: verschiedene Körnerfrüchte.

Man fand aber auch eine Reihe anderer Rotationen[35]).

Nach dem Ausgraben[36]) wurden die Wurzeln gereinigt. Sie kamen dann auf Luftdarren, wie wir sie heute noch in den Ziegeleien sehen, damit sic von Feuchtigkeit frei wurden. Oder man warf sie wie die Rüben auf große Haufen zusammen.

Das Verfahren bei der Dörre der Wurzeln war höchst primitiv gewesen. Entweder wurden sie einfach in den Backofen, oder im Wohnzimmer oder in der Küche des Bauernhauses den ganzen Winter hindurch auf ein Gerüst gelegt, auf dem sie bei der gewöhnlichen Ofentemperatur trocknen sollten. Bei derartigem Verfahren konnte natürlich von ordentlichem «Rösten» der Wurzeln keine Rede sein. Ebensowenig war das Verfahren in den Rötdarren (nicht zu verwechseln mit den oben beschriebenen Luftdarren) geeignet, eine gute Ware zu erzeugen. Diese Rötdarren bestanden in einem kleinen Schuppen, in dem ein eiserner Ofen oder auch ein Kachelofen stand. Durch den ganzen Raum hindurch waren drei Etagen von Latten angebracht, auf die die Wurzeln gelegt wurden. Waren sie hier so trocken geworden, daß man sie wie dürres Holz zerbrechen konnte,

---

Gewöhnliche Kultur:

1. Jahr: Tabak, Hanf.	5. Jahr: Weizen.
2. Jahr: Weizen.	6. Jahr: verschiedene Körnerfrüchte.
3. Jahr: verschiedene Körnerfrüchte.	7. Jahr: Tabak, Hanf.
4. Jahr: Tabak, Hanf.	8. Jahr: Weizen.

Ergebnis: Krappkultur:	Gewöhnliche Kultur:
4 Jahre Krapp.	3 Jahre Tabak, Hanf.
2 Jahre Weizen.	3 Jahre Weizen
2 Jahre verschiedene Körnerfrüchte.	2 Jahre verschiedene Körnerfrüchte.

[35]) In Bischweiler: Im 1. und 2. Jahr: Krapp, im 3.: Roggen, dann Rüben, im 4.: Kartoffeln, im 5.: Roggen, im 6.: Mais, Topinambur, Hanf. In schwererem Boden nahm man nach dem Krapp Weizen statt Roggen. In Hagenau (Sandboden): Im 1. und 2. Jahr: Krapp, im 3.: Weizen, im 4.: Klee gegipst; oder: Im 1. und 2. Jahr: Krapp, im 3.: Roggen, im 4. und 5.: Krapp, im 6.: Roggen usw. (vergl. Schwerz, Seite 182: «Die Handelsgewächse, vor allem Krapp, baut man meist in der Zweifelderwirtschaft an.» Loriol, La France, Seite 124: «Les terres sablonneuses produisent la première année du chanvre, des pommes de terre, du pavot; la seconde du seigle, du méteil et de la navette; la troisième de l'orge ou de la garance; et l'on fume. Il faut remarquer que la garance tient la terre occupée pendant deux ans. C'est la marche ordinaire des assolements, bien qu'on s'en écarte dans quelques cantons.» Vergl. auch Dr. Krzymowski: Die Wirtschaftssysteme und Fruchtfolgen Elsaß-Lothringens. (Fühlings Landw. Zeitung, 1908, Seite 215.)

[36]) Von der schweren Arbeit beim Ausgraben erzählt heute noch eine Redensart, die sich an den verschiedensten Orten des Unterelsaß findet: Bei schwerer Arbeit sagt man: «Man muß schaffen wie ein Röt-Delwer» (delben =

so wurden sie heruntergenommen und eine neue Quantität Wurzeln kam auf diese «Hurten».

Hoffmann verbesserte diese Einrichtung derart, daß er von dem Ofen in der Mitte des Raumes eiserne Röhren über die Hurten hin- und herlaufen ließ, in denen die Wärme dann überallhin gleichmäßig verteilt wurde. Es wurde so eine größere wirtschaftliche Ausnutzung der Wärme und eine Beschleunigung des Verfahrens erreicht.

Die gedörrte Wurzel wurde mit Dreschflegeln in kleine Stücke geteilt oder auf einer Mühle mit Stempeln zerstoßen. In einer Putzmühle, ähnlich den Getreidefegmühlen, wurde darauf der Staub entfernt und nach nochmaligem kurzen Dörren wurden die einzelnen Stückchen durch zwei senkrecht aufgestellte, von Wasser- oder Pferdekraft getriebene Mahlsteine gänzlich zerrieben. Der Ertrag der Wurzeln und das Ergebnis an getrocknetem Pulver wird von den einzelnen Schriftstellern außerordentlich verschieden angegeben; ebenso auch die Kosten des Anbaus. Schwerz gab sämtliche Kosten ohne Säen, Landpacht, Steuern und Dünger auf 212 Franken für den Morgen an, Pfarrer Schröder in Schillersdorf 292 Franken als gesamte Kosten[37]. In Hagenau, wo durch den großen Umfang der Kultur der Wert des Bodens zu einem hohen Preis stieg[38], berechnete man nach Schwerz die Gesamtunkosten für einen Morgen auf 465 Franken[39]. Bei der großen Verschiedenheit der Einzelangaben sei eine anscheinend genaue und ins einzelne gehende Kostenberechnung aus Brumath vom Jahre 1755 hier wiedergegeben[40]:

Es heißt da:

«Kostenberechnung für eine Morgen Röth bis zur Lieferung an den Färber.

	livres	sols
6 Wagen Mist à 5 ℔:	30	
für den Arbeiter 4 Mal (anscheinend Mist fahren) à 1 ℔ 4 ß:	4	16
Tagelohn und Essen für die Arbeiter beim Pflanzen:	48	

graben). [37]) Thisse (a. a. O., Seite 61) berechnet für die Mitte des 19. Jahrhunderts den Ertrag eines Hektar auf 30—40 Doppelzentner zu 80—85 Franken pro Doppelzentner. Die Kosten eines Doppelzentners gibt er auf 70 Franken an. [38]) Schwerz, Seite 446. [39]) Schwerz, Seite 445. [40]) Hagenauer Stadt-

	livres	sols
Säuberung des Bodens, nach der Pflanzung:	4	
Für das Säubern und Ausjäten des Unkrauts während des Jahres:	6	
für das Decken mit Erde im 2. Jahre	8	
für das Säubern und Ausreißen des Unkrauts:	3	
Im Herbst, wenn man die Röth aus dem Boden ziehen will, für das Abmähen des Krauts:	2	
für das Ausreißen mit einer Hacke:	4	
für das Graben und Ausheben des Bodens (2 Fuß tief):	48	
Nahrung für 6 Personen während 4 Wochen (2 fl pro Mann und Woche):	48	
für 2 Klafter Holz, zum Trocknen des Krapps:	20	
Tagelohn für den mit Trocknen beschäftigten Arbeiter in 8 Tagen:	8	
Zum Reinigen und Entfernen des Schmutzes, 2 Personen, 4 Tage:	6	8
Wagen für die Lieferung:	4	
	244	24

Brumbt le 28. Mars 1755; signé: Nicolaus Götz, Bourgemaître».

Eine Gegenüberstellung der Vor- und Nachteile der Krappkultur ergibt ungefähr folgendes Bild:

Der Krappbau brachte dem Pflanzer einen erheblichen Reingewinn, und auch der Handel wurde durch die starke Ausfuhr mächtig angeregt. Die Arbeit selbst bei dem «Delwen» war schwierig; Tagelöhner fanden daher ausreichenden Verdienst. Die Fabrikation des Rötpulvers beschäftigte eine Anzahl von Fabriken in den verschiedensten Teilen des Unterelsaß.

Demgegenüber fallen die Nachteile eigentlich wenig ins Gewicht:

Vor allem klagte man über die schwere Arbeit, sowohl des Delwens als die in den Darren. Die schier unerträgliche Hitze machte das Arbeiten in den Darren besonders schwierig, da nur sehr wenig Feuchtigkeit in der Luft vorhanden war. Infolgedessen mußten auch etwas höhere Löhne gezahlt werden. Ein weiterer Nachteil lag darin, daß sich der feine Staub in den Mühlen auf die Lungen der Arbeiter schlug [41]). Aber diesen Nachteilen standen weiter gegenüber die mannigfaltigen indirekten Vorteile: Durch die Krapp-

Archiv, HH 15/8. [41]) Das Kraut der Pflanze wurde auch als Viehfutter verwandt, nach kurzer Zeit sollen die Kühe rote Milch gegeben, und ihre Knochen,

kultur war man gezwungen, öfters zu pflügen, den Boden sauber zu halten und nützte dadurch indirekt der folgenden Frucht. Tatsächlich hat der Krapp die sandigen Gegenden z. B. um Hagenau geeignet gemacht, auch Körnerfrucht zu tragen.

Zahlreiche Berichte an die Intendanten und später an die Präfekten des niederrheinischen Departements weisen auf diese Tatsache hin. In einem Schreiben aus Hagenau aus dem Jahre 1775 heißt es: «Les terres sablonneuses et stériles des environs de Haguenau sont maintenant infiniment meilleures, plus productives et de valeur comparative, au moins double. C'est la conséquence de la culture de la garance.» Auch sonst zeigt sich der günstige Einfluß der Krappkultur auf die Bodenbeschaffenheit. «Entre un très grand nombre de communes», heißt es in einem Bericht aus dem Jahre 1781, «on peut citer notamment la commune de Vurdenheim, canton de Wasselonne, dont les récoltes en blé jadis médiocres tant en quantité qu'en qualité sont maintenant abondantes et très belles», d. h. nach der abwechselnden Bestellung mit Färberröte.

Nun unterstützte auch die Regierung lebhaft den Krappbau, dessen Bedeutung für Landwirtschaft und Industrie auch von den übrigen europäischen Regierungen erkannt wurde. In Preußen[42]) verordnete der König 1754 die Einführung des Krappbaus im Herzogtum Magdeburg. In Baden[43]), in Württemberg, in der Pfalz wetteiferte man, Krappanpflanzungen anzulegen, auch die Schweiz suchte an verschiedenen Stellen den Krapp einzuführen[44]). Ein Armenier, Althen, brachte den Anbau nach Avignon, woran heute noch sein Denkmal in Avignon erinnert[45]), und der französische Minister Berthin ließ in Südfrankreich Samen verteilen, um die Pflanzung zu erleichtern[46]). Außerdem wurde zur Unterstützung der Kultur durch königliches Dekret vom 28. April 1775 ein Einfuhrzoll von 25 Sous auf den Zentner gelegt. Der inländische, von einer Provinz in die andere verschickte Krapp und der von Corsika waren von diesem Zoll befreit[47]).

---

vor allem auch die Zähne sollen sich rot gefärbt haben. [42]) D. G. Schrebers Sammlung verschiedener Schriften. . . 1755, Seite 35. [43]) Bemerkungen der Kuhrpfälzischen physikalisch-ökonomischen Gesellschaft vom Jahre 1777. Lautern 1779 (Beobachtungen über den Krappbau von Stephan Gugenmus). [44]) Abhandlungen und Beobachtungen durch die ökonomische Gesellschaft zu Bern gesammelt, 1767, IV (Tschiselli: Abhandlung vom Anbau der Färberröte). Aus der Geschichte der Pädagogik ist der Krappanbau im Tal der Reuß bekannt, den Pestalozzi 1780 dort einführte. [45]) Candolle, vom Ursprung der Kulturpflanzen, 2. (deutsche) Auflage, Seite 53. [46]) Schultz, II, Seite 250 ff. [47]) Straßburger Stadt-Archiv, A A 2296, Bezirks-Archiv, C 148 u. a. Abhandl.

Der elsässer Krapp hatte vor dem ausländischen aber, was Anbau und Verarbeitung betraf, einen bedeutenden Vorsprung. Und er gewann erhöhte Bedeutung, abgesehen von den fördernden Regierungsmaßnahmen, durch die große Nachfrage nach Färberröte, die jetzt besonders durch die junge Industrie in Mülhausen und anderen Orten im Oberelsaß, und auch in Bischweiler erheblich gefördert wurde. Von 1760 bis 1790, vor allem in den siebziger Jahren, nahm die Krappkultur einen ungeahnten Aufschwung im Elsaß. Allenthalben entstanden Fabriken zur besseren, billigeren, geschäftsmäßigeren Herstellung des Krappulvers, das dann an die Färbereien oder an Webereien und Spinnereien verkauft wurde. Große Gesellschaften bildeten sich, die auf dem Lande draußen ihre Darren und Mühlen hatten. Meist schlossen sie mit den Bauern auf mehrere Jahre Verträge und unterstützten sie mit Vorschüssen von 40 bis 200 Gulden bei Abschluß des Vertrags gegen Verpfändung der anzubauenden Röte, oft auch des Wohnhauses usw. Auch im kleinen wurde immer noch Krapp gepflanzt, selbst verarbeitet, wie man auch noch selbst färbte. «Im Elsaß färbt sich der Bauer seinen Kittel mit eigenem Krappe, und anstatt hier zu Lande die Bauern blaue Röcke tragen, sind die dortige Landtrachten meist braun und roth. Wann der Bauer den Krapp selbst erbauet, so denkt er, es kostet nichts und lernet bald seine Kleider selbst damit färben, anstatt daß er den teuern Indig dazu verwendet[48].» Tatsächlich wurden noch bis in die 1840 und 50er Jahre die Bombasinröcke der Frauen im «Ackerland» (Kochersberg) und im Hanauerland mit Krapp rot gefärbt.

Dieser Anbau im kleinen läßt sich leider nicht mehr mit statistischen Zahlen belegen. Er ergibt sich aber aus der verhältnismäßig großen Zahl der Krappdarren, die wir in einer ganzen Reihe von Gemeinden finden. Eine Aufstellung aus Bischweiler vom 30. Dezember 1780 besagt, daß damals $21\,^{79}/_{120}$ Acker Röte gepflanzt wurden, die der Pfalz-Zweibrückischen Herrschaft 108 Gulden, 2 Schilling und 11 Pfennig erbrachten, während es im Jahre 1768 nur $11\,^{2}/_{3}$ Acker gewesen waren (darunter $2\,^{1}/_{4}$ Acker, die der Fabrikant Bertrand selbst pflanzte), die 58 Gulden, 3 Schilling und 4 Pfennig gebracht hatten[49]. Meist wurde der Zehnt an die Herr-

und Beob. durch die ökonomische Gesellschaft zu Bern, ges. 1767, IV, Seite 146.
[48]) Bemerkungen der Kuhrpfälz. phys. ök. Gesellschaft vom Jahre 1777. Beobachtungen über den Krappbau von Stephan Gugenmus. [49]) Bischweiler Gemeinde-Archiv, C 364. Der Acker ertrug bei mittlerer Ernte 5 Louis d'or. Auch die Gemeinde Bischweiler erhob noch eine Steuer von 5 Gulden vom Acker.

schaft in Geld gezahlt. Diejenigen, die in natura leisten wollten [50]), mußten die Röte zur gemeinsamen Versteigerung zusammenbringen.

Der Krappanbau nahm damals so überhand, daß aus Weißenburg schon im Jahre 1778 ein bedenkliches Sinken der Rötpreise gemeldet und von einer Verteuerung des Getreidebaues berichtet wurde.

Unter den Fabriken stand diejenige Hoffmanns in Schweighausen bei Hagenau an erster Stelle. 1774 gründete sein Sohn in Geisselbronn bei Hagenau eine neue Krappfabrik, die bald die bedeutendste ganz Frankreichs wurde. Sie soll allein $^2/_3$ des elsässischen Gesamtertrages verarbeitet haben. Den Wert der Fabrikation schätzte man damals auf 1,2-1,4 Millionen Franken. Wie bei fast allen Fabriken der damaligen Zeit, befand sich auch hierbei noch ein anderes industrielles Unternehmen zur Verteilung des Risikos, da die Fabriken nicht kapitalkräftig genug waren, um eine Mißernte eines einzelnen Gewächses ertragen zu können, und um gleichzeitig auch die vorhandenen Einrichtungen ökonomischer zu verwerten. Neben der Krappfabrik befand sich noch eine Tabakfabrik.

Hoffmann errichtete zur Verringerung der Transportkosten für die grünen Wurzeln verschiedene Darren im Lande, von denen die zu Ingweiler die bedeutendste gewesen sein wird. Die räumlich große Ausdehnung der heutigen Brauerei Haag, die jetzt noch im Volksmunde der «Röthof» heißt und die in der 2. Hälfte des 18. Jahrhunderts erbaut wurde, läßt einen Rückschluß auf den starken Anbau in der dortigen Gegend in jenen Jahren zu. (Man sieht heute noch an dem Röthof einzelne Türen in etwa 2 Meter Abstand voneinander ganz deutlich, das waren die Zugänge zu den einzelnen Etagen dieser Darre.)

Bis zum Jahre 1766, ja bis 1769 hatte der Ertrag an getrockneten Wurzeln etwa 5—6000 Zentner betragen. Mit dieser Menge konnten die elsässischen Fabriken und Händler dem holländischen Krapp wenig erfolgreichen Wettbewerb im Welthandelsverkehr bereiten. Dann aber schnellen die Zahlen bedeutend in die Höhe:

1778 betrug der Ertrag Hoffmanns allein 50 000 Zentner, eine Zahl die allerdings später nie mehr erreicht wurde;

1779 waren es noch 37 000,

1780 waren es noch 34 000 Zentner. Auf dieser Höhe hielt sich der Ertrag bis zum Jahre 1790. Die Hoffmannsche Fabrik beschäftigte dauernd 60—80 Arbeiter; im Jahre 1780 ging sie in den Besitz der Herren Weiß, Revel und Co. aus Straßburg über [51]). Doch

[50]) Bezirks-Archiv Straßburg, C 391. Vergl. die Anm. 7 auf Seite 29 vom Abschnitt «Hanf». [51]) Die diesbezüglichen Angaben im Annuaire du Dép. du Bas-Rhin,

scheint der jüngere Hoffmann sie später wieder übernommen zu haben.

Außer dieser Fabrik befanden sich in Hagenau noch verschiedene andere. 1769 wurde eine Gesellschaft Saglio u. Co. gegründet, der ein Stettmeister zu Hagenau, Adolphe Michel Barth, Theodore Ignace Hager und Bernardin Saglio angehörten. Von dieser Gesellschaft finden sich im hagenauer Stadt-Archiv noch 187 Verträge [25]) mit Rötpflanzern aus fast allen Gemeinden zwischen Weißenburg und Brumath aus den Jahren 1769—72. Sie muß also ebenfalls eine ziemlich große Anlage gehabt haben.

Wahrscheinlich ließen auch Saglio u. Co. die Bauern größtenteils das erste Dörren selbst besorgen. Die Gesellschaft führte 1776 den Namen Barth und Hager [53]), von 1785—88 den Namen Hager u. Co. Weiter bestand seit 1772 eine Fabrik Franz Ignace Schwendt in Hagenau. Neben diesen hagenauer Fabriken gab es bedeutende Unternehmungen an verschiedenen anderen Orten, vor allem zu Bischweiler [54]). Hier wurde ein großer Teil der Allmenden, die bis dahin öde gelegen hatten, allmählich urbar gemacht, und in dem Zeitraum von 1760—90 rund 150 Morgen für den Ackerbau gewonnen [55]). Isaak Bertrand pflanzte ja seit 1756 in Bischweiler Röte. 1758 erhielt er mit seinem Bruder zusammen die Erlaubnis, auf fürstlich Zweibrücker Gebiet «an die Moderbach . . . eine Mahlmühle mit 2 Gängen nebst anderen darin begreifenden Werken zu erbauen». Das waren eine Hanfreib mit 3 Steinen, eine Lohstampf, eine Tucher-, Weißgerber- und Strumpfweberwalk, eine Ölmühle mit 4 Steinen, wie auch eine Tabak- oder Röthmühle [56]).

Außer dieser großen gab es damals in Bischweiler noch 4 kleinere Fabriken. In Straßburg wurden ebenfalls bald Krappfabriken gegründet [57]). Beim englischen Hof, nach Wanzenau zu,

par Bottin (pour l'an VII, Seite 141), stimmen mit den amtlichen Aufzeichnungen im Straßburger Bezirks-Archiv nicht überein (wie übrigens auch an vielen anderen Stellen). [52]) Hagenauer Stadt-Archiv, HH 15/63. [53]) HH 16/35. [54]) Fesquet, Voyage de Paris à Strasbourg, Seite 15 und 16. [55]) Culmann, Geschichte der Stadt Bischweiler, Seite 112. [56]) Bischweiler Stadt-Archiv E 13/15 und 13/116. Ende des 18. Jahrhunderts versandte das Geschäft jährlich: 700 Zentner Hanf, 800 Zentner Öl, 1200 Zentner Tabak, 3000 Zentner Krapp, 2000 Stämme Holz nach England, Holland und nach der Schweiz. Die Gebrüder Bertrand waren Urenkel eines Claudius Bertrand, der um 1650 aus Zabern nach Bischweiler einwanderte. Er stammte aus Vermandois. Der ältere, Abraham, war Geschäftsverwalter einer großen Tabakfabrik, trieb aber nebenbei selbständigen Handel. Der jüngere, Isaak, führte die Rötpflanzung ein. Näheres in Culmann a. a. O., Seite 110; Hagenauer Zeitung vom 31. März 1905. Der Name Bertrand kommt heute noch in Bischweiler vor. [57]) Journal von und

soll der Engländer Frischmann schon um die Wende des 17. zum 18. Jahrhundert den Anbau eingeführt haben [58]). Rund 80 Jahre später pflanzte ein gewisser Uhltmann beim Entenfang in der Nähe der Mainau, südlich von Straßburg, die Färberröte und errichtete auch eine kleine Fabrik auf demselben Platze. Auf dem Wacken bei Schiltigheim befand sich eine ziemlich große Anlage von Karth [59]). Sie hatte 2 Darren mit 4 Öfen, beschäftigte 16 Arbeiter, und hatte ein Kapital von 200 000 Franken. Später gehörte die Fabrik Karths Schwiegersohn Braun, der gleichzeitig eine Zuckerfabrik auf dem Wacken betrieb.

An der Rheinziegelstraße in Straßburg-Neudorf befand sich eine kleine Rötfabrik von Sarcelle. Sie verarbeitete jährlich 2—3000 Zentner, beschäftigte nur 5—6 Arbeiter und hatte ein Kapital von 20—24 000 Franken. Im Jahre 1803 errichtete ein gewisser Menoth eine Fabrik am krummen Rhein, beim Polygon; er betrieb sie mit 8 Arbeitern. Dann gab es noch eine kleine Fabrik von Sengenwald in der Ruprechstau, die, später nach Geudertheim verlegt, sich zu einem der größten Unternehmen entwickelte.

Auch in Molsheim bestand eine Krappfabrik. Sie gehörte einem Herrn Augst [60]). Aus dem Kanton Molsheim und Wasselnheim bezog sie die Wurzeln, deren sie jährlich 3—4000 Zentner verarbeitete.

Im ganzen Kochersbergerland, in Fürdenheim, Ittenheim, Osthofen bis Wasselnheim, selbst Zabern hin, baute man Röte. Röt-

---

für Deutschland, I, Seite 238 ff. [58]) Crantz a. a. O., I, Seite 54. Der Tabakbau wurde von Frischmann um 1620 dort zum ersten Mal gepflanzt. [59]) Journal von und für Deutschland, I, Seite 241: «Auf einem anderen Platze, welcher ebenfalls der Stadt gehört, die Bleichen genannt, baute sich kürzlich auch einer der Röthmonopolisten ein Landgut, nachdem er den Rath vorher bewogen hatte, die Äcker, die das benachbarte Dorf Schültenheim bisher für ein Gewisses beweidete, zu versteigern. Die Bauern waren ihm, weil er ihnen da in die Quere kam und sie so hoch hinauftrieb, daß sie davon ferner keinen Nutzen haben konnten, so feind geworden, daß man ihnen, als das Gehöft mit Vieh und allem bis auf den Erdboden abbrannte, Schuld geben wollte. . . Der Mann hatte eine Röthdürre hier. . . Diese hatte die Gebäude ziemlich ausgetrocknet.» Vergl. Voyage de Paris à Strasbourg, Seite 33; Straßburger Stadt-Archiv A A 3640. [60]) In den Gemeinderatsprotokollen von Molsheim wird ein Christmann Augst und ein Gottfried Augst erwähnt, beide waren Mitglieder des Gemeinderats. Aus dem Register über die Häuser der Stadt (Sektion M M) geht hervor, daß Gottfried Augst eine «Amelung und Putermühle und fabrique», eine «Mahlmühle — Mehl — Getreidemühle», ferner eine «Sägmühle mit einem Gang, eine röthmühle mit einem Gang» und eine «roth dörre» betrieb. Am 24. Ventôse an X faßte der Gemeinderat den Beschluß, die damals abgebrannte Rötmühle mit Hilfe der Stadt wieder aufzurichten, «parce que la perte qu'il a essayé non seulement frappe sa personne d'une manière terrible, mais encore prive par là environ une quarantaine de

fabriken gab es dort außer der molsheimer je eine in Truchtersheim, Fürdenheim und Wasselnheim[61]). Hier hatte sich überall der Anbau stark ausgedehnt, obwohl gerade hier die Regierung dem starken Anwachsen der Anbaufläche sehr mißtrauisch gegenüberstand, hauptsächlich weil sie fürchtete, es ginge zu viel Land für den Getreidebau verloren. Ein Bericht des Subdélégué von Zabern vom 3. August 1777 sprach geradezu von einer verderblichen Sucht, Krapp zu pflanzen, die sich wie eine Epidemie von Tag zu Tag weiter ausdehne[62]). Kleinere Fabriken zu Ingweiler und Niederbronn sind hier nur kurz zu erwähnen.

Die meisten Handelshäuser versandten ihre Ware zur Hälfte etwa nach Frankreich, zur anderen Hälfte nach England, Deutschland und der Schweiz. Dem holländischen Krapp wurde dadurch eine empfindliche Konkurrenz bereitet, da hauptsächlich England die elsässische Röte bevorzugte.

Doch auch die elsässischen Fabriken bezogen die einheimische Röte in großen Mengen. In Bischweiler und in Mülhausen verwandte man sie in großem Umfang, und die Mülhauser Industrie regte sogar den Rötanbau im Oberelsaß an. Im oberrheinischen Departement wird der Krapp 1787 geradezu «la richesse de notre province»[63]) genannt, und selbst nach Norddeutschland soll er aus Colmar ausgeführt worden sein[64]). Ob das richtig ist, konnte ich aus dem vorhandenen Material nicht feststellen. Rötkulturen werden nur in Algolsheim und Bliesheim[65]) erwähnt, die aber jedenfalls nicht bedeutend waren und der bedeutenden Kultur im Unterelsaß nicht im entferntesten gleichkommen konnten.

30 Jahre lang war der Färberröte im Unterelsaß eine hohe Blütezeit beschieden. Doch die Revolution brachte eine einschneidende Änderung. Seit 1792 ging die Anbaufläche, die bis dahin mindestens 1000 ha betragen hatte, stark zurück. 1796-99[66]) waren es etwa rund 300 ha; dann hob sich die Zahl allerdings wieder. Das Papiergeld, das Verbot der Ausfuhr und die Kontinentalsperre waren an diesem Rückgang hauptsächlich schuld. England hörte auf, Krapp aus Frankreich zu beziehen, Deutschland, das rund $^1/_3$ des Ertrages jährlich für sich in Anspruch genommen hatte, bezog jetzt aus

familles de la subsistance dont ils (elles) étaient assurées chez lui au moyen de son industrie qui était en activité». [61]) Voyage de Paris à Strasbourg, Seite 30, 31, 54; Journal von und für Deutschland, I, Seite 332, 335. [62]) Bezirks-Archiv Straßburg, C 391/8. [63]) Hoffmann, L'Alsace au XVIIIe siècle, I, Seite 289. [64]) Billing, Seite VII. [65]) Hoffmann a. a. O., Seite 291. [66]) Annuaire historique. . . pour l'an XIII, Seite 144.

Österreich-Ungarn, wo zu dieser Zeit ebenfalls Krappfabriken entstanden waren. Ebensowenig bezog die Schweiz mehr elsässischen Krapp, da seit der Erhöhung des französischen Einfuhrzolls auf die Erzeugnisse der Indigofabriken der Schweiz, die Nachfrage nach elsässer Krapp empfindlich nachgelassen hatte.

Die Kriege Napoleons regten den Krappanbau wieder bedeutend an. Napoleon machte große Tuchbestellungen für die Armee im Elsaß, und damit wuchs dort wieder die Nachfrage nach Krapp. Man färbte zwar die Montierungstücher noch nicht rot, brauchte aber den Krapp zur Zusammensetzung mit anderen Färbemitteln, um schwarze oder bläulich-violette Töne zu erzielen. Doch hatte nun das Elsaß seine tatsächliche Monopolstellung auf dem Gebiet des Handels mit der Färberröte verloren, die es früher in Frankreich und in Deutschland innegehabt hatte. Die alte Blüte wurde nie mehr erreicht. Jetzt war der Schwerpunkt des Krappanbaus nach Südfrankreich verlegt, wo mittlerweile bedeutende Fabriken entstanden waren, die nun auch auf die Preise einen bestimmenden Einfluß hatten.

Im Jahre 1800 waren im Unterelsaß 350 ha mit Krapp angepflanzt, 5 Jahre später war die Anbaufläche doch wieder so gewachsen, daß allein von den Hagenauern rund 1800 Morgen (450 ha) Krapp gepflanzt wurden. Man erhielt vom Morgen 12—15 Zentner getrocknete Wurzeln, also in Hagenau allein rund 22-25000 Zentner [67]). In demselben Jahre, 1805, bestanden im Elsaß 11 Krappfabriken mit einem Gesamtkapital von 400000 Franken und mit zusammen 250 Arbeitern [68]). Daneben gab es eine Reihe kleinerer Krappmühlen und Krappdarren. So gab es in Bischweiler in den Jahren 1811 bis 1814 allein 17 Krappöfen mit je einem Arbeiter und 2 Krappmühlen mit zusammen 6 Arbeitern. Der Bruttowert der Erzeugnisse betrug hier allein 200000 Franken [69]). Die Zahl der großen Fabriken im Elsaß sank zwar im Jahr 1814 auf 8, doch war der Gesamtwert der Produktion etwas gestiegen.

Die Preise schwankten damals ganz bedeutend. Ganz feines Pulver kostete 68-80 Franken, die schlechteste Sorte 10-12,50 Franken pro Zentner [70]).

Die Kultur der Färberröte blieb nun einige Jahre hindurch ungefähr auf gleicher Stufe stehen. Der Anbau nahm nicht ab, er nahm

---

[67]) Annuaire pour l'an XIII, Seite 145. [68]) Ebenda, Seite 154. [69]) Bourguignon, Bischwiller depuis cent ans, Bischwiller, 1875, Seite 236. [70]) Fesquet, Voyage de Paris à Strasbourg, Seite 24, gibt 70 bis 80 Franken für ganz feine Röte an. Nach einer Aufstellung betrug der Preis: für 1. Qualität: 68 bis 80 Franken; für 2. Qualität: 50 bis 58 Franken; für 3. Qualität: 40 bis 46 Franken; für 4. Qualität: 20 bis 23 Franken; für 5. Qualität: 10 bis 12,50 Franken im Jahre XII

aber auch nicht zu, trotzdem Lezay-Marnesia, der rührige Präfekt des niederrheinischen Departements, sich alle Mühe gab, ihn zu heben. Schwerz, der unter Lezay-Marnesia ja im Elsaß wirkte, betrachtete schon die Kultur als dem Untergang geweiht. Zwar gab es wieder für einige Jahre ein Steigen des Anbaus, als unter Karls X. Regierung die französischen Truppen mit den bekannten roten Hosen ausgerüstet wurden. Bis dahin hatten nur vereinzelte Regimenter rote Uniformen gehabt, meist hatten die Truppenteile blaue Hosen. Jetzt wurden (im Jahre 1828) die Tuche mit Krapp gefärbt, um dem Krappbau wieder aufzuhelfen [71]. Die Nachfrage nach dem roten Farbstoff wuchs und hatte wieder technische Verbesserungen im Gefolge, die besonders der elsässer Röte zugute kamen. In Mülhausen hatten Kœchlin und Weber schon um 1810 angefangen, mit Türkisch Rot, einer leuchtend roten Farbe, Zeuge und Leinwand zu färben und zu drucken. Einige Jahre später entdeckte E. Kopp in Mülhausen die Darstellung des Purpurins und Garancins aus dem elsässer Krapp. Dieser Farbstoff ergab eine dauerhaftere und auch schönere Farbe als sie nach dem alten Verfahren hergestellt werden konnte. Der elsässer Krapp eignete sich vorzüglich zur Herstellung des Purpurins, viel besser als der südfranzösische. Verschiedene Fabriken (Schaaf und Lauth, nachmals Stromeyer-Lauth, in deren Besitz später die Sengenwald'sche Fabrik in Geudertheim überging, Steiner in Rappoltsweiler u. a.) beschäftigten sich hauptsächlich mit der Darstellung des Purpurins auf chemischem Wege, dessen Farbstoff übrigens heute noch als Base für Krapplacke feinster Art verwandt wird, die vornehmlich zu ganz feinen Gemäldefarben gebraucht werden [72].

Natürlich wurde auch die Fabrikation mannigfach verbessert. An Stelle des noch überall gebräuchlichen Hoffmann'schen Ofens mit eisernen Röhren baute man einen Kachelofen, der etwa 1 Meter hoch und 30-50 cm breit war und sich hufeisenförmig durch die ganze

(Straßburger Stadt-Archiv, A A 3640). [71]) Vielfach findet sich die Ansicht vertreten, in Hagenau seien Kavallerieregimenter stationiert gewesen, um den Ackerbau der dortigen Gegend durch den Pferdedünger zu unterstützen. Das ist nicht richtig. Allerdings beantragte der Magistrat des öfteren aus diesem Grunde die Stationierung neuer Kavallerieregimenter, die Militärbehörde ging jedoch nicht darauf ein. (Nach frdl. Mitteilung des Herrn Prof. Engel in Colmar und des französischen Kriegsministeriums.) Den Anstoß zur Uniformierung der Truppen mit den mit Krapp gefärbten Hosen gab der aus St. Johann bei Zabern stammende Marschall Clark. [72]) 1 Kilogramm dieses Pulvers kostet heute etwa 500 Franken. Man pflanzt die Färberröte heute hauptsächlich noch in

Darre erstreckte. Seine Innenwände bestanden aus einzelnen nebeneinander gesetzten Tonkacheln, kleinen Blumentöpfen ähnlich, die mit der Rückseite mit Leim am Gewölbe des Ofens befestigt waren und mit der Öffnung in den Ofen hineinragten. In diesen Kacheln konnte sich die Hitze lange halten. Über dem Ofen befanden sich die Hurten, auf die die Wurzeln gelegt wurden.

Vom Beginn des 19. Jahrhunderts an bis zum Jahre 1860 etwa wurde hauptsächlich in dem Dreieck zwischen Hagenau, Wasselnheim und Straßburg der Rötbau betrieben. Große Fabriken befanden sich in Wasselnheim (Stromeyer-Lauth), Geudertheim (Sengenwald), Hagenau (Paganetto; Hallez frères; Mademoiselle M. S. Schmidt; Schwend, Nebel u. Co.)[73]), Pfaffenhofen (Moritz), Duntzenheim (Revel u. Co.; Louis Ludwig), auf dem Kupferhammer bei Oberehnheim (Rosa) und so fort. In jedem Dorfe, wo Krapp gepflanzt wurde, waren meist eine oder mehrere Darren den Winter über in Betrieb, die in der Regel noch der Gemeinde gehörten. Hier ließen die Bauern für wenige Sous ihre Röte dörren und verkauften sie dann an eine der Fabriken[74]).

Seit dem Jahre 1840 macht sich ein Rückgang im Anbau bemerkbar. Zwar hatten die Tuchbestellungen der französischen Militärverwaltung in manchen Jahren eine äußerst lebhafte Nachfrage nach Krapp hervorgerufen[75]); doch sank in den folgenden Jahren die Anbaufläche dann um so mehr. Die Berichte der Handelskammer (Protokollbücher, Band XXIV ff.), Berichte des Präfekten an die französische Regierung, zeigen uns das langsame Absterben der Kultur. Schuld daran war neben einer Reihe aufeinanderfolgender schlechter Ernten die starke Konkurrenz der südfranzösischen Händler, und die durch sie hervorgerufene außerordentliche Unstetigkeit der Preisverhältnisse. Die Konkurrenz von Avignon war zu mächtig geworden, auch dort stellte man jetzt das Purpurin und Garancin her; der elsässer Bauer hatte es nicht verstanden, in der Technik des Anbaus vorwärts zu schreiten, der Industrielle war mit den Errungenschaften und technischen Verbesserungen der zwanziger Jahre zufrieden und vergaß, die Fabrikation fortzubilden und zu vervollkommnen. Beide, Bauer wie Fabrikant, glaubten, ihre Stellung könne nicht so leicht von anderen errungen

Holland. [73]) Schwend, Nebel u. Co. beschäftigten 150 Arbeiter. [74]) Chaptal a. a. O., I, Seite 187, schätzt im Jahre 1819 den Wert der damaligen Erzeugung im Elsaß auf 1 200 000 Franken; Loriol, Seite 134, gibt an, im Jahre 1834 seien noch 12—13 000 Zentner Krapp verarbeitet worden, die zu $^4/_5$ im Elsaß selbst verbraucht würden. [75]) Handelskammer in Straßburg, Protokollbuch

werden — bis sie plötzlich gewahr werden mußten, daß sie von anderen längst überflügelt waren. Nach und nach gaben die Fabrikanten ihre Unternehmungen auf. Die Gebäude und Kapitalien wurden anderen Zwecken dienstbar gemacht, Brauereien wurden gegründet, wie seit 1815 überhaupt der Hopfenbau den Anbau der Färberröte verdrängt hat. Im Jahre 1852 wurden im Unterelsaß noch 750 ha mit Krapp gepflanzt, die Ernte des Jahres 1856 wird auf rund 8—10 000 Doppelzentner geschätzt, zu deren Verarbeitung um 1860 in Pfaffenhofen allein noch 14 Rötdarren mit 25 Öfen bestanden [76]). Doch waren das kleine Unternehmungen. Denn seit dem Jahre 1851 gab es nur noch drei große Fabriken, Hallez in Hagenau, Stoßkopf in Pfaffenhofen, Schweighäuser in Wasselnheim und außerdem in zusammen 15 Gemeinden 31 Krappdarren im ganzen Departement.

Daneben gab es in Straßburg einige Handelshäuser, die sich mit dem Krapphandel befaßten (Sengenwald, Strohmeyer, Schaaf und Lauth). Ihre Namen stehen unter den großen straßburger Handelsfirmen des 19. Jahrhunderts mit an erster Stelle und legen heute noch Zeugnis ab von dem Reichtum, den die Kultur der Färberröte ins Land gebracht hatte. Doch mußten sie sich entschließen, neben elsässer Krapp auch auswärtigen zu verkaufen; der elsässische war nicht richtig verarbeitet. Als dann vollends Graebe und Liebermann entdeckten, daß der wichtigste Krappfarbstoff, das Alizarin, ein Derivat des im Steinkohlentheer vorkommenden Anthracens sei, und in kurzer Zeit verschiedene Methoden der Überführung des Anthracens in Alizarin bekannt waren, entstanden eine ganze Reihe von Fabriken im In- und Ausland, die bei dem damals noch wenig entwickelten Patentrechte die Erfindung aufgegriffen hatten und auf künstlichem Wege das Alizarin herstellten, das zum vierten Teil des Krapp-Preises zu kaufen war.

Dem elsässer Krapp konnte die künstliche Herstellung des Alizarins nicht mehr schaden. Auch die politischen Ereignisse des Jahres 1870 blieben ohne Wirkung. Wohl waren noch von der französischen Militärverwaltung kurz zuvor in Bischweiler Tuche bestellt worden, die mit Färberröte gefärbt waren. Auf den Anbau der elsässischen Röte hatten diese Bestellungen aber keinen Einfluß mehr gehabt, sie war schon fast verschwunden.

Wenige Hektar wurden damals noch im Lande mit Krapp angebaut, der von den straßburger Häusern nach Avignon verschickt

---

Band XXII, Bericht an den Präfekten vom 6. Oktober 1835. [76]) Straßburger Handelskammer, Protokollbuch, Band XXXI (26. August 1856); Bacquol-Ristel-

wurde. (Der südfranzösische Krapp mußte mit holländischer oder elsässer Röte in geeigneter Weise gemischt werden, um brauchbare Farben zu geben.) Die Rötdarren im Lande zerfielen oder wurden abgerissen, nur in Schillersdorf (wo man nach 1870 nochmals Versuche mit dem Anbau machte) und in Pfaffenhofen sind noch heute leidlich erhaltene Überreste der Darren zu finden. In Geudertheim, Krautweiler, Ittenheim wurden die Darren vor 20—30 Jahren entfernt. Nur Wenige erinnern sich heute noch der Krappkultur, wie man auch nur noch selten ein Gewann «die Röt» oder ein «Rötgässel» (Ingweiler) findet.

Doch hat der Krapp auch heute noch fühlbare Spuren hinterlassen. Er erzog vor allem den Bauer zu schwerer Arbeit, die heute noch im Volksmund sprichwörtlich ist, und bereitete öde und unfruchtbare Strecken durch den Zwang zur Intensivkultur aufs beste für andere Handelsgewächse und für Körnerfrüchte vor. «Ganze Strecken unfruchtbaren und öde liegenden Sandes in den Gegenden von Hagenau und Bischweiler, sagt Schwerz [77]), mehr als tausend Hektar solcher vormals unnützen Lande wurden aufgebrochen, zu dem Dienst des Menschen eingeweiht und zum Getreidebau vorbereitet. Zu dieser Vorbereitung gehörte aber notwendig eine Pflanze, die reich genug war, um alle, auf eine schnelle Urbarmachung verwendete Kosten auch schnell zurückzuzahlen und diese Pflanze war der Krapp».

Die Gewürzpflanzen.

Der Senf.

Der Senf wird, ähnlich wie die Spargeln oder das Kraut, im Unterelsaß nur inselartig angebaut und zwar nur in den fünf Gemeinden: Schiltigheim, Bischheim, Hönheim, Suffelweyersheim und Reichstett im Kreise Straßburg-Land. Wie das feldmäßig angebaute Kraut verdankt auch diese Pflanze ihre Kultur der Bodenbeschaffenheit der Gemarkungen, in denen sie gepflanzt wird. Ein Spaziergang in die Gegend von Hönheim und Suffelweyersheim läßt uns ihren Anbau leicht erklärlich erscheinen. Ein schwarzer Lehmboden bildet die Oberfläche der Gemarkungen bis auf 1 Meter Tiefe, und darunter liegt ein hellerer, gelber Lehmboden, der von einer großen Anzahl

huber, unter «Pfaffenhofen». [77]) Seite 434.

von Ziegeleien ausgenützt wird. Gerade dieser Lehm eignet sich vorzüglich zur Senfkultur. Er ist schwer und hitzig.

Auch der Anbau und die Verarbeitung des Senfes ist sehr alt in unserem Lande. In einem Statut aus der Zeit zwischen 1180 und 1190, welches die Speisen enthält, die der Dompropst zu Basel den Domherren an Weihnachten und Ostern vorzusetzen hatte, fehlt der Senf nicht [1]), und wir dürfen daraus schließen, daß der Senf in der ganzen Ebene des Oberrheins damals angebaut wurde, besonders wenn wir hören, daß man im 14. Jahrhundert, ebenfalls in Basel, den Senf zum Versetzen des Weines neben Kalk, Eiern usw. gebrauchte, obwohl «geartznete» Weine damals streng verboten waren [2]). Wenn damals der Senf in Basel so bekannt war, so war er es sicher auch in Straßburg. Hier wird der Senf zuerst anfangs des 15. Jahrhunderts als eine anscheinend sehr bekannte Ware erwähnt und 1483 heißt es [3]): «... ein fiertel senfs, das man zu merkt fürt, git 4 ₰...» Im 16. Jahrhundert erwähnt ihn der hagenauer Arzt Rößlin, und Hieronymus Bock schreibt 1557: «Diese Kunst haben alle Bauren gelehrt / sie essen kein wurst / es sey dann Senff darbey / vielleicht darumb das sie witzig werden.» In Colers Hausbuch aus dem Jahre 1664 wird die Herstellung des Senfes folgendermaßen beschrieben: «Wenn du wilt einen guten senff haben, so nim denselben, unnd wässer ihn reine, und schütte jn in einen reibetopff, und nim darzu gebrüete mandeln und reib jn wohl durcheinander ganz klein... Diesen Senff magstu gebrauchen / zum gebraten oder zu kalten Ochsenfüßen, oder zu wilden Schweinen heuptern [4]).»

Hohberg berichtet anfangs des 18. Jahrhunderts, daß in Österreich der Senf «in kleine, eine halbe oder ganze Maß haltende Fäßlein eingemacht und also weit verführet und von Kaufleuten aufgekauft wird, die um Wein zu kaufen dorthin kommen».

Cranz erzählt [5]) von seiner Reise durch das Elsaß im Jahre 1801, daß nördlich von Straßburg sehr viel Senf gebaut wird, der dann nach Dijon, Besançon verführt, dort zubereitet und von da in die halbe Welt verkauft wird. Der Senfbau sei sehr einträglich, da er unter der Witterung nicht leide und noch weit mehr Körner gebe als Rübsamen. Das Ölschlagen aus Senf werde nicht versucht, weil der Preis zu hoch sei. Denn der Sack Rübsamen gelte 12, der Senf aber 20 fl. Man habe auch schon versucht, ihn wie in Dijon zuzu-

[1]) «Basel im 14. Jahrhundert», Seite 15. [2]) Ebenda, Seite 43. Übrigens kennt das Capitulare de villis den Senf (sinape) auch schon (34,44). Vergl. jedoch die diesbezüglichen Bemerkungen auf Seite 8. [3]) Vergl. Eheberg, I, Seiten 326, 310, 401. [4]) Coler, Hausbuch, I, 1664, Seite 167. [5]) Cranz, Bemer-

richten, habe es aber nicht verstanden. Auch in Bischweiler wurde damals Senf gepflanzt [6]).

Im 19. Jahrhundert finden wir vielfache Quellen für den Senfanbau. Schlipf berichtet auch von der Ölgewinnung aus dem Senfkorn, das als Brenn- und Speiseöl verwendet werde [7]). Mir scheint diese Angabe für das Elsaß nicht zuzutreffen. Abgesehen von dem schon erwähnten hohen Preise hatte man sicher einen größeren Vorteil von der Zubereitung des Senfes als Speise, als von der des Öles aus dem Senfkorn, da nach elsässischem Senf bei seiner Beliebtheit in Frankreich ja stets Nachfrage herrschte, und eine Reihe von Fabriken in Straßburg sich mit der Verarbeitung befaßten.

Oppermann und Dartein [8]) berichten von außerordentlichen Schwankungen im Preise des Hektoliters Körner: zwischen 30 und 80, selbst 85 Franken. Im Jahre 1855 betrug die im Unterelsaß mit Senf angepflanzte Fläche 250 ha. Der Ertragswert belief sich damals auf 748 Franken pro Hektar.

1856 gab es in Straßburg 5 Senffabriken und Senfhändler, die aber nicht ausschließlich Senf verarbeiteten, sondern hauptsächlich Spezereihändler waren.

Man pflanzt heute im Elsaß nur den sogenannten roten (braunen) Senf, der gelb blüht (die Körner zeigen zur Zeit der Reife eine schöne rote Farbe). Im März, sobald es die Witterung erlaubt, wird gesät. Etwa am 10. Juli beginnt der Senf zu reifen, ungefähr gleichzeitig mit dem Roggen. Die Senfstaude hat einen aufrechtstehenden Stengel, an dessen Verzweigung Schiffchen sitzen, die die Senfkörner enthalten. Man läßt die Körner nicht zu sehr reifen, denn die Reife tritt plötzlich ein, oft über Nacht, so daß die Landwirte oft mitten in der Nacht zur Ernte hinausgehen, wenn die Körner anfangen auszufallen. Die Staude wird geschnitten, zusammengebunden; die Bündel bleiben 14 Tage bis 3 Wochen auf dem Felde stehen. Dann werden sie heimgeholt und gedroschen. Unterdessen gehen schon die Makler durchs Dorf, um die Körner zur Fabrikation aufzukaufen. In der Regel geben die Bauern ihre ganze Ernte zu einem bestimmten Kurspreise her, der sich nach Angebot, Nachfrage und Güte der Ware bestimmt.

Fast jeder Landwirt in den 5 Gemeinden baut Senf. Natürlich richtet sich die Größe der von dem einzelnen bebauten Fläche nach

kungen, I, Seite 54. [6]) Cranz, a. a. O., Seite 56. Auffallend ist, daß in Reichstett, wo heute am meisten Senf gebaut wird, im Jahre 1788 in Bittschriften, die ganz ausführlich auf den dortigen Anbau eingehen, der Senfbau nicht erwähnt wird (Bezirks-Archiv Straßburg, C 665). [7]) 1. Auflage, Seite 159. [8]) Mi-

den Besitzverhältnissen. Das Höchstmaß des von einem Landwirt mit Senf bebauten Landes beträgt 1½ ha, durchschnittlich sind es nur 2 Äcker (der Acker = 18 Ar in Suffelweyersheim, 20 Ar in Reichstett).

Die Gesamtfläche des Senfanbaus in den 5 Gemeinden betrug 1912[9]):

In Schiltigheim	15,00 ha
» Bischheim	20,00 »
» Hönheim	23,00 »
» Suffelweyersheim	60,50 »
» Reichstett	66,00 »
Zusammen . . .	184,50 ha

Diese Zahlen sind in den letzten Jahren ungefähr gleich geblieben, während sich seit 1870 eine Steigerung bemerkbar machte. 1913 sind sie etwas gesunken. So hat die Senfanbaufläche in Reichstett betragen:

Im Jahre:	1870: 45 ha	1901: 55 ha	1908: 54,5 ha
	1875: 47 »	1902: 53 »	1909: 54,5 »
	1880: 49 »	1903: 52 »	1910: 56 »
	1885: 50,5 »	1904: 52 »	1911: 66 »
	1890: 52 »	1905: 52,5 »	1912: 66 »
	1895: 50 »	1906: 53 »	1913: 66 »
	1900: 59 »	1907: 53 »	1914: 64 »

In Suffelweyersheim:

Im Jahre:	1870: 35 ha	1890: 38 ha
	1875: 30 »	1895: 40 »
	1880: 40 »	1900: 40 »
	1885: 40 »	

seit 1900 durchschnittlich 40 ha.

Die landwirtschaftlich benutzte Fläche wurde für Suffelweyersheim im Jahre 1912 auf 391,00 ha, für Reichstett auf 734,36 ha angegeben. Suffelweyersheim widmete also fast 16 %, Reichtstett rund 11 % seiner Anbaufläche der Senfkultur. Früher wurde auch in anderen Gegenden des Unterelsaß Senf gepflanzt, z. B. noch vor 10—15 Jahren in Truchtersheim. Heute bleibt der Anbau ausschließlich auf die erwähnten 5 Gemeinden beschränkt.

gneret, Description IV, Seite 143. [9]) Nach Mitteilungen des Statistischen

Das zum Senfbau bestimmte Feld wird mit Jauche oder Stallmist gedüngt. Als Vorfrucht wird Klee, als Nachfrucht Rotrüben gepflanzt. Vor 10 Jahren war in Reichstett folgende Fruchtfolge üblich:

Klee Senf Weizen Rotrüben oder Kartoffeln	alle 4 Jahre.

Heute hält man sich streng an die nachstehende Fruchtfolge:

Klee Senf Rotrüben	alle 3 Jahre.

In Suffelweyersheim pflanzt man:

Klee		Klee
Senf		Senf
Rotrüben	oder	Weizen
Weizen		Rotrüben
Kartoffeln		Gerste

Bei guter Durchschnittsernte erzielt man vom Hektar 1600 kg = 20 Viertel Körner (der Handel geschieht ausschließlich nach Viertel = 80 kg). Die Körner werden durch Vermittlung von Maklern (courtiers) an die Fabrikanten verkauft. Außerdem beziehen auch straßburger Drogisten die Körner, teils zur eigenen Herstellung des Senfes in kleineren Mengen, teils zum Großverkauf nach Frankreich (Dijon). Seit einigen Jahren wird auch nach der Schweiz exportiert, wo von Straßburg aus 4 Fabriken eingerichtet wurden. Nach Altdeutschland wird bei den dortigen niedrigen Preisen wenig Rohmaterial versandt. Mit diesem Handel beschäftigen sich 2 Firmen in Straßburg, die auch als Makler an die einheimischen Fabriken die Körner zu einem Durchschnittspreis für das ganze Jahr liefern. Solcher Fabriken gibt es heute 3 in Straßburg [10]), je 1 in Lingolsheim und Mittelschäffolsheim. Im Oberelsaß bestehen verschiedene Fabriken in Colmar, Dornach, Mülhausen; in Lothringen 2 in Metz.

Die Fabriken haben keinen Saisonbetrieb, wie z. B. die Sauerkraut-, Konserven- und Zuckerfabriken. Sie können ihren Rohstoff, die Körner, das ganze Jahr hindurch gleichmäßig beziehen und arbeiten so je nach Bedarf 3—4 Tage in der Woche mit je 1—2 (eine Fabrik mit 3) ständigen Arbeitern.

Landesamtes und der betreffenden Bürgermeisterämter. [10]) Die diesbezüg-

Das elsässische Senfkorn gibt die beste Ware; wenn nach der Ernte schönes, warmes Wetter herrscht, so wird das Korn ganz rot und gibt dann eine vorzügliche Farbe bei der Verarbeitung. Bei Regenwetter nimmt es eine graumelierte Färbung an, die auch keine so schöne Farbe ergibt. Vor allem hat das elsässische Korn aber einen hohen Mehlgehalt. Für die weniger feinen Qualitäten beziehen die Fabriken Senfsaat aus Holland, Italien, Rumänien und Rußland, auch aus Indien, und nicht nur braune, sondern auch gelbe Saat, zur Gewinnung eines helleren und nicht zu scharfen Tafelsenfes. Der indische und rumänische Senf ist sehr ausgiebig, im Geschmack aber bitter. Das Verfahren bei der Herstellung der geringeren Qualitäten ist auch verschieden von dem des elsässer Senfkornes, aus dem die sogenannte «Façon Dijon» hergestellt wird, die dunkler und feiner ist als die übrigen.

Zur Fabrikation werden die Körner in einen hölzernen Trichter geschüttet. Von dort fallen sie langsam auf einen zu dem Mahlgang führenden Verbindungssteg hinunter und werden dabei mit einem Saft vermischt, der aus einer Seitenöffnung langsam dazu läuft. Dieser Saft, «Verjus» genannt, besteht in der Hauptsache aus Essig mit verschiedenen Zutaten, deren Zusammensetzung das Geheimnis der Fabriken bildet. Im Mahlgang werden die Körner, ähnlich wie die Rapskörner in den Ölmühlen, auf zwei vertikalen Steinen zu einem dicken Brei gemahlen, der aus einer Öffnung in einen darunter stehenden Eimer läuft. Dieser Brei wird auf ein Haarsieb geschüttet; über dieses Haarsieb laufen zwei Walzen horizontal im Kreise herum und drücken das Mark der Körner durch die Maschen des Siebes; die Hülsen bleiben zurück. Sie werden als Viehfutter verwandt, oder werden unter die zweite, billigere Sorte gemischt.

Das durch das Haarsieb gepreßte Mark der Körner ist fertiger Senf, der in Fässern aufbewahrt und je nach Bedarf verkauft wird.

Zur zweiten Qualität Senf benutzt man die ausländischen Körner und mahlt sie unter Hinzufügung der ausgepreßten Hülsen der ersten Sorte zu einem dickflüssigen Brei ohne Verwendung eines Haarsiebes. Diese Sorte wird in der Regel leicht gefärbt. Die erste Sorte bleibt ungefärbt. Andere Sorten Senf erhält man durch Beigabe von Estragonblättern oder von Kapern und Anchovis (Qualität Bordeaux) [11].

---

lichen Angaben im Straßburger Adreßbuch für 1914 sind ungenau. [11]) Einen Bericht über die Straßburger Fabrik Birckel frères enthält die Revue universelle,

In den letzten 10 Jahren wurde durchschnittlich ein Viertel Körner (80 kg) mit 36 Mk. bezahlt. Im Jahresdurchschnitt betrug der Ankaufspreis für das Viertel:

1902:	30 Mk.	1908:	40 Mk.
1903:	26 »	1909:	40 »
1904:	36 »	1910:	44 »
1905:	40 »	1911:	40 »
1906:	44 »	1912:	36 »
1907:	42 »	1913:	40 »

Die Fabrik verkauft die Fabrikate mit einem Nutzen von 1 bis 3 Mk pro Kilogramm. Früher wurde der fertige Senf viel nach Frankreich verkauft. In der letzten Zeit nimmt jedoch die Ausfuhr dorthin ab, was einmal darauf zurückzuführen ist, daß in Frankreich eine Reihe von Fabriken neu gegründet sind, ferner die bestehenden Fabriken, in Dijon und Bordeaux z. B., sich vergrößert haben, und außerdem darauf, daß in Frankreich die Mehlbeimischung erlaubt ist («moutarde mixte»), was natürlich die Preise drückt.

Heute wird, außer nach dem Elsaß selbst, viel Senf nach Lothringen verkauft. Die Konsumbetriebe der Hüttenwerke sind ständige Großabnehmer. Da der Tafelsenf sich nur 3—4 Monate gut hält, übersteigt die den Abnehmern auf einmal gelieferte Menge selten 200 kg. Die Abnehmer geben daher öfters Bestellungen in kleinerem Umfange auf, wodurch der durch das ganze Jahr sich hindurchziehende Fabrikbetrieb ermöglicht wird, der sich im Vergleich zu den Saisonbetrieben in den Konserven- usw. Fabriken viel billiger stellt. Leider ist der Geschäftsgang der Senffabriken gedrückt. Die Rohpreise, vor allem die Essigpreise, sind stark in die Höhe gegangen und machen sich unangenehm fühlbar, trotzdem die meisten Senffabriken auch Essig selbst fabrizieren. Auch die Senf-Verkaufspreise werden durch die Konkurrenz der Fabriken in Baden und in der Rheinprovinz gedrückt [12]).

Für den Landwirt bringt der Senfbau pro Hektar einen Bruttogewinn von etwa 720 Mk., da der Ertrag pro Hektar 1600 kg beträgt und 100 kg rund 45 Mk. (80 kg = 36 Mk.) kosten. Die Pflanzung und Bearbeitung ist nicht sehr schwierig. Sie wird bei dem Zwerganbau in den 5 Gemeinden fast ausschließlich von der Familie des Pflanzers selbst besorgt. Die Kosten für die Pflanzung, Bearbeitung des Bodens, Dünger, Ernte, Transport sind verschieden,

---

Genf, Band 14, Nr. 649, Seite 413 ff.

[12]) Vergl. z. B. Bericht der Handels-

je nach der Größe der Anbaufläche des Besitzers. Durchschnittlich werden die Kosten sich folgendermaßen stellen [13]):

Für Dünger:	300	Mk. pro Hektar
» Bearbeitung des Bodens:	150	» » »
» Ernte:	100	» » »
» Transport:	20	» » »

Diese Kosten werden natürlich erheblich kleiner, wenn ein Pflanzer nur eine geringe Fläche pflanzt und mit seiner Familie selbst den Boden bearbeitet und erntet. In einem solchen Fall reduziert sich auch der Kostenanteil für Dünger auf ein Minimum.

Von den übrigen Gewürzpflanzen ist die Zichorie unter den Rübengewächsen behandelt, Tabak und Hopfen werden im zweiten Teil des vorliegenden Werkes dargestellt werden. Koriander und andere Arzneipflanzen sind im Unterelsaß nur wenig und kaum feldmäßig angebaut worden. Knoblauch und Dillkraut, wie auch die im Mittelalter zum Reinigen gebräuchliche «Seyffenwurtz» und die als Arzneipflanze vielbenutzte Kalmuswurzel gehören nicht zu den Handelsgewächsen [14]).

Die Rübenpflanzen.

Die Zuckerrübe.

Die Zuckerrübe ist dasjenige Handelsgewächs im Lande, das in den letzten Jahren in stets wachsendem Umfange an den verschiedensten Orten des Unterelsaß heimisch geworden ist und zum Teil die Kultur der Färber-, Gespinst- und Ölpflanzen ersetzt hat. Dieses Wachstum seiner Anbaufläche ist allein der Gründung der elsässischen Zuckerfabrik in Erstein im Jahre 1893 zuzuschreiben; denn die günstige Lage der Fabrik ermöglicht einen bequemen Absatz ohne allzu hohe Transportkosten. Heute bildet die Zuckerrübe neben Hopfen, Tabak und den Gemüsepflanzen, die zu Konserven verarbeitet werden, ein deutliches Zeichen der engen Beziehungen zwischen Landwirtschaft und Industrie in unserem Lande.

Die Zuckerrübe ist aber nicht erst seit der Gründung der ersteiner Zuckerfabrik zu uns gekommen. Im Jahre 1893 hatte ihre

kammer in Straßburg, 1910, Seite 87. [13]) Nach Angaben aus Suffelweyersheim und Reichstett. [14]) Auch das Zirbelholz gehört nicht hierher.

Kultur bereits eine ereignisreiche Geschichte im Unterelsaß gehabt, wenn auch die Anbaufläche im Jahre 1893 in Elsaß-Lothringen nur noch 29,80 ha betrug. Seit diesem Jahre ist die Anbaufläche beständig gestiegen, allerdings sind in der statistischen Tabelle in den einzelnen Jahren die Konjunkturkurven deutlich zu sehen. Im Jahre 1912 waren im Unterelsaß 1140 ha, in Elsaß-Lothringen 1271 ha mit Zuckerrüben bepflanzt.

Der Zucker, der von jeher ein beliebtes Nahrungsmittel der Elsässer gewesen ist, ist bei uns bekannt seit dem Beginn des 15. Jahrhunderts. Im Jahre 1413 kaufte [1]) das Kloster St. Johann in Schlettstadt «Arzenige und Zucker». Und auch sonst tritt der Zucker als Arzenei und teuerer Luxusgegenstand an Stelle des damals allgemein gebräuchlichen Honigs als Süßstoff uns entgegen.

Als zollpflichtige Handelsware ist er in Straßburg zum ersten Male um 1450 zu finden, wo bereits im Tarif eine Unterscheidung gemacht wird zwischen «Zuckerkant, Zuckerhüten und Zuckermel» [2]).

Hieronymus Bock kennt in seiner «Teutschen Speiskammer», um 1550 erschienen, vier Sorten Zucker:

«Die 1. Sorte: Ganz rein. Zucker candi (= candidum).

Die 2. Sorte: Gefeinter Zucker (Hutzucker).

Die 3. Sorte: Canarizucker (von der Insel Canari).

Die 4. Sorte: Gemeiner Zucker».

Doch war auch bis dahin der Zucker noch in der Hauptsache Arzenei geblieben. Noch 1538 kaufen die Klosterfrauen zu St. Katharinen zu Straßburg 15 Gramm Zucker für ihre Kranken in der Apotheke. Ein Volksnahrungsmittel war er noch nicht geworden, man betrachtete ihn sogar vielfach als Krankheitsträger und behauptete sogar noch im 17. Jahrhundert, er bringe die Schwindsucht.

Doch bald fing er an, ein Volksnahrungsmittel zu werden und an die Stelle des Honigs zu treten, mit der zunehmenden Bedeutung und Vergrößerung der Handelsbeziehungen mit dem Orient und den Kolonien im 16. und 17. Jahrhundert.

Bis dahin war Ägypten das Hauptausfuhrland von Zucker für Europa gewesen [3]). Aber mit der türkischen Eroberung Ägyptens, 1517, hörte die Zuckereinfuhr dorther auf, und Europa mußte sich seinen Zucker aus den amerikanischen Kolonien verschaffen. In Westindien war 1515 das erste Zuckerrohr gepflanzt worden, und sein

[1]) Hanauer, Etudes économiques, I, Seite 259. [2]) Eheberg, I, Seite 271,

Anbau dehnte sich dort sehr schnell aus. In Antwerpen, Hamburg, seit der Navigationsakte auch in London, 1573 in Augsburg, entstanden Raffinerien, in denen der Rohzucker aus Amerika verarbeitet, und der Kristallzucker hergestellt wurde. Mit dem Aufkommen des Kaffees, Tees und Kakaos steigerte sich das Bedürfnis nach Zucker als Nahrungsmittel sehr stark; und daß man auch bald den Zucker zu anderen Dingen brauchte, zeigt ein Eintrag ins Buch des Kloster Pairis aus dem Jahre 1713, wo es 12 Pfund Königszucker kauft «pour clarifier le vin», um den Wein zu schönen [4]). Man bezog den Zucker als Rohzucker hauptsächlich aus Westindien das ganze 18. Jahrhundert hindurch. In Frankreich wie in England stand die Zuckerindustrie in hoher Blüte. Hier war es Cromwell, dort Colbert, deren Handelspolitik den Aufschwung der Raffinerien stark förderten. Denn in ihnen wurde der braune kristallisierte Zuckersaft, der Rohzucker (Moscouade), der sich härtet und gereinigt, geläutert werden muß, gebrauchsfertig gemacht (Raffinade).

Bei dem starken Anwachsen des Konsums war man bestrebt, möglichst die Fabrikation des Kristallzuckers im Inlande vorzunehmen. Schon Ende des 17. Jahrhunderts war die Zuckereinfuhr in Frankreich so bedeutend, daß der ungeläuterte (Roh-) Zucker durch eine Deklaration vom 18. April 1667 und durch Arrests des Staatsrates vom 15. Januar 1671 und 25. April 1690 mit einem Zoll von 7 Livres 10 Sous für den Zentner belegt werden konnte. Zucker etwas geringerer Sorte, Thomas-Zucker, zahlte 6 Livres. Im Jahre 1757 und 1758 belegten Verordnungen auch den durch französische Kaperschiffe erbeuteten Zucker mit einem Zoll von 7 Livres und 10 Sous (während des Krieges mit Portugal).

Um die Raffinade des Zuckers und die Einfuhr von ungeläutertem Rohzucker (Moscouade) zu erleichtern, wurde der Eingangszoll am 25. August 1759 auf 5 Livres, der Eingangszoll auf erbeuteten Rohzucker auf 3 Livres 15 Sous herabgesetzt.

Neben diesen Zollbestimmungen gab es eine ganze Reihe auch lokaler Verordnungen [5]), die den Eingangszoll auf Rohzucker auf 50 Sous ermäßigten. Zum Schutze der einheimischen Raffinerien war der Zentner raffinierter Zucker, Zuckermehl und Puderzucker bei der Einfuhr mit 22 Livres 10 Sous zu verzollen.

Im Elsaß bezog man damals wenig Zucker aus Frankreich, da zollpolitisch das Elsaß ja für Frankreich Ausland war. Im Jahre 1784

280, 290 usw. [3]) Lentsch, Seite 29; Lippmann, Seite 277. [4]) Hanauer, Etudes économiques, II, Seite 259; Hertzog, Landwirtschaftlich-historische Blätter 6, Seite 3. [5]) So die Lettres patentes von 1717, Arrest vom 4. Juli 1762 usw.

wurden in Straßburg 9938 Zentner Zucker eingeführt, im folgenden Jahre 9106 $^5/_8$ Zentner, von denen 2000 Zentner aus England, der übrige Zucker aus holländischen Fabriken stammte. Etwa zwei Drittel davon wurden in der Stadt Straßburg selbst, ein Drittel außerhalb der Stadt im kleinen verkauft und verbraucht [6]).

Inzwischen hatte bereits der Entdecker des Rübenzuckers, der deutsche Chemiker Andreas Sigismund Marggraf im Safte der schlesischen Runkelrübe das Vorhandensein von Zucker nachgewiesen und in einer am 3. März 1747 der Berliner Akademie der Wissenschaften vorgelegten Abhandlung bereits auf die Möglichkeit hingedeutet, der fabrikmäßigen Darstellung dieses Zuckers näherzutreten [7]). Aber ein paar Versuche, den Zucker hiernach aus Rüben zu gewinnen, hatten ein sehr wenig erfreuliches Ergebnis und kamen auch zu teuer. Noch hatte man ja das Zuckerrohr, dessen Zucker verhältnismäßig billig war, während der Rübenzucker beträchtlich teuerer gekommen wäre. Man dachte also nicht daran, fabrikmäßig den Zucker aus Runkelrüben herzustellen, und kam allmählich von dieser Entdeckung wieder ab, für die erst eine spätere Zeit den Boden zu weiteren Versuchen abgeben mußte.

Ein vollständiger und tiefeingreifender Umschwung trat erst ein mit den Kriegen Napoleons, genauer mit dem Erlaß der Kontinentalsperre. War schon in der französischen Revolution ein großer Teil der Industrie lahmgelegt und vernichtet worden, so war doch nach Arthur Joung «der einzige Teil der Industrie des Königreiches, der weiter blüht, der Handel mit den Zuckerkolonien». Aber dieser Handel mußte natürlich mit dem Augenblicke aufhören, wo die Kriege Napoleons den Überseehandel vernichtet, die Seehäfen verödet hatten, das heißt von dem Augenblicke an, wo Englands große Flotte die französische Küste bewachte, wo Frankreich seine Flotte und damit auch seine Kolonien verloren hatte.

Nun gingen die Preise natürlich stark in die Höhe, ja sie wurden unerschwinglich. Die Konsumartikel wie Kaffee und Zucker mußten von Holland den Rhein hinauf bis nach Straßburg eingeführt werden, und wenn die holländischen Häfen gesperrt waren, konnte man sie nur durch die Türkei über die Donaustraße einführen, und auf demselben Wege mußte sich auch Deutschland seine Kolonialwaren verschaffen. War Frankreich so von der Zufuhr abgeschnitten, so mußte es sich auf andere Weise seine Konsumartikel verschaffen und die unerschwinglich teueren Kolonialwaren wenigstens für einige

[6]) Stadt-Archiv Straßburg, A A 2202, 2203. Über die Einfuhr französischen Zuckers in Frankreich im Jahre 1788 siehe Chaptal, II, Seite 179. [7]) von Kaufmann,

Zeit durch einheimische Erzeugnisse ersetzen. Ja, Napoleon glaubte fest an die Möglichkeit, nicht nur vorübergehend diese einheimischen Gewächse zur Aushilfe für die ausländischen zu kultivieren [8]), er dachte auch fest daran, Frankreichs und Europas Bevölkerung an diese europäischen Ersatzmittel zu gewöhnen [9]) und so für die Dauer unabhängig von den Kolonialerzeugnissen, unabhängig von der verhaßten englischen Vorherrschaft zur See zu machen. Damit drehte er seinerseits den Spieß um, den England gegen ihn geschleudert hatte. Zur Lahmlegung, ja zur völligen Vernichtung des englischen Handels erließ er die Kontinentalsperre.

Die Kontinentalsperre, die am 5. August 1810 von Napoleon dekretiert wurde, erklärte sämtliche britische Inseln und Kolonien für blockiert. Vorher hatte Napoleon schon am 21. November 1806 und im Mailänder Dekret vom 17. Dezember 1807 allen Staaten den Handel mit England bei Strafe der Konfiskation von Schiff und Ware verboten und er befahl ferner im Dekret von Fontainebleau am 18. Oktober 1810 die Vernichtung sämtlicher von England eingeführten Waren in den von ihm okkupierten Staaten. Diese Vernichtung wurde auch tatsächlich aufs strengste durchgeführt. So wurde in Berlin zum Beispiel Kaffee, Baumwolle, Zucker im Jahre 1811 öffentlich auf Scheiterhaufen verbrannt.

Andererseits suchte Napoleon die Kultur der einheimischen Pflanzen mit allen Mitteln zu fördern. Statt der Baumwolle suchte man den Flachsanbau zu heben, statt Indigo baute man Waid und Krapp in verstärktem Maße, den Bohnenkaffee suchte man durch Fruchtkaffee und Zichorien zu ersetzen, der Tabakbau wurde gefördert und 1810 in staatliche Verwaltung übernommen, und der Zucker aus überseeischem Zuckerrohr mußte durch einheimische Säfte ersetzt werden.

Schon drei Jahre vor dem Erlaß der Kontinentalsperre war die Einfuhr von raffiniertem, gebrauchsfertigem Zucker überhaupt verboten. Im sogenannten Vertrage von Trianon vom 5. Oktober 1810 wurde auch der gewöhnliche ungeklärte Rohzucker mit 330 Franken für 100 kg besteuert. So kam es, daß im Jahre 1811 100 Kilo raffinierten Zuckers auf 750 Franken standen, während sie noch im Jahre 1805 zwischen 82,50 und 125 Franken gekostet hatten [10]). Der Handelsverkehr auf dem Rhein litt damals ganz bedeutend. Wie einschneidend die Kontinentalsperre wirkte, läßt sich durch folgende

---

Seite 8; Lentsch, Seite 39. [8]) Lentsch, Seite 39. [9]) Siehe Actes de la Préfecture, XIII, Seite 778. [10]) Kaufmann, Seite 8; Schulze, «Die deutsche Zuckerfrage» gibt auf Seite 41 an: «Im Jahre 1811 kostete 1 Zentner Zucker

Zahlen am besten zeigen: Straßburg erhielt von Mainz (Bergfahrt):

Im Jahre 1807:	15 330	Zentner	Rohzucker
	19 831	»	Raffinadezucker
» » 1808:	5 632	»	Rohzucker
	4 950	»	Raffinadezucker
» » 1809:	—	»	Rohzucker
	362	»	Raffinadezucker [11].

Da der Zucker aber ein Nahrungsmittel geworden war, mußte man ihn auf alle möglichen Arten herzustellen versuchen. Minister und Gelehrte, Präfekten und landwirtschaftliche Gesellschaften sollten auf Verwendung von Traubensäften dringen, sollten z. B. darauf sehen, daß Krankenhäusern und anderen öffentlichen Anstalten Traubensäfte statt Zucker geliefert würden [12], und sollten selbst Versuche zur Herstellung von Trauben-, Birnen- und Äpfelzuckersäften anstellen.

Das geschah auch im Elsaß. So beschäftigte sich die Société d'émulation zu Colmar mit dem Trauben- und dem 1812 in Freiburg entdeckten Stärkezucker [13]. Im Unterelsaß versuchte man die Traubenzucker-Fabrikation schon auf einen Erlaß des als Chemiker bekannten Ministers des Innern, Grafen Chaptal, vom 10. September 1810 [14].

Über den Erfolg dieser durch ausgesetzte Prämien angeregten Versuche äußert sich Bittmann in einem Aufsatz in der «Zukunft» [15] folgendermaßen:

«Die Zungen der Herren waren nicht zu beneiden. Da mutete der Traubensaft des Herrn X. etwas weniger brenzlich an als der des Herrn Y., aber die Mischung mit schwarzem Kaffee hatte in jedem Fall einen sehr unangenehmen Geschmack. Die Mischung der Säfte mit Thee war geradezu unerträglich. Äpfel- und Birnensaft boten ähnliche, aber nicht erquicklichere Nuancen. Aus allem ergab sich, daß an einen Ersatz des Kolonialzuckers durch Obstbrühen (anders darf man wohl diese Erzeugnisse kaum nennen) nicht zu denken war. Milchzusatz verdeckte höchstens die Abscheulichkeit des Geschmackes ein wenig.» Mit diesen Zuckersäften hatte man nichts erreicht. Der Zucker aus der Zuckerrübe allein verdiente die Aufmerksamkeit der Regierung. Und so machte dann allen diesen Versuchen mit einem Schlage eine Verordnung Napoleons

100 Thaler und mehr». [11]) Eichhoff, Darstellung des Rheins, Seite 16/17, und Schirges, Der Rheinstrom, Seite 69. [12]) Dekret vom 9. September 1811. [13]) Bulletin de la Société d'histoire naturelle de Colmar, 1865, Seite 170. [14]) Siehe «Fabrication du sucre de raisin», 1810. [15]) Zukunft vom Januar 1911. [16]) Recueil,

ein Ende. Am 25. März 1811 verbot er für den 1. Januar 1813 die Einfuhr von Zucker im ganzen Reiche [16]). Gleichzeitig verfügte er, daß 32 000 ha im ganzen Reiche der Zuckerrübenkultur gewidmet werden sollten. Für jedes Departement wurde eine genaue Zahl von Hektaren vorgeschrieben, für das niederrheinische 3000 [17]), für das oberrheinische 400 [18]), die ein weiteres Dekret vom 12. Januar 1812 [19]) auf 1000 erhöhte, da nun im ganzen Reiche gleichzeitig 100 000 ha zur Bebauung mit Zuckerrüben bestimmt wurden. Es gehörten zum Unterelsaß damals noch die landauer Gegend, zum Oberelsaß noch die Arrondissements Belfort, das ehemals württembergische, jetzt schweizerische Porrentruy (Pruntrut) und Delémont.

Für das heutige Unter- und Oberelsaß wurde die Anbaufläche auf rund 3700 ha festgesetzt. Weiter schreibt das erste Dekret vor, es sollten von den Präfekturen den Rübenpflanzern genaue Anweisungen zur Kultur gegeben werden [20]).

Aber nicht nur die Kultur der Rübe wurde gefördert; denn mit den rohen Rüben konnte man sich ja den Kaffee noch nicht versüßen. Man mußte auch lernen, den Zucker aus den Rüben zu gewinnen. Zu diesem Zwecke richtete Napoleon im Dekret vom 12. Januar 1812 besondere Spezialschulen und Versuchsanstalten für die Rübenzuckerfabrikation ein, in denen die Bauern in der Herstellung des Zuckers unterrichtet werden sollten; er setzte Prämien aus für die Errichtung von Zuckerfabriken und für die Erzeugnisse dieser jungen Industrie, und befahl die Gründung von 4 kaiserlichen Zuckerfabriken. So war durch die zwingende Not der Kontinentalsperre die alte Erfindung Marggrafs wieder aufgegriffen, und später erst kam die Erfindung wieder nach Deutschland zurück, wo sie von so großem Einfluß auf Landwirtschaft, wie auf Handel und Industrie werden und zu einer Bedeutung gelangen sollte, daß sie jetzt durch die einheimischen Erzeugnisse den halben Weltbedarf zu decken vermag.

Doch sehen wir uns jetzt die Erfolge, die das kaiserliche Dekret im Elsaß hatte, näher an. Im Unterelsaß war seit 1810 Präfekt der Marquis von Lezay-Marnesia, ein Mann, der sich in den kurzen Jahren seiner Verwaltungstätigkeit im Lande (er starb 1814, bei einem Unglücksfall) große Verdienste gerade um die Landwirtschaft erworben hat. Er war es, der die stark heruntergekommenen Straßen wieder in Stand setzen, der schattige Obstbäume an ihnen

XII, Seite 154. [17]) Recueil des actes, 1813. [18]) Annuaire physico-économique du Haut-Rhin, 1812, Seite 111. [19]) Annuaire physico-économique..., 1813, Seite 193. [20]) Annuaire physico-économique . . ., 1812, Seite 112. Vergl.

pflanzen ließ. Gerade für einen solchen Mann mußte eine Verordnung wie die vom 25. März 1811 ein Sporn sein, der Landwirtschaft aufzuhelfen und sich der Bauern anzunehmen. Er hatte schon in den Jahren 1810 und 1811 den Tabakbau in die Höhe gebracht, der damals stark vernachlässigt war. Nun hieß es, der Zuckerrübe Eingang im Lande zu verschaffen und die Zuckerfabrikation durchzuführen.

Am 25. März 1811 war im «Moniteur» das erste Dekret Napoleons erschienen. Wo war aber das Land, das für den Zuckerrübenbau vorbereitet war, wo sollte man den Samen herbeziehen, wer sollte die Rüben pflanzen und wo sollte man sie verarbeiten? Mit Eifer ging der Präfekt ans Werk. Auf 3000 ha sollte er sozusagen die Zuckerrüben aus der Erde stampfen. Das war keine Kleinigkeit. Hieß es doch, diese 3000 ha Land mit einem Male den bisher angebauten Gewächsen zu entziehen und sie gänzlich unvorbereitet einer neuen Kultur zu widmen, die man noch gar nicht kannte.

Die damals im Unterelsaß herrschenden Wirtschaftssysteme kamen dem Präfekten für die Durchführung des kaiserlichen Befehls sehr zu statten. Bekannt ist, daß in der Zeit, als Albrecht Thaer in Deutschland die Fruchtwechselwirtschaft einführte, diese im Elsaß schon zum großen Teil bekannt war[21]). Ihr erstes Auftreten reicht bis in das Jahr 1760 zurück, seit der Pfarrer Christian Philipp Schroeder zu Schillersdorf den Klee ins Elsaß gebracht, ihn an Stelle der reinen Brache in der Dreifelderwirtschaft angebaut hatte und so zur sogenannten verbesserten Dreifelderwirtschaft gekommen war.

Weiter war es für Lezay-Marnesia immerhin ein Vorteil, daß das Unterelsaß bereits einen verhältnismäßig großen Teil seiner Anbaufläche den Handelsgewächsen widmete, daß besonders einer Anzahl Pflanzern im Jahre vorher der Bau des Tabaks verboten war, seit der Einführung der staatlichen Tabakregie, und daß somit immerhin Aussicht vorhanden war, die befohlenen 3000 Hektar wirklich auch mit Rüben bepflanzen zu können.

In einer Verfügung vom 25. Februar 1812 gibt der Präfekt den zweiten Erlaß des Kaisers bekannt und mit großer Beredsamkeit schildert er die Vorteile des Rübenbaues und die angenehmen Aussichten auf ausgesetzte Prämien und weist seine ihm unterstellten Bürgermeister an, die auf die einzelnen Gemeinden entfallenden Anteile bis zum 10. März, also innerhalb 14 Tagen zu verteilen. Durch Läutung der Bürgerglocke sollten die Einwohner sofort versammelt und ihnen der kaiserliche Befehl vorgelesen werden.

auch Locré, Législature de la France, IX, Seite 99. [21]) Siehe v. Oppenau,

Um die 3000 ha wirklich verteilen zu können, verordnete er, daß alle Rübenpflanzer in den Gemeinden [22]), wo sich öde Allmendstücke und Weidgänge befanden, auf ihr Begehren eine dreifach so große Strecke von öden Allmendstücken als die mit Rüben bepflanzte erhalten und während 9 Jahren den Genuß davon haben sollten. Das war eine zu damaliger Zeit überhaupt beliebte Maßregel, den Anbau zu fördern, die aber deshalb ohne jede praktische Bedeutung bleiben mußte, weil ja derartiges Land vollständig ungeeignet war für eine intensive Tiefkultur wie die der Zuckerrüben.

Wie sehr man durch das kaiserliche Dekret überrascht worden war, zeigt ein kurzer Satz in derselben Verordnung vom 25. Februar 1812: «Da übrigens die Quantität Samens, welche ich austeilen lassen kann, bei weitem nicht zu dem Bedarf hinreichend ist, so steht es einem jeden frei, sich des gewöhnlichen Runkelrübensamens zu bedienen», und später heißt es: «wenn gleich dieser Same nicht ebenso kostbar ist, wie der von der anderen Art, so ist er aber auch nicht so teuer [23]).»

Wieviel Zucker man aus einer solchen Runkelrübe gewinnen könnte, sagte er nicht. Es wird es auch kaum einer probiert haben, den etwa so erhaltenen Zucker zu verwenden.

Genaue Anweisungen werden erlassen über die beste Art des Runkelrübensamens, über das Säen und sämtliche Feldarbeiten bis zur Ernte, und stets werden mit größtem Eifer die mannigfaltigen Vorteile des Rübenbaus geschildert.

Die Sirupfabrikation wird auf alle mögliche Weise gepriesen. «Ohne Lizenz dürft ihr Sirup und Rohzucker fabricieren» und allen Zuckerfabrikanten steht es frei, «so viel oder wenig Zucker zu fabricieren, als ihnen gut dünkt», ohne Lizenzen, und «nur unter der Bedingung, sich dann eine anzuschaffen, wenn ihre Fabrikation über 10 000 kg stiege, weil nur unter der Bedingung sie der Vorteile teilhaftig werden können, welche damit verbunden sind» [24]).

Das heißt, wo die Zuckerrübe gepflanzt, angebaut wurde, durfte und sollte auch Zucker fabriziert werden. Damit wurde eine Hausindustrie durch das ganze Elsaß in gleicher Weise eingeführt: die Zuckerfabrikation im kleinen; «auf dem Feuer, wobei der Ackersmann im Winter sich wärmt, kocht er seinen Syrup und in seiner Stube läßt er ihn sich krystallisieren».

Chr. Ph. Schroeder, Seite 22 und 23. [22]) Verordnung vom 25. Februar 1812. Actes de la Préfecture, XIII, Seite 149. [23]) Actes de la Préfecture, XIII, Seite 219. [24]) Actes de la Préfecture, XIII, Seite 300. [25]) Bezirks-

Doch sehen wir nun nach, welchen Erfolg diese Verordnungen hatten. In manchen Teilen des Landes hatte der Erlaß Lezay-Marnesias nicht die gewünschte Wirkung und konnte sie auch gar nicht haben. Die Gründe dafür liegen auf der Hand. Es war die Natur des Bodens oder die Besitzverhältnisse der Landwirte, die hindernd entgegenstanden. Der zaberner Unterpräfekt berichtete am 26. November 1811, daß in vielen Gemeinden Versuche mit Zuckerrüben deshalb nicht gemacht werden könnten, weil der Bann so klein sei, daß die Körnerfrüchte nicht in genügendem Maße angebaut werden könnten, und der Ertrag des Bodens kaum zum Unterhalt ausreiche. In denjenigen Gemeinden aber, in denen Zuckerrüben gepflanzt würden, «les habitants ne les cultivent que pour l'entretien de leurs bestiaux» [25]). Auch sonst wurde, z. B. im Kreise Molsheim, die Zuckerrübe überall da, wo sie in kleinen Mengen angebaut wurde, als Viehfutter verwandt. Das war nun freilich eine unbeabsichtigte Wirkung der Verordnungen.

Überhaupt muß bei Behörden und Pflanzern eine heillose Verwirrung und Unkenntnis der einfachsten Voraussetzungen der Pflanzung und der Fabrikation geherrscht haben. Schon im Erlaß Lezay-Marnesias war das zum Ausdruck gekommen. Woher sollte man vor allem die nötigen Samen beziehen? Interessant ist es, daß man sich nun schon nach Schlesien wandte, wo die Zuckerrübe durch Achard, den Schüler Marggrafs, heimisch geworden war, und woher noch heute eine der besten Sorten, die schlesische Zuckerrübe, ihren Namen trägt. In Straßburg selbst pflanzte man damals (August 1811): 18,4 ha Zuckerrüben, von denen 12 ha wirkliche Zuckerrüben, die übrigen Futterrüben waren. In Neuhof bestand eine Pflanzung für Rechnung und im Auftrag des Leiters der Kaiserlichen Zuckerfabrik in Straßburg, Isnard, der im Spätjahr 1811, mit der Leitung der Fabrik und einer dazugehörigen Versuchsanstalt beauftragt, an die Einrichtung der Fabrik ging. Außerdem bestand eine Pflanzung und eine kleine Fabrik, den Herren de Rennen gehörig, in Ruprechtsau.

Größere Erfolge hatten die Verordnungen in anderen Gegenden des Landes. In Weißenburg waren Ende Sommers 1811: 178 ha mit Zuckerrüben bepflanzt, in Altdorf, Müttersholz, Dachstein, Hagenau und Marlenheim wurde damals infolge größerer Pflan-

---

Archiv Straßburg, M. Adm. gén. Industr. et Com. 1806—1812. [26]) Schon im Jahre VII hatte der citoyen Laurent Stahl in Schiltigheim «einen klaren Sirup von gutem Geschmack aus Rüben» gewonnen (Annuaire du Bas-Rhin, par Bottin, IX, Seite 142). Eine Zuckerraffinerie (Firma Saglio frères) bestand in Straßburg schon seit den ersten Jahren des 19. Jahrhunderts (Archiv der Handelskammer

zungen die Gründung von Zuckerfabriken ins Auge gefaßt. In Paffenhofen beschäftigte sich der Apotheker Breithaupt schon mehrere Jahre mit Versuchen zur Destillation von Zucker aus Rüben [26]), und außerdem beschäftigte dort in einer neu gegründeten Fabrik der Friedensrichter Helmstetter 7 Arbeiter seit dem Sommer 1811. In Buchsweiler bestanden damals 3 Fabriken die sich mit der Herstellung von Sirup aus Zuckerrüben befaßten. Am 2. Juni 1812 schreibt der Präfekt, daß auf das Begehren der Einwohner selbst, die, wie der Bürgermeister von Oberehnheim (allerdings selbst Zuckerfabrikant) am 12. März 1812 berichtete, «fast an nichts anderes mehr denken, als an das Pflanzen von Runkelrüben» statt 3000 ha, deren 4000 mit Rüben zur Zuckergewinnung bepflanzt wurden. An 200 kleine und große Rohzuckerfabriken ständen bei der Ernte in Tätigkeit und eine Raffinerie zur Verarbeitung des Rohzuckers sollte im Spätjahr 1812 durch Herrn Humann, Handelsmann von Straßburg errichtet werden. (Humann ist der spätere Finanzminister Frankreichs.) An Lizenzen zur Zuckerfabrikation mit der Bedingung, mindestens 10 000 kg Zucker herzustellen [27]), hatte das französische Handelsministerium bis zum 3. Mai 1812 erteilt an:

Daniel Rott in Altenstadt, arr. Weißenburg;
Louis Braun-Zollicoffre in Straßburg, arr. Straßburg;
Philippe-Jacques Weiller in Straßburg, arr. Straßburg;
Joseph Willem in Dachstein, arr. Straßburg;
Claude-Benoît Prost in Andlau, arr. Schlettstadt;
François-Xavier Mertian in Altdorf, arr. Straßburg [28]);
Théophile Breithaupt in Pfaffenhofen, arr. Zabern;
Pierre Solliel in Benfeld, arr. Schlettstadt [29]).

Also im ganzen acht. Weiter erwähnt im selben Jahre ein Bericht des Präfekten, daß Apotheker Breithaupt zu Pfaffenhofen, dem ja am 3. Mai eine Lizenz gegeben war, schon 1811 schönen Rohzucker fabrizierte und 1812 eine Rübenzuckerfabrik gründen wolle [30]).

In Buchsweiler wird 1812 eine Fabrik von Herrn Schleusing, Bezirksratsmitglied, angelegt und Herr Grünwald hat dort eine «schon ganz zubereitete Anstalt», die «nach der guten Einrichtung zu schließen, die schönsten Resultate verspricht» [31]). Von diesen 11 Unternehmungen werden 4 schon früher als «Anstalten von einiger Bedeutung» [32]) erwähnt. Die übrigen 7 sind also im Jahre 1812 neu

zu Straßburg, Protokollbuch II). [27]) Actes de la Préfecture, XIII, Seite 231. [28]) Actes de la Préfecture, XIII, Seite 352. [29]) Actes de la Préfecture, XIII, Seite 419. [30]) Actes de la Préfecture, XIII, Seite 662. [31]) Actes de la Préfecture, XIII, Seite 663. [32]) Actes de la Préfecture, XIII, Seite 148.

gegründet worden. Im Jahre 1811 war außerdem in Hagenau durch Nebel, in Oberehnheim durch Striffler die Errichtung von Zuckerfabriken in Aussicht genommen [33]). Seit 1811 bestand ferner in Ruprechtsau die schon erwähnte kleine Fabrik der Herren de Rennen; sie beschäftigte ständig 4 Arbeiter. In Dachstein wurde durch den Bürgermeister Willem ein kleines Unternehmen im Jahre 1813 errichtet [34]).

Zu diesen kleinen Rohzuckerfabriken kam noch die durch das Dekret vom Jahre 1811 geschaffene kaiserliche Zuckerfabrik zu Straßburg, die mit einer Experimentalschule verbunden war unter Leitung Isnards.

Hier sollte der in den kleinen Fabriken gewonnene Rohzucker zu Raffinade verarbeitet werden, und außerdem sollte die Fabrik auch selbst aus Runkelrüben Rohzucker herstellen. Im Jahre 1811 berichtet Isnard über die Anlage seiner Fabrik und Versuchsanstalt an den Präfekten: Die Fabrik bestehe aus 5 Gebäuden. Er hoffe, täglich 230 Meterzentner Zuckerrüben ausbeuten zu können und rechne mit einer Zuckergewinnung von 2 %. Doch hoffe er allmählich das Ergebnis auf 3 % steigern zu können [35]). Außer der Zuckergewinnung beabsichtigte er damals, auch die Herstellung eines «surogat de caffé bien préférable au caffé de chicorée, comme aussi de l'alcool» in Angriff zu nehmen. Er beschäftigte gegen Ende des Jahres 1811: 20 Arbeiter.

Zur möglichsten Unterstützung und Förderung des Anbaus wurde der Samen an die Pflanzer unentgeltlich geliefert. «Bezahlung geschieht im Oktober mittels des gleichen Wertes der daraus gezogenen Runkelrüben [36]).» 1 Pfund Samen, den man außer aus Breslau auch aus Nürnberg und Augsburg [37]) bezog, kostete 4 Franken. Die Fabrik kaufte 50 kg Zuckerrüben im Herbst 1812 für höchstens 24 Sous [38]). Man mußte also für 1 Pfund Samen im Herbst rund 250 kg Rüben der Fabrik unentgeltlich liefern.

---

[33]) Actes de la Préfecture, XIII, Seite 148. [34]) Bezirks-Archiv Straßburg, M. Adm. gén. Industr. et Com., 1806—1812. [35]) Im Jahre 1811 hatte er zusammen mit einem Herrn Barruel ein Mémoire veröffentlicht «Sur l'extraction en grand du sucre des betteraves», Paris 1811. Aus 100 kg Rüben stellte man damals 10 kg Sirup und aus dieser Melasse 2 kg kristallisierten Zucker her. Heute erzielt man aus 100 kg Rüben 55 Liter Rohsaft und 32 kg Kristallzucker. [36]) Actes de la Préfecture, XIII, Seite 481. [37]) Actes de la Préfecture, XIII, Seite 249. [38]) Actes de la Préfecture, XIII, Seite 844. Isnard kaufte 1812: 50 kg gereinigte Zuckerrüben für «24 Sous: ganz weiße oder ganz gelbe Rüben; für 22 Sous: weiß Fleisch mit rosenroter Rinde; für 20 Sous: Turlipse». Rübentrester waren zu haben zu 3 Sous für den Korb, also

Weiter setzte Isnard einen Preis von 150 Franken für denjenigen aus, der seiner Fabrik die meisten, jedoch mindestens 300 Meter-Zentner Rüben lieferte [39]). Kurz, man sieht, in welcher Weise die Behörden wetteiferten, dem kaiserlichen Befehl zu gehorchen.

Alle diese Fabriken oder fabrikmäßigen, größeren Unternehmungen lagen, wie aus der oben gegebenen Zusammenstellung ersichtlich ist, in den verschiedensten Teilen des Unterelsaß und so war es möglich, die Transportkosten sehr herabzusetzen, was gerade bei den Rüben von großem Vorteil war. Leider fehlt uns jede Angabe, wieviel Zucker nun eigentlich in diesen Fabriken gewonnen wurde, und es scheint jedenfalls nicht lange mit ihrer Herrlichkeit gedauert zu haben. Doch davon später.

Bemerkenswert ist dabei, daß Apotheker, wie Theophil Breithaupt zu Pfaffenhofen, sich an die Herstellung des Zuckers aus Zuckerrüben machten. Es ist das ja leicht erklärlich, denn die Apotheker waren noch am ersten geeignet, als Chemiker von Beruf sich dieser neuen, bis dahin unbekannten Fabrikation zu widmen.

Werfen wir nun noch einen kurzen Blick auf die Zuckerfabrikation als Hausbetrieb, die wahrscheinlich nicht mehr Erfolg hatte.

Ich habe oben gesagt, daß Lezay-Marnesia sich mit fast übergroßer Beredsamkeit an «ein so aufgeklärtes Volk wie das Elsässische» wandte, um die Einführung und Verarbeitung der Runkelrüben zu erreichen. Den von Napoleon ausgesetzten Preisen fügte er selbst noch welche hinzu [40]). Und schließlich verschrieb er sich nach Straßburg den Entdecker des vom Ministerium als geeignetsten anempfohlenen Verfahrens, Herrn Bonmatin aus Paris, der im Spätsommer 1812 in Straßburg eintraf und zunächst Unterrichtskurse in der Zuckerdestillation abhielt. Nachdem er in Straßburg auch glücklich einige Proben seines Könnens abgelegt hatte, schickte ihn Lezay-Marnesia mit einem Kochtopf und einem Reibeisen bewaffnet aufs Land hinaus, wo er Wander-Zuckerkochkurse abhalten sollte. Das ganze Verfahren, das Herr Bonmatin bei seinen Kursen anwandte,

---

zu 6 ½ Sous die 50 Kilogramm. [39]) Actes de la Préfecture, XIII, Seite 844.

[40]) Lezay-Marnesia verordnete, daß Preise beim Krönungsfest im Dezember 1812 erhalten sollten: «1. die, die den Runkelrübenbau im großen treiben; 2. die, die Anstalten zur Destillation des Runkelrüben-Sirups oder zur Fabrikation der Moscouade oder des Zuckers aus dieser kostbaren Pflanze angelegt haben; 3. derjenige, der am ersten das Beispiel zur Destillation des Runkelrüben-Sirups für seinen eigenen Gebrauch gegeben hat, welches man unseren Ackersleuten nicht gering anempfehlen kann. (Dieser Preis wird ohne Zweifel einem von denjenigen zuerkannt werden, welche ihre Kinder in die Experimentalschule von Straßburg geschickt haben.)» Actes de la Préfecture, XIII, Seite 321. Vergl.

hier aufzuführen, würde viel zu weit führen. Doch wollen wir kurz betrachten, wie er die Kosten der Fabrikation berechnete:

Da der Bauer ja $^{9}/_{10}$ der Rübe noch als Viehfutter verwenden könne, so kämen ihn Ankaufspreise und Transport kaum teuerer zu stehen, als bei den gewöhnlichen Futterrüben. Die Kosten der Einrichtung zur Fabrikation im kleinen seien gleich Null.

«Die Grube, in der er seine Runkelrüben während des Winters aufbewahrt, ist sein Magazin; und alle seine Bauwerke beschränken sich auf einen Herd, den er in seiner Küche zu erbauen hat, um das Feuer, bei dem er seinen Syrup kocht, mit demjenigen zu vereinen, bei dem er sein Gemüse kocht und bei dem er sich wärmt [41]).»

Das gemeinste Reibeisen und die plumpste Trotte genügten nach seiner Angabe schon zur Destillation.

Und nun ging das staunende und andächtige Publikum selbst an die Zuckerherstellung. Man kann sich denken, mit welchem Eifer der Ackersmann drauflos rieb und kochte und puddelte, man kann sich aber auch wohl die Gesichter vorstellen, wenn eines der dabei stehenden neugierigen Familienmitglieder seinen Finger in die Brühe tunkte und ableckte!

In gleicher Weise wie im Unterelsaß wuchsen nun auch im Oberelsaß und in Lothringen die Zuckerfabriken aus dem Boden [42]). Die Fabrikanten waren teils wirklich idealgesinnte Leute, die dem Ackerbau aufhelfen und der Gesamtbevölkerung nützlich sein wollten. Es werden aber auch Existenzen darunter gewesen sein, die nichts zu verlieren, aber alles zu gewinnen hatten, und die von dieser neuen, so mächtig unterstützten Industrie einen bedeutenden Gewinn erhofften.

Im heutigen Deutsch-Lothringen wurden zu dieser Zeit Zuckerfabriken zwar noch nicht gegründet. Außer der erwähnten Fabrik in Montplaisir befanden sich nur einige Fabriken in Pont-à-

---

hierzu auch Martzloff, Die Landwirtschaft im Elsaß, 1913, Seite 8 ff. [41]) Actes de la Préfecture, XIII, Seite 548. [42]) Dabei ist aber zu beachten, daß im Oberelsaß und besonders in Lothringen wegen des Fehlens der anderen Handelsgewächse und wegen der geringeren Fruchtbarkeit des Bodens die Kultur der Zuckerrübe im großen ganzen undurchführbar war und ist. Früher war übrigens von Mathieu de Dombasle schon im Dezember 1810 auf dem Gute Montplaisir bei Nancy die erste französische Zuckerfabrik gegründet worden. Sie bestand indessen nur bis 1814 und ging mit der Aufhebung der Kontinentalsperre wieder ein. An die praktische Durchführbarkeit des Anbaus dachte man auch kaum. Der Kaiser hatte es befohlen und große Belohnungen versprochen; da wurde es eben

Mousson[43]). Doch wurde die Kultur der Zuckerrübe damals in Lothringen betrieben.

Im Oberelsaß waren die Verhältnisse ähnlich wie im Unterelsaß. Doch während hier 3000 ha angebaut werden sollten und über 4000 ha wirklich angebaut wurden[44]), war die Anbaufläche im Oberelsaß bedeutend kleiner.

Immerhin waren auch im Département du Haut-Rhin 500 ha mit Zuckerrüben angepflanzt, mit einem Ertrag von etwa 5 Millionen Kilogramm Wurzeln. Und der Ertrag wäre noch besser ausgefallen, wenn das Jahr 1812 fruchtbarer gewesen wäre[45]).

Auch im Oberelsaß wetteiferten Regierung und Privatgesellschaften, wie die Société d'émulation de Colmar, den kaiserlichen Befehlen nachzukommen. Sie setzten auch die Gründung einer großen Raffinerie zu Gebweiler durch, die im Jahre 1812 durch die Gebrüder Riggenbach erfolgte[46]). Diese Fabrik war unsprünglich eine Raffinerie für überseeischen Rohzucker, der über die Schweiz oder Straßburg eingeführt wurde. Sie bestand als solche schon 4 bis 5 Jahre[47]) und konnte wöchentlich bis zu 350 Meterzentner Zucker raffinieren. Als Nebenbetrieb befand sich dabei eine Schnapsbrennerei und Rhum-Destillation. Nun erhielten die Besitzer im Jahre 1812 eine Lizenz zur Zuckerfabrikation und vergrößerten ihr Anwesen, um die Zuckerfabrikation im großen durchzuführen und auch Rohzucker aus Rüben herzustellen, den sie dann selbst raffinierten. Die Fabrik beschäftigte 40 Arbeiter, sie konnte in ihren Räumen seit 1813 jährlich 150 000 kg Zucker herstellen[48]).

Auch die Fabrikation im kleinen wurde im Oberelsaß eifrig betrieben. «Im Kanton Andolsheim z. B. stellte man den Bezug von überseeischem Zucker ganz ein»[49]), sagt ein Bericht aus dem Jahr 1813. Das war natürlich sehr einfach, es gab gar keinen mehr! Aber der kurze Satz läßt doch durchblicken, daß man mit dem Erfolg der Rübenzuckerfabrikation zufrieden war, wenn man auch die Genügsamkeit der Leute vor 100 Jahren bewundern muß. Denn was muß das im allgemeinen für eine braune Brühe gewesen sein, die man damals Zucker nannte, wenn besonders hervorgehoben wird, daß Herr Frick von Neubreisach Zucker geliefert hat «von ausgezeichneter Qualität»!

probiert. [43]) Mémoires de l'Académie de Metz, 1822, Seite 117. [44]) Actes de la Préfecture, XIII, Seite 467. [45]) Annuaire du Haut-Rhin, 1812, Seite 248. [46]) Bulletin de la Société d'histoire naturelle de Colmar, 1863, Seite 170. [47]) Annuaire du Haut-Rhin, 1812, Seite 248. [48]) Bezirks-Archiv Colmar, M 127. Die Angaben im Annuaire du Haut-Rhin, 1812, Seite 194, sind bedeutend übertrieben. [49]) Annuaire, 1813, Seite 193.

Doch inzwischen war der Stern Napoleons schon bedenklich erblaßt. Im Winter 1812/13 war er aus Rußland geschlagen zurückgekommen, ein Jahr später konnte Metternich es schon wagen, ihn auf das Gebiet der «natürlichen Grenzen» Frankreichs selbst beschränken zu wollen.

Am 1. Januar 1814 setzte Blücher schon über den Rhein, und am 2. April war Napoleon abgesetzt.

Damit brach natürlich das ganze Gebäude der Kontinentalsperre in sich zusammen, und die Engländer sorgten schon dafür, daß ihre Flotte wieder die Kolonialwaren dem Abendlande zuführen konnte.

In Frankreich wurde die Kontinentalsperre schon am 23. April 1814 offiziell durch den Grafen von Artois aufgehoben. Auch der alte Einfuhrzoll fiel, allerdings nur für kurze Zeit, denn am 17. November 1814 wurde er schon wieder auf 20 Franken erhöht. Der einheimische Zucker blieb steuerfrei, weil die Regierung damals glaubte, die Fabrikation verschwände doch bald wieder. Gerade dadurch aber konnte sich die junge Industrie entfalten, von keiner Steuer bedrückt. Man hatte in den Kreisen der Industrie die großen wirtschaftlichen Vorteile entdeckt, die die Unabhängigkeit vom Auslande zur Folge hatte. Aber für das Elsaß hatte das keine Bedeutung.

Zwar arbeiteten die großen, kapitalkräftigen Raffinerien, wie die Humanns und die Fabrik in Gebweiler weiter. Die kaiserliche Zuckerfabrik in Straßburg dagegen ging natürlich mit dem Sturz Napoleons ein. Auch die Fabrik in Gebweiler hatte im Jahre 1813 vorübergehend ihren Betrieb einstellen müssen, da sie keine Rüben erhalten konnte, und die wenigen Bauern, die noch Rüben pflanzten, sehr hohe Preise forderten[50]). Damals wünschte man zur Weiterentwicklung der Zuckerindustrie das Fortbestehen der Kontinentalsperre. Natürlich standen diesen egoistischen Wünschen der Zuckerfabrikanten viel erheblichere wirtschaftliche Interessen des Publikums gegenüber, und die Zuckerfabriken waren nach dem Ende der Kontinentalsperre wieder auf die Fabrikation des Raffinadezuckers aus dem kolonialen Rohzucker beschränkt, der aus den französischen Häfen kam, da seit dem Jahre 1816 nur noch die Einfuhr über die französischen Seehäfen gestattet war.

Die übrigen kleinen Rohzuckerfabriken gingen nach und nach ein, wie ja auch die häusliche Zuckerbereitung im kleinen aufhörte. Dazu war dieser Zucker doch zu schlecht, und außerdem wurde er

[50]) Bezirks-Archiv Colmar, M 127.

ja wieder zu niedrigem Preise eingeführt, während der Rübenzucker im Jahre 1812 nicht unter 10 bis 12 Franken pro Kilogramm verkauft worden war.

Im allgemeinen wird gerade der Kontinentalsperre ein entscheidender Einfluß auf die Entwicklung der Zuckerindustrie zugeschrieben; das ist aber nicht der Fall. Denn sie gab wohl den Anstoß zur fabrikmäßigen Herstellung des Zuckers, aber sie war von zu kurzer Dauer, um die Industrie schon lebenskräftig zu erhalten. Der gewonnene Zucker war schlecht, und erst durch jahrelange Bemühungen der Regierungen wie durch weitere Verbesserungen auf maschinellem und technischem Gebiete war es möglich, die Zuckerindustrie in die Höhe zu bringen.

Immerhin ist es aber sehr interessant zu sehen, wie durch einen Befehl Napoleons eine Industrie über Nacht aus dem Boden wuchs, der ja allerdings ein großes Absatzgebiet zur Verfügung stand, die es mit der Zeit doch langsam fertig brachte, sich zu behaupten, und 40 Jahre später schon den Überseehandel zu vernichten drohte.

Zum Schutze der nach Aufhebung der Kontinentalsperre durch die ausländische Rohzuckereinfuhr stark gedrückten Rübenzuckerindustrie erhöhte die französische Regierung im Jahre 1816 den Zoll auf überseeischen Zucker auf rund 50 Franken für 100 kg [51]). Man scheute sich nicht, die Konsumenten derart zu belasten. Waren sie es doch aus den Kriegszeiten nicht anders gewöhnt!

Die Folge war, daß auch jetzt wieder eine Reihe von Zuckerfabriken gegründet wurden, die billiger produzieren konnten, weil sie den Schutzzoll nicht zu zahlen brauchten. In Lothringen entstanden zu dieser Zeit Fabriken zu Talingen und in Montigny [52]) im Jahre 1822; die letztere war auch Raffinerie. Weiter in Ennery bei Metz, Beauregard und Nieder-Jeutz bei Diedenhofen [53]).

Auch die Humannsche Fabrik zu Straßburg blühte weiter. Sie wird von Aufschlager im Jahre 1825 als eines der größten Fabrikgebäude in Straßburg erwähnt. Und dank der Tätigkeit des ehemaligen französischen Ministers Chaptal, des erfahrenen Chemikers, wurde auch der Rübenbau weiter betrieben [54]).

Seitdem auch bedeutende technische Fortschritte zu verzeichnen waren, konnte die Zuckerfabrikation festeren Fuß fassen, besonders seit der Erfindung der Knochenkohle. Früher färbte man nämlich den braunen Zucker durch einen Zusatz von Indigoblau vor Been-

[51]) Schultze, Die deutsche Zuckerfrage, Seite 42. [52]) Mémoires de l'Académie de Metz, 1822/23, Seite 117. [53]) Hertzog in den Landwirtschaftlich-historischen Blättern, VI, Seite 4. [54]) Chaptal, I, Seite 160.

digung des Sudes. Dann auch mit Holzkohle, solange es kein Indigo gab, zur Zeit der Kontinentalsperre. Erst 1812 entdeckte Figurier in Montpellier die Knochenkohle, und zwar bei der Darstellung einer Stiefelwichse aus Weinessig, Beinschwarz und Honig [55]). Damit war eine starke technische Erleichterung geschaffen, und sogleich finden wir wieder Neugründungen von Fabriken, auch im Elsaß. Im Jahre 1829 errichtete Nicolas Köchlin, der Besitzer einer bedeutenden chemischen Fabrik in Mülhausen, eine Zuckerfabrik in Homburg. Aber es war nur eine Rohzuckerfabrik, keine Raffinade, denn «dans aucun cas, l'administration des Douanes ne pourrait consentir à laisser établir une raffinerie dans une localité aussi rapprochée de l'étranger que l'est la commune de Hombourg» [56]). Köchlin verarbeitete 1829: 500 000 kg Zuckerrüben mit einem Rohzuckerertrag von 26 000 kg.

Weiter hatte schon 1818 Jakob Barthelmé in Ehl bei Benfeld eine Zuckerfabrik errichtet, die 1831 zu einer Aktiengesellschaft (Simonis-Barthelmé & Co.) umgewandelt wurde und es zu einer gewissen Blüte brachte. Sie lieferte im Jahre 1832: 16 020 kg Rohzucker, den sie zu 1,60 Franken pro Kilogramm, später zu 1,10 Franken an die Straßburger Raffinerie lieferte [57]). Im Jahre 1832 entstand in Hilsenheim eine neue Zuckerfabrik, in St. Peter bei Barr befand sich eine Zuckerfabrik im Bau. Aber all diese Fabriken reichten nicht aus, um den beiden großen Raffinerien im Lande, der Humannschen zu Straßburg, die im Jahre 1825: 360 000 kg Zucker verarbeitete [58]), und der in Gebweiler den nötigen Zucker zu liefern. Und so mußten diese Raffinerien eingehen, denn nur überseeischen Rohzucker zu raffinieren, war ihnen unmöglich, weil ja der Transport von den französischen Häfen bis ins Elsaß viel zu teuer kam, und weil der Preis für die fertige Ware auf 1,20 Franken pro Kilogramm gesunken war. Humanns Raffinerie wurde 1833 geschlossen. Bald hernach ging auch die gebweiler Fabrik ein.

Nun mußten sich aber bald wieder ihrerseits die bestehenden Rohzuckerfabriken nach einer neuen Raffinerie umsehen. Denn sie waren nun gezwungen, ihren Rohzucker zur Raffinade nach Paris zu schicken. Der doppelte (Hin- und Rück-) Transport kostete aber für 100 kg mindestens 20 Franken [59]), kam also viel zu teuer. Durch Verordnung des Präfekten wurden 1833 die Eigentümer der Zucker-

---

[55]) Lippmann, Seite 367. [56]) Verfügung des Directeur des Douanes, Straßburg, vom 17. Mai 1829. [57]) Privatmitteilung aus Ehl, und Loriol, La France, Dép. du Bas-Rhin, 1834, Seite 139. [58]) Annuaire du Haut-Rhin, 1825, Seite 37; Aufschlager, Das Elsaß, II, Seite 50. [59]) «Prospectus, Raffinerie

fabrik in Ehl ermächtigt, in ihrer Fabrik auch Zucker zu raffinieren. Doch hate diese Erlaubnis keinen praktischen Erfolg, da dem Unternehmen das Kapital im nötigen Maße fehlte. So wurde wohl hauptsächlich durch Köchlins Einfluß im Jahre 1836 auf dem Wacken bei Straßburg eine Raffinerie errichtet und zwar von den vier damals noch bestehenden Zuckerfabriken des Elsasses: Köchlin in Mülhausen, Barthelmé in Ehl-Sand bei Benfeld, dessen Enkel Mertian zu Straßburg und der A.-G. Roesch & Co. in Hilsenheim.

Zu diesen 4 Rohzuckerfabriken kam 1837 noch eine neue hinzu: Die von Schulmeister, dem ehemaligen Spion, der die österreichische Armee und Ulm an Napoleon verraten hatte und zum Danke mit dem Gute Meinau bei Straßburg beschenkt worden sein soll, außerdem durch geschickte Spekulationen viel Grund und Boden dort angekauft hatte. Aber nicht nur im Elsaß blühte [60]) die Zuckerindustrie in diesen Jahren von 1835—40. In Frankreich gab es viele Hunderte von Fabriken, die den halben französichen Jahresbedarf decken konnten. Im Norddepartement gab es 1836: 209 große und kleine Fabriken, von denen allein 57 im Bezirk von Valenciennes lagen, während es 8 Jahre vorher nur 58 Fabriken in ganz Frankreich gab [61]), die zusammen nur 600 000 Zentner Zucker produzierten.

Diese einheimische Industrie war also mittlerweile sehr erstarkt, und nun konnte die Regierung auch daran denken, den einheimischen Zucker mit einer Steuer zu belegen, die von der Volksvertretung zu wiederholten Malen abgelehnt worden war. Durch Gesetz vom 13. Juli 1837 kam auf 100 kg Rübenzucker eine Steuer von 16 ½ Franken. Das war zwar gegenüber der Rohzuckerbesteuerung von 50 Franken immer noch ein Vorteil von 33 ½ Franken. Und die französische Industrie im allgemeinen war so gekräftigt, daß sie noch 50 000 000 kg aus dem eigenen Lande produzieren konnte, also doch noch rund die Hälfte des eigenen Jahresbedarfs [62]). Aber die elsässische Zuckerindustrie war noch zu jung und zu schwach gewesen. Das große Kapital fehlte ihr, wie ihr überhaupt auch die nötige Tatkraft stets gefehlt hatte. Und so sehen wir hier die sämtlichen Unternehmungen in kurzer Zeit eingehen: 1837 die Fabrik in Ehl, um bald in eine Zichorienfabrik umgewandelt zu werden; die Zuckerfabrik auf der Meinau verschwand 1843, und um dieselbe Zeit auch alle anderen [63]).

---

alsacienne», 1836. [60]) Vergl. hierzu die lobende Erwähnung der Produkte der Fabrik auf dem Wacken im «Rapport sur l'exposition des produits de l'industrie, tenue à Mulhouse le 13. juin 1838», Seite 104. [61]) Lentsch, Seite 40, v. Kaufmann, Seite 9. [62]) Schultze, a. a. O., Seite 41. [63]) Das

Wahrscheinlich war es nicht allein nur diese Steuer und die Konkurrenz des ausländischen Rohzuckers, die die elsässischen Fabriken vernichtete. Es kam jedenfalls dabei in Frage der Fortschritt der Tabakfabrikation und der Bierbrauerei. Die Vorteile, die der Tabak-, Hopfen- und Krappanbau immer noch gewährte, waren jedenfalls noch bedeutender als die der Zuckerrübenkultur. Zwar wurde noch im Jahre 1841 von einer Gesellschaft Petit-Lafitte Frères et Cie eine kleine Fabrik in Mülhausen gegründet, die ihre Rüben aus der näheren Umgebung (Niedermorschweiler) bezog. Nach einigen Jahren ging sie in den Besitz von F. Lesage über, ging aber bald darauf infolge Kapitalmangels wieder ein [64]). Und während die Vertreter des französischen Überseehandels um 1850 in Bittschriften klagten, die Zuckerfabrikation aus Rüben sei ein Grund des Unterganges für ihr Gewerbe [65]), war im Elsaß von der einst nicht unbedeutenden Zuckerrübenkultur und der Zuckerindustrie nichts mehr zu merken. Kirschleger erwähnt in seiner «Flore d'Alsace» im Jahre 1852 die Zuckerrübe nur noch als Viehfutter, und nur eine einzige Fabrik im Elsaß (S. Stamm in Thann) beschäftigte sich mit der Verarbeitung der Rüben in den fünfziger Jahren. Sie fabrizierte aber keinen Zucker, sondern Rübenschnaps.

Freilich verschwand der Anbau der Zuckerrübe aus dem Elsaß nicht. Im Jahre 1878 betrug die Anbaufläche in Elsaß-Lothringen sogar 255 ha, deren Ertrag zum Teil in auswärtige Fabriken, wie Waghäusel [66]) und Frankenthal kam. Anfangs der achtziger Jahre wurden in den lothringischen Dörfern zwischen Diedenhofen und Pont-à-Mousson allein über 200 ha Zuckerrüben gepflanzt, auf Rechnung der Zuckerfabriken zu Diekirch und Mörs in Luxemburg [67]).

In den Jahren 1871 bis 1880 bezog man im Elsaß den Zucker fast ausschließlich aus Frankreich. Erst seit Ende der siebziger Jahre kam die Zuckerfabrik in Frankenthal mit ihren Erzeugnissen auf den elsässischen Markt und nach ihr auch einige rheinische, auch badische Raffinerien. Die frankenthaler Zuckerfabrik brachte es innerhalb weniger Jahre dazu, daß die französischen und norddeutschen Erzeugnisse vollständig aus dem Elsaß verdrängt wurden, dessen Markt

---

Annuaire du Haut-Rhin, 1838, erwähnt schon die Köchlin'sche Fabrik zu Homburg nicht mehr. Um die Mitte der 20er Jahre hatte auch in Molsheim eine Zuckerfabrik bestanden, die jedoch nicht lebensfähig war und bald wieder einging. In Akten ist darüber nichts zu finden. Die Fabrik gehörte dem Urgroßvater des jetzigen Bürgermeisters. [64]) Histoire documentaire de l'industrie de Mulhouse, Seite 802 f. [65]) Bulletin des Comices agricoles de la Moselle, 1850, Seite 187. [66]) Landw. Zeitschrift für E.-L., 1884, Seite 281. [67]) Landw. Zeitschrift für

die frankenthaler Fabrik nun fast ausschließlich beherrschte, die hier eines ihrer größten Absatzgebiete hatte [68]).

Bald tauchte auch wieder der Plan auf, eigene elsässische Zuckerfabriken zu gründen. So befaßte man sich 1881 auf dem Strohhof, zwischen Örmingen und Herbitzheim [69]), in St. Peter 1883 [70]), in Weißenburg 1884 [71]) und in Rufach 1885 [72]) mit Gründungsplänen. Alle diese Projekte erhofften Erfolg und eine günstige Entwicklung von den mittlerweile im Fabrikationsbetrieb eingeführten technischen Vervollkommnungen. Denn gerade damals (etwa um 1880) war es gelungen, das Verfahren so zu vereinfachen, daß der Zucker als raffinierter, weißer Zucker in ein und derselben Fabrik mit dem Rohzucker und unmittelbar nach diesem dargestellt werden konnte. Man erhoffte auch von der Gründung einer Zuckerfabrik deshalb viel, weil das Elsaß und Lothringen damals jährlich 20 Millionen Kilogramm Zucker verbrauchten, einer neuen Fabrik daher ein großes und günstiges Absatzgebiet hier zur Verfügung stand, und man außerdem in der Schweiz ein Absatzgebiet zu finden hoffte.

Das frühere primitive Verfahren der Zuckerherstellung war durch die Steuerpolitik in Deutschland günstig entwickelt und ausgebildet worden. Man hatte in Preußen im Jahre 1841 eine Steuer von 10 Sgr. auf den Zentner Rohzucker, oder, da man 20 Zentner Rüben als notwendig zur Produktion von 1 Zentner Zucker betrachtete, ½ Sgr. auf den Zentner Rüben gelegt. Dazu trat bei der Ausfuhr pro Zentner ausgeführten Zuckers eine Prämie von 8 Mark pro Zentner. Diese, die Zuckerrüben ohne Rücksicht auf den Zuckergehalt besteuernde Rohmaterialsteuer war der Ansporn für die Fabrikanten, möglichst zuckerhaltige Rüben zu verarbeiten, demnach bei dem Anbau auf möglichst gute Sorten und auf gute Bearbeitung Wert zu legen und eine möglichste Ausnutzung des Zuckergehaltes zu erstreben. Obwohl im Anfang die Kombination der beiden Steuern auf die Fabrikation und auch auf den Anbau möglichst zuckerreicher Rüben günstig wirkte, ging doch das finanzielle Ergebnis der Steuer durch die starke Inanspruchnahme der Ausfuhrvergütung bedeutend zurück. Der finanzielle Rückschritt veranlaßte einen vollständigen Wechsel des Steuersystems: An die Stelle der Rohmaterial- trat die Fabrikatsteuer. (Zuckersteuergesetz vom 9. Juli 1887. Seit der

E.-L., 1881, Seite 180. [68]) Deutsches Handels-Archiv, 1882, Seite 116. Ebenda, 1883, Seite 372. [69]) Landw. Zeitschrift, 1880, Seite 90; 1881, Seite 125. [70]) Spenle-Legrand, «Rapport sur les avantages. . .» [71]) Landw. Zeitschrift, 1884, Seite 261. [72]) Ebenda, 1885, Seite 90, und «Sucre, raffinerie alsacienne

Brüsseler Konvention vom 5. März 1902 reines Verbrauchssteuersystem unter Fortfall der Prämien, Kontingentierung.)

Die elsässischen Fabriken konnten aber von vornherein von den Ergebnissen der technischen Vervollkommnung und von der Vereinfachung der Fabrikation keinen Nutzen ziehen. Sie waren auf kleine Verhältnisse berechnet, wie sie 60 Jahre zuvor bestanden hatten. Mit dem geringen ihnen zur Verfügung stehenden Kapital konnten sie nicht mit den großen deutschen und französischen Fabriken in Wettbewerb treten [73]). So zerflossen all die Pläne und Projekte in Nichts, bis endlich im Jahre 1893 eine Vereinigung praktischer Landwirte und Kapitalisten zur Gründung einer Fabrik mit neuzeitlichen Einrichtungen sich zusammentat. An der Spitze des Konsortiums trat der nachmalige Staatssekretär Freiherr Zorn v. Bulach. Als Sitz der Fabrik wurde ein Platz in der Nähe von Erstein gewählt, weil einmal der Boden im Kreise Erstein, im «Ried», zwischen Ill und Rhein, sich vorzüglich zur Zuckerrübenkultur eignet, und weil man auch von der günstigen Lage am Rhein-Rhone-Kanal und an der Nebenbahn Straßburg-Markolsheim einen billigen Transport der Rüben und Rücktransport der Schnitzel erhoffte. Von den ersten Jahren ihres Bestehens an hat die Fabrik es fertig gebracht, die Anbaufläche von Rüben wieder langsam zu steigern. Nach mancherlei Mißgeschick im Anfang hat sie heute die ihr zur Verfügung stehende Anbaufläche im Elsaß auf über 1200 ha gebracht. Wenn man bedenkt, wie schwer ein Landwirt, und vor allem der konservativgerichtete elsässische Bauer der hauptsächlich für die Rübenkultur in Betracht kommenden Kreise, sich zu einer neuen Kulturart entschließt, wenn man weiter berücksichtigt, daß im Gegensatz zu der Einführung der Zuckerrübe vor 100 Jahren heute jede staatliche Unterstützung fehlt, und auch die wirtschaftliche Notlage den Rübenbau nicht mehr erheischt, zumal da auch der Hopfen-, Tabak-, Gemüsebau gute Erträge liefert, so muß man die Leistung der Fabrik ehrlich anerkennen.

Die elsässischen Zuckerrüben kommen heute fast ausnahmslos nach Erstein, wohin auch noch pfälzische und badische Rüben geliefert werden.

Die Fabrik gibt genaue Kulturanweisungen an die Landwirte, mit denen sie Akkord-Verträge abgeschlossen hat. Sie liefert die Saat zur Erzielung gleichmäßiger Rüben, sie stellt die Säemaschinen

---

à Rouffach», 1884.

[73]) Besonders da Mitte der achtziger Jahre ein Umschwung in der Konjunktur eingetreten war, und angesichts einer bevorstehenden

unentgeltlich zur Verfügung. Im Jahre 1914 hat sie sogar Säemaschinen gestellt, die mit der Saat Kainit ausstreuten.

Wenn die Rüben aufgegangen sind[74]), muß gleich gehackt, später noch einmal gehackt, und dann die Pflänzchen verzogen werden. Dieses Verziehen erfolgt am besten und billigsten durch Kinder, da beide Hände zu der Arbeit gebraucht werden müssen. Ein mehrmaliges Behacken muß bis zur Ernte noch folgen. Bei der Ernte werden die Rüben mit dem Rübenheber ausgehoben oder mit dem Pfluge ausgefahren, darauf das Kraut abgeschnitten. In Wagen oder mit der Bahn oder zu Schiff kommen die Rüben dann in die Fabrik. Dort werden sie in großen, besonderen Lagern aufgestapelt, von wo sie in die Rübenschwemme und, mit der Rübenschnecke in die Höhe gehoben, in die Wäsche kommen. Hier reiben sich die Rüben, durch Schaufelarme in ständiger Bewegung gehalten, gegenseitig den noch anhaftenden Schmutz ab, worauf sie in die Wage und von da in die Schneidemaschine geworfen werden. Dort werden sie in Schnitzel geschnitten, die nun durch eine rechenartige Transportrinne in 12 Diffuseure gelangen. In diesen Diffuseuren wird den lose aufeinander liegenden Schnitzeln heißes Wasser zugesetzt, das sich mit dem in den Zellen der Schnitzel sitzenden Zucker verbindet. Durch öftere Wiederholung dieses Prozesses wird den Schnitzeln der Zucker vollständig entzogen, und man erhält eine Zuckerlösung, die durch Kalk gereinigt wird, und, eingedickt und kristallisiert, den fertigen Rohzucker ergibt.

Der Rohsaft kommt zur Verwandlung in Raffinadezucker zunächst in die sogenannte Trockenscheidung, viereckige Kasten, in denen sich Siebtrommeln befinden. In diese Trommeln kommt gebrannter Kalk, der in dem Rohsaft rasch gelöscht wird, und die in der Diffusion der Rüben und des Zuckers durch das Auslaugen in den Saft gekommenen übrigen Säfte ausscheidet. Darauf gelangt der Saft in die Saturationen; in der ersten wird dem Safte Kohlensäure zugeführt, die den im Saft vorhandenen Kalk zu kohlensaurem Kalk bindet, der schlammig im Safte schwimmt. Um den Rohsaft von diesem Schlamm zu befreien, wird er durch Filterpressen gedrückt und dann in der zweiten Saturation mit Kohlensäure gesättigt und mit schwefliger Säure behandelt. Durch eine weitere Filter kommt der Saft in die Verdampfstation, in der das im Saft enthaltene Wasser

Zuckerkrisis eine Neugründung ohne großes Kapital aussichtslos war. [74]) Die folgende Darstellung beruht auf persönlicher Anschauung und den Berichten von Direktor Haueisen und Hoff im Monatsbericht der Gesellschaft zur Förderung der Wissenschaften. . . XLIV, 1910, Seite 335 ff.; Mitteilungen der Philomatischen Gesellschaft in E.-L., IV, 1912, Seite 787; Straßburger Post, 23. Dezember 1912.

zum Verdampfen gebracht wird. Nach nochmaliger Behandlung mit Kohlen- und schwefliger Säure fließt der nunmehr klare Dicksaft durch Filterpressen in den Sammelkasten, von wo er nach Bedarf zum Verkochen in die Vacuumapparate einbezogen wird. Hier bildet sich nach 6—7 Stunden eine breiige Masse, das Zuckerkorn. Da die Wärme in diesen Apparaten 65—75° beträgt, muß die Füllmasse durch Kühlmaischen zum Abkühlen laufen und kommt von da in Zentrifugen, die mit etwa 1000 Umdrehungen in der Minute die eine Hälfte der Masse als Sirup durch ein Sieb an der Wandung pressen, während die andere Hälfte als Zucker fest wird. Dieser Kristallzucker wird herausgeschaufelt, getrocknet und in Säcke verpackt.

Der Ablauf, der aus den Wandungen der Zentrifugen geschleudert wird, wird wieder eingekocht, zentrifugiert, und gibt die Melasse, die als Viehfutter Verwendung findet.

Der fertige Kristallzucker wird mit Wasser oder Sirup aufgelöst, kommt in eine Filtration über Knochenkohle, wird wieder eingekocht und kommt schließlich flüssig in die Füllwagen für Plattenraffinade. Nach dem Trocknen wird er in Zentrifugen mit der Deckkläre, einer hellen gesättigten Zuckerlösung behandelt, wodurch die harten Platten eine schöne Weiße erhalten. Nach vollständigem Trocknen kommen die Platten in die Knipperei, wo sie in Streifen gesägt, die Streifen geschnitten, gebrochen, und die Würfel verpackt werden.

Man kann mit vollem Recht sagen, daß die Gründung dieser Fabrik einem Bedürfnis unserer Landwirtschaft entgegenkam. Die Fabrik wurde damals gegründet, nicht weil man auch im Elsaß eine Zuckerfabrik haben wollte, die mit einheimischem Zucker das Land versorgte. Sie wurde im Interesse der Landwirtschaft gegründet, weil damals der Anbau von Getreide nicht mehr lohnte, und die Tabakindustrie sich in einer schweren Krisis befand; um der schwer dadurch betroffenen Landwirtschaft zu helfen, gründete man die Fabrik und verlegte ihren Sitz gerade in den Kreis Erstein, der durch den Rückgang des Tabakbaus am schwersten getroffen worden war. Wenn damals die wirtschaftliche Lage unseres Bauernstandes auch nicht so schlecht war als zu Anfang des 19. Jahrhunderts, so war doch die Einführung der Zuckerrübe von großem Nutzen.

Für den mittleren Bauernbetrieb bringt der Anbau der Zuckerrübe, abgesehen von dem angemessenen Preise, der bei nur einigermaßen wirtschaftlicher Bearbeitung und Düngung stets erzielt wird, den Vorteil, daß der Bauer seine Rüben sofort abliefern kann und sofort Bezahlung dafür erhält. Von vornherein weiß er, wieviel er im Herbste für seine Rüben erhalten wird [75]), und er erhält auch einen bestimmten Prozentsatz Schnitzel zurück, die er als Viehfutter verwenden kann (der Doppelzentner Schnitzel hat einen Wert von etwa einer Mark).

Aber abgesehen von diesen Vorzügen hat der Zuckerrübenbau [76]) mittelbar die Steigerung der Erträge der nachfolgenden Frucht, oft um 20 bis 30 vom Hundert, zur Folge. Dies hat sich vor allem bei der Gerste gezeigt. Der Zwang zur Tiefkultur, zum tiefen Pflügen, erheischt die Vermehrung des Zugviehbestandes und eine Auswahl stärkeren Zugviehes. Diese Vermehrung wird ermöglicht durch die billigen Futtermittel, Melasse und Schnitzel, die ihrerseits wieder fördernd auf Milchertrag und Fleischerzeugung einwirken.

Da ein oftmaliges Behacken der Rübe erforderlich ist («der Zucker wird in die Rübe gehackt»), so finden auch die Saisonarbeiter, die im letzten Jahre in einer Reihe von Betrieben eingestellt worden sind, ausreichende Beschäftigung, ohne die ihre Einstellung für den Bauer sich nicht rentierte. So aber kann der Bauer (in Betracht kommt hier nur der Bauer eines mittleren und größeren Betriebes) die polnischen Arbeiter, die aus dem Rebstück kommen oder die Frucht heimgeschafft haben, auf das Rübenfeld zum Hacken schicken, ein Vorteil, der sich natürlich nur indirekt äußert, der aber hier Erwähnung finden mag, da gerade in der letzten Zeit einheimische Ackerknechte nicht mehr in genügender Anzahl zu finden sind, und deshalb auch bei uns die Saisonarbeiter einziehen.

Allerdings wird ja auch über mancherlei Nachteile geklagt, die sich zum Teil aus der Lage der Fabrik erklären. Die Fabrik liegt ungünstig, darüber läßt sich nicht streiten. Während man nämlich im Jahre 1893 den Sitz gerade nach Erstein verlegte, um in diesem Kreise der Landwirtschaft aufzuhelfen, hatte man die Rechnung ohne den Wirt gemacht. Denn als nach einigen Jahren die Tabakpreise stiegen, der Tabakanbau wieder lohnte, gingen die Bauern wieder

---

[75]) Vergl. die Verträge beim Abschnitt Krapp, Seite 63. Allerdings liegt hierin auch ein Grund des Schwankens und des immer noch zu geringen Umfanges der Anbaufläche, der nur aus der bäuerlichen Psychologie heraus zu erklären ist. Der Bauer überlegt sich nicht: es ist im Interesse einer geregelten Fruchtfolge nötig, daß ich in diesem Jahre Zuckerrüben pflanze, selbst wenn ich nicht einen hohen Preis dafür erziele; sondern es drückt ihn den ganzen Sommer hindurch der Gedanke, hätte ich doch nur Kartoffeln oder Tabak gepflanzt, dann könnte ich am Ende mehr verdienen. Deshalb bleibt er im folgenden Jahre lieber bei den von früher gewohnten Gewächsen.

[76]) Abgesehen natürlich von der Bevölkerung der nächsten Umgebung der Fabrik, die in den Wintermonaten einigen

zu der ihnen bekannten Kultur des Tabaks über und ließen vom Zuckerrübenbau ab.

Die Fabrik mußte daher von vornherein auf die Zufuhr sogenannter Fuhrwerks- oder Axenrüben verzichten und mußte die Rüben von weiter her beziehen und hatte um so größere Transportkosten [77]).

Die Transportkosten werden dadurch noch vergrößert, daß als Rübenproduktionsgebiet nicht eine konzentrische Anbaufläche in Betracht kommt [78]), sondern auf der einen Seite der Rhein, auf der anderen Seite das Gebirge zu einer nördlichen und südlichen Verschiebung der Anbaufläche zwingt, wodurch ein weiterer Transport nötig wird. Für die Fabrik ergibt sich daraus der Nachteil, daß die Rüben oft nicht rechtzeitig angeliefert werden können, da die Kleinbahn den Rübentransport nicht in dem Maße bewältigen kann, wie es die Reichseisenbahn vermag [79]).

Was der ersteiner Zuckerfabrik fehlt, ist neben einem genügenden Kapital (Reservefonds) ein eigener Großgrundbesitz, der einen billigen Anbau der Rüben zuließe und den Geschäftsbetrieb vereinfachte. Heute muß die Fabrik mit rund 5000 Landwirten arbeiten, die zum Teil verschwindend kleine Landstücke mit Rüben bepflanzen (manchmal nur ca. 4 Ar). Eine derartige Produzentenzahl ist für eine schnelle Abrechnung und genaue Lieferung oftmals ein Hindernis.

Weiter klagt man darüber, daß die Zwergwirtschaft, wie sie sich gerade im stark parzellierten Kreise Erstein findet, für den Zuckerrübenbau sich überhaupt nicht eigne, da der Kleinbauer mit wenig Zugvieh sein Feld nicht in wünschenswerter Weise tief genug bearbeiten könne, und weil die flache Bearbeitung in Verbindung mit dem harten Untergrund eine Spaltung der Wurzel in mehrere Äste hervorrufe, wobei der Zuckergehalt verloren gehe und der Rübe ihren Wert entziehe. Ein plötzlicher Übergang von der flachen Bearbeitung zur Tiefkultur sei aber nicht möglich.

Diese Ausführungen sind nur zum Teil richtig und treffen für das «Ackerland», den fruchtbaren und äußerst intensiv bewirtschaf-

---

hundert Arbeitern Arbeitsgelegenheit verschafft. [77]) Die Pläne für die rufacher Fabrik hatten besonderes Gewicht auf die Vermeidung hoher Transportkosten gelegt und von vornherein eine Anbaufläche von nur 5 km im Umkreis von der Fabrik beabsichtigt. Damit hatte sich die Fabrik aber ein zu kleines Produktionsgebiet bestimmt, als daß sie mit Erfolg hätte arbeiten können. Es blieb daher auch beim Versuche. [78]) Wie es bei den badischen und pfälzischen, von den norddeutschen Fabriken ganz abgesehen, der Fall ist. [79]) Der Rhein-Rhone-Kanal hat die Erwartungen, die man bei der Fabrikgründung auf ihn setzte, nicht erfüllt, da die Frachtpreise für die Schiffe stark gestiegen sind.

teten Kreis Erstein zum mindesten nicht zu. Denn es kommt dort nicht auf ein Umpflügen an, sondern nur auf ein Lockern des Bodens mit dem Untergrundpflug, was sich auch in einer kleinen Wirtschaft erreichen läßt. Andererseits steht dem gegenüber, daß der Kleinbauer mit seinen eigenen Arbeitskräften den Boden behacken kann und durch die öftere Wiederholung des Hackens das Feld von Unkraut reinigt und für die folgende Frucht vorbereitet. Dazu kommt die unentgeltliche Lieferung der Saat, die bei der Kostenberechnung immerhin eine Rolle spielen muß.

Eine genaue Aufstellung der Kulturkosten eines mit Zuckerrüben angebauten Hektar Landes läßt sich überhaupt nicht geben, da die Landwirte heute nur schwer die sämtlichen Rechnungsfaktoren beachten. Meist wird das oder jenes Gewächs gepflanzt, weil es auch der Nachbar pflanzt, und so entstehen die Konjunkturpflanzungen, die das Bild einer geregelten Wirtschaftsfolge stören und oft dem Bauer großen Schaden bringen. Auch die Fabrik kann sich dabei nicht auf eine bestimmte Anbaufläche in bestimmten Bezirken verlassen und muß dies bei der Preisfestsetzung im Frühjahr berücksichtigen.

Vielfach pflanzt heute der Bauer seine Zuckerrüben nur um der Schnitzel willen, die ihm den Nährstoff des Bodens wieder zurückgeben. Denn den Rüben wird nur der Zucker entnommen, die Nährstoffe werden mit den Schnitzeln verfüttert und kommen mit dem Stallmist wieder in den Boden. Allerdings wird der Bauer dadurch wieder verführt, zu wenig Kali- oder Phosphordüngung zu geben, weil der intensive Betrieb mit großer Viehhaltung eine starke Mist-(Stickstoff-) Düngung ermöglicht, was der Zuckerbildung in der Rübe nicht förderlich ist.

Die Fabrik in Erstein ist ihres niedrigen Kapitals wegen den großen Nachbarfabriken der Pfalz und Badens gegenüber, die mit großen Reservefonds arbeiten und weniger Transportkosten und einen festen Produzentenkreis haben, in ungünstiger Stellung. Daher wird auch die Neugründung von Zuckerfabriken im Lande, an die man in Lothringen und auch im Sundgau dachte, nicht zu empfehlen sein. Das Absatzgebiet wird stets vornehmlich das Elsaß und Lothringen selbst bleiben müssen; für den großen Export und den Handel wird die elsässische Zuckerrübe kaum in Frage kommen können. Doch ist der bestehenden Fabrik eine weitere Steigerung der Anbaufläche der Zuckerrübe im Elsaß zu wünschen, der bedauerlicherweise noch nicht die Beachtung bei uns geschenkt wird, die sie verdient. Diese Beachtung könnte durch den Hinweis in den landwirtschaftlichen

Winterschulen und durch belehrende Aufsätze in der Landwirtschaftlichen Zeitschrift gefördert werden, wodurch auch die Regierung zur Zerstörung des Vorurteils beitragen könnte, daß die Zuckerrübe nur der Industrie, nicht auch der Landwirtschaft Vorteil bringt. Das Gegenteil ergibt ein Hinweis auf die jetzt so hoch entwickelte Landwirtschaft in Nordfrankreich oder im magdeburger Bezirk.

In diesem Zusammenhang möge kurz noch der sogenannte Zuckerrübenkrieg erwähnt werden, der zu Beginn des Jahres 1913 zwischen Pflanzern und Fabrik entbrannte.

Anfangs Februar hatten die Zuckerrübenbauern in der Pfalz und in Hessen ein gemeinsames Vorgehen gegen die dortigen Fabriken beschlossen, da der Preis, den diese bewilligen wollten, zu niedrig schien, und weil die Landwirte ein Mitbestimmungsrecht bei der Aufstellung der Lieferungsverträge wünschten. Man verlangte eine Bestimmung des Rübenpreises nach dem Zuckerpreis, der im Jahre 1911 infolge der damaligen geringen Ernte stark in die Höhe gegangen war und den Fabriken einen großen Gewinn gebracht hatte, während die Landwirte den Schaden der Mißernte zu tragen hatten.

Diese Bewegung griff auch auf das Elsaß über. Sie hatte hier die Gründung einer Vereinigung rübenbauender Landwirte des Elsaß zur Folge. Ihre Hauptforderung ging dahin, die ersteiner Fabrik solle einen höheren Preis als 1,00 Mk. für 50 kg zahlen, da sie den für sie liefernden pfälzischen und badischen Landwirten 1,10 Mk. pro 50 kg biete.

Demgegenüber betonte die Fabrik, daß die badischen und pfälzischen Rübenbauern keine Schnitzel von ihr erhielten, und daß sie gezwungen sei, auch aus Baden und der Pfalz Rüben zu beziehen, um die nötigen Schnitzel für die im Elsaß ausgedehnte Vieh- und Milchwirtschaft zu erhalten.

Auf eine kurze Anfrage des Abg. Wehrung in der II. Kammer des Landtags wies Staatssekretär Frhr. Zorn von Bulach am 4. März 1913 darauf hin, daß die Rübenpreise wohl von den Zuckerpreisen abhängig seien. Da die hohen Preise des Spätjahres 1911 im Jahre 1912 auf die Hälfte gesunken seien, hätten die Zuckerfabriken beschlossen, die Rübenpreise herabzusetzen; auf die Festsetzung der Preise durch die ersteiner Fabrik habe die Regierung keinen Einfluß, da der Zuckerpreis sich nach der Lage des Weltmarktes bestimme.

Die ganze Bewegung, die übrigens auch in Frankreich hohe Wellen geschlagen hatte, verlief nach und nach wieder im Sande.

Die frankenthaler Zuckerfabrik, die Bevollmächtige der süddeutschen Zuckerfabriken, teilte den Pflanzern mit, am 31. März 1913 werde das Akkordgeschäft für das Jahr 1913 geschlossen. Wer von den Pflanzern sich bis dahin nicht bereit erklärt hätte, zu den Bedingungen der Fabrik zu pflanzen, dem würden keine Rüben im Herbste abgenommen [80]).

So verlief auch im Elsaß eine Bewegung, der man vom Standpunkt der Landwirte aus in den hessischen und pfälzischen Bezirken eine gewisse Berechtigung nicht absprechen konnte, die aber für unsere elsässischen Verhältnisse ergebnislos verlaufen mußte. Unsere Landwirte wie die Fabrik sind auf einander aufs engste angewiesen. Ein treues Zusammenhalten und gemeinsames Hand in Hand-Arbeiten wird eine Vergrößerung der elsässischen Anbaufläche herbeiführen und kann daher nur im Interesse beider Teile liegen.

Die Zichorie.

Der Anbau der Zichorie im Elsaß war stets nur von untergeordneter, vorübergehender Bedeutung. Nur durch den Absatz in der Fabrik Voelcker in Ehl bei Benfeld ist er hochgehalten worden.

Man pflanzt die Zichorie zur Verwendung der Wurzel als Kaffeeersatzmittel heute in ganz Europa; in Deutschland besonders in Braunschweig, Provinz Sachsen, Schlesien, Württemberg. Die Wurzel wird nach gründlicher Waschung zur Bereitung des Surrogates zerkleinert und gedarrt. Das Darrgut kommt nach vorangegangenem Rösten in besonderen Trommeln, zur weiteren Verarbeitung in Mühlen. Zur Verbesserung des Geschmacks wird etwas Gewürz (Erdnuß- oder Sesamöl) hinzugesetzt, darauf das Mehl in Dampfkammern feucht gemacht und als braun- bis braunschwarze, feste, bröckelige Masse in Paketen verpackt und eingelagert.

Als Kaffeersatzmittel ist die Zichorie in Norddeutschland seit dem Jahre 1763 bekannt [1]), im Handel ist sie als solches seit 1790 (zuerst in Braunschweig).

---

[80]) In Rheinhessen und der Pfalz hat ein Teil der Landwirte, von holländischem Kapital unterstützt, sich zum gemeinsamen Betrieb einer Zuckerfabrik (Aktienrüben) zusammengeschlossen.

[1]) Sie wird zwar schon früher, z. B. von Hohberg, Adel. Land- und Feld-

Im Elsaß wurde der Anbau der Zichorie durch die Einführung der Kontinentalsperre angeregt. Damals war neben vielen anderen Handels-(Kolonial-)waren auch der Kaffee unerschwinglich teuer geworden, da seine Einfuhr untersagt war. In Straßburg kamen auf dem Rhein von Mainz her z. B. an [2]):

Im Jahre 1807:	10 805	Zentner	Kaffee
1808:	563	»	»
1809:	—	»	» .

Bei dem gänzlichen Fehlen des Kaffees mußte man sich nach Ersatzmitteln umsehen, wie für den Zucker, und so wurden einige Versuche mit der Zichorie gemacht, die im Nachbarlande Baden, im Bezirke Lahr, seit dem Jahre 1796 heimisch geworden war. Daneben machte man Versuche mit gerösteter Gerste, Rüben, Kastanien und dergleichen, doch waren alle diese Versuche, wie die der Zuckergewinnung aus Äpfel- und Traubensäften, nur von kurzer Dauer. Die Bereitung der Zichorie als Kaffeesurrogat hielt sich länger, selbst dann noch, als die Kontinentalsperre aufgehoben, und der Kaffee wieder zu kaufen und zu billigem Preis zu kaufen war. Man vermischte seitdem den Kaffee mit Zichorie, trank aber auch noch den Zichorienaufguß (café de chicorée) ohne Kaffeebeimischung weiter.

Fabrikmäßig wurde Zichorie damals nicht bereitet. Das wurde in der eigenen Wirtschaft besorgt. Dagegen bestanden jenseits des Rheins, in Baden, einige Zichorienfabriken seit ein paar Jahren, die zunächst in der Hauptsache die nötigen Wurzeln selbst pflanzten, später aber die Saat an die Bauern lieferten und Ernte-Ablieferungsverträge mit ihnen schlossen. Nach Aufhebung der Kontinentalsperre war in Baden der Zichorienbau ziemlich verbreitet, während im Elsaß nur sehr wenig Wurzeln gepflanzt wurden. Da im April 1816 die Preise für die Waren infolge des Finanzgesetzes stark in die Höhe gingen, kam nach und nach der Zichorienanbau wieder auf, und auch eine Fabrik wurde in Straßburg gegründet. Doch die elsässischen Pflanzer konnten sich nie recht mit dem Anbau der Zichorie befreunden — auch damals nicht. So mußte sich die straßburger Fabrik Wurzeln aus Baden kommen lassen; aber trotz des Einfuhrzolles von 22 Franken pro Meterzentner gemahlener Zichorie konnten die badischen Fabriken doch billiger liefern. Eine Berechnung aus dem Jahre 1818, die sich im Archiv der straßburger Handelskammer befindet, allerdings von einem interessierten elsässischen

leben, I, Seite 631, erwähnt. [2]) Eichhoff, Darstellung des Rheins, Seite 16/17; Schirges, Der Rheinstrom, Seite 69; auch Eckert, Rheinschiffahrt, Seite 55.

Fabrikanten herrührt, und deshalb auch etwas übertrieben ist, läßt die außerordentlich schlechte Rentabilität der Zichorienfabrikation im Elsaß deutlich hervortreten. Es heißt da folgendermaßen[3]):

Aus 6 Zentnern grüner wird 1 Zentner trockener Zichorie gewonnen. 1 Zentner grüner Wurzeln kostet 8 Franken Ankaufspreis und für den Transport aus Baden, Ausfuhrzoll in Baden und Einfuhrzoll in Frankreich betragen die Kosten pro Zentner 6 Franken. 6 Zentner grüner Wurzeln kosten daher in Straßburg unverarbeitet 84 Franken.

Ein badischer Fabrikant, der nach Straßburg liefert, hat folgende Unkosten: 6 Zentner grüne Wurzeln zu 8 Franken = 48 Franken. Einfuhrzoll für den aus 6 Zentnern grüner Wurzeln gewonnenen einen Zentner verarbeiteter Zichorie in Frankreich: 22 Franken. Dazu kommen Unkosten (badische Steuer): 2,20 Franken, zusammen 72,20 Franken.

Der badische Fabrikant hätte demnach selbst bei dem hohen Einfuhrzoll von 22 Franken pro Zentner gemahlener Zichorie einen Vorteil von 11,80 Franken gegenüber dem elsässischen gehabt.

Die Versuche, im Elsaß den Anbau zu erweitern, blieben aber ohne praktischen Erfolg — merkwürdigerweise. Denn die Rente aus dem Zichorienbau war keineswegs schlecht. Vom Acker (20 Ar) erhielt man etwa 30—40 Doppelzentner Wurzeln mit einem Ertrag von 240—320 Franken. Außerdem waren die Blätter gut zur Viehfütterung zu verwerten. Ferner konnte man stets auf einen gleichmäßigen Ertrag hoffen, und der Absatz war gesichert, da die straßburger Fabrik natürlich Wert darauf legen mußte, elsässische Wurzeln zu verarbeiten. Doch war diese nicht kapitalkräftig genug, um durch längere kostspielige Proben die Pflanzer zum Übergang zum Zichorienbau zu bewegen.

Erst um 1840 begann man im Elsaß mit dem Anbau in etwas größerem Umfange. In Ehl bei Benfeld gründete 1842 die lahrer Zichorienfabrik Daniel Voelker eine Zweigniederlassung. Diese Filiale bestand bis zum Jahre 1882 fort, wo sie nach Bayon (Dép. Meurthe-et-Moselle) verlegt wurde[4]). In verschiedenen Ausstellungsberichten werden ihre Fabrikate lobend erwähnt[5]). Sie hatte im Jahre 1855: 80 Arbeiter, und ihre jährliche Produktion erreichte einen Wert von 250 000 Franken, im Jahre 1878 von 500 000 Franken. Die

---

[3]) Aktenstück 5461 c. [4]) Nach Mitteilung der Fabrik D. Voelker in Lahr.

[5]) Exposition universelle de 1855. Travaux du comité départemental du Bas-Rhin, Seite 40; Exposition universelle de 1867, Rapport de M. Dubocq, Seite 23; Grad,

Hälfte der Erzeugnisse wurde im Elsaß abgesetzt, die andere Hälfte ging in die Nachbarstaaten.

Die Lage der Fabrik in Ehl bedingte natürlich die Lage der Anbaufläche im heutigen Kreise Erstein. Gelegentlich finden sich auch in anderen Teilen des Unterelsaß Spuren vom Zichorienbau. So wurden in Bischweiler im Jahre 1862: 8,30 ha Zichorie gepflanzt mit einem Ertrag von 169,87 Doppelzentner pro Hektar, zu einem Durchschnittspreis von 5 Franken pro Doppelzentner [6]).

Bis zum Jahre 1878 gibt uns die Statistik keine Auskunft über die Gesamtanbaufläche der Zichorie im Lande. Sie wurde mit Senf zusammen gezählt. Im Unterelsaß zählte man:

Im Jahre 1866	Senf und Zichorie:			450	ha
1878	betrug die Anbaufläche der Zichorie allein:			44,94	»
1883	» » » » » »			17,70	»
1893	» » » » » »			39,93	»
1900	» » » » » »			44,67	»
1901	im Unterelsaß:	28,82 ha,	in Lothringen:	52,86	»
1902	» »	26,42 »	» »	59,61	»
1903	» »	29,07 »	» »	63,61	»
1904	» »	18,72 »	» »	38,61	»
1905	» »	19,07 »	» »	30,61	»
1906	» »	16,57 »	» »	24,76	»
1907	» »	2,97 »	» »	9,50	»
1908	» »	1,00 »	» »	— [7])	».

Bis zum Jahre 1906 wurde immer noch für die lahrer Fabrik gepflanzt [8]), da seit 1882 eine elsässische Fabrik nicht mehr vorhanden war. In Lothringen gab es noch eine Fabrik in Saargemünd und eine in Marly bei Metz. Heute wird im Elsaß keine Zichorie mehr gepflanzt, in Baden ist der Hauptanbau auf die Gegend zwischen Bretten-Sinsheim-Jagstfeld beschränkt. Wegen der verteuerten Tagelöhne konnten die Pflanzer die Zichorie im größeren Umfange nicht mehr anbauen. Die kleinen Betriebe konnten aber mit den großfelderwirtschaftlichen Verhältnissen in Norddeutschland, Belgien und Holland keineswegs Schritt halten, da die dortige maschinelle Bearbeitung (Säemaschinen, Unkrautpflüge, Jätemaschinen, Wurzelpflüge) den Kleinbetrieb weit zurückläßt.

Etudes, I, Seite 449. [6]) Bischweiler Gemeinde-Archiv, T 2. [7]) Im Oberelsaß wurde keine Zichorie gepflanzt. In Lothringen zählte man 1913 wieder 1,78 ha Zichorie. [8]) Über den Anbau vergl. Migneret a. a. O. IV, Seite 144. Die Verträge mit der Fabrik waren die üblichen (wie bei Zucker- oder Konservenfabriken).

Die Gemüsepflanzen.

An sich werden landwirtschaftlich-technisch die Gemüsepflanzen nicht zu den Handelsgewächsen im engeren Sinne gerechnet. Allein nach unserer eingangs gegebenen Begriffsbestimmung lassen sich heute die Gemüsepflanzen wohl den Handelsgewächsen einreihen.

Hierher gehören vor allem Erbsen und Bohnen, ferner Linsen, Tomaten, Gurken, Sellerie, Zwiebel, Spargel, Kraut, auch Erdbeeren. Diese vier letzteren Pflanzen werden in besonderen Abschnitten behandelt; Linsen, Tomaten, Gurken, Sellerie, auch der Meerrettig, der in Baden [1]) eine gewisse Rolle spielt, kommen für den Anbau im heutigen Unterelsaß fast gar nicht in Frage.

So bleiben als Feldgemüsepflanzen nur Bohnen und Erbsen übrig, da Wirsing, Rotkraut, Blumenkohl, Gelberüben u. s. f. auch den Handelsgewächsen im weiteren Sinne nicht mehr zugerechnet werden können.

Erbsen und Bohnen blicken auf eine lange Kultur im Lande zurück. Sie sind es vor allem, die früher in den eingezäunten «horti», in der Nähe des Hauses angepflanzt wurden. Besonders die Gegend um Straßburg hat sich ihrem Anbau stark gewidmet, wo seit den ältesten Zeiten die Pflanzung der Pisa erwähnt wird [2]). Neben Kraut waren diese Gemüse im Mittelalter ein Hauptnahrungsartikel für die Bevölkerung, die sich nicht in dem Maße von Fleisch ernährte als heute. Die Chronik der Dominikaner von Colmar erwähnt Ende des 13. Jahrhunderts neben Getreide fast ausschließlich Bohnen und Erbsen, auch Linsen [3]), und die Zisterziensermönche zu St. Urban in Solodorum (Soleure) berichten im Jahre 1276, daß sie jedes Jahr 1000 Viertel Roggen, 500 Weizen, 500 Hafer und 200 Viertel Gemüse verbrauchen [4]). Ein großer Handel wird mit den Gemüsen schon zu Anfang des 14. Jahrhunderts getrieben [5]), doch läßt sich leider mangels genauer dokumentarischer Unterlagen die Anbaufläche wie auch die Bedeutung des Handels zu damaliger Zeit auch nicht annähernd bestimmen.

Jedenfalls wird im Jahre 1341 in Straßburg schon am Roßmarkt, dem heutigen Broglieplatz, ein Haus «Zu dem Erweysser» erwähnt, das heißt: zum Erbsenhändler, und der Name der heutigen Gewerbs-

---

[1]) In der Gegend von Rastatt vornehmlich. [2]) Straßburger Urkundenbuch, I, Seite 70 u. s. f. In Basel wird sie 1383 ff. erwähnt. [3]) Les annales et la chronique des Dominicains de Colmar, 1854. Seiten 43, 72, 104, 196, 237. . . [4]) Ebenda, Seite 60. [5]) Eheberg, I, Seite 326 usw.

lauben bedeutet ursprünglich nichts anderes als Erbsenlaube, die 1351 als Lobium Pisarum, 1367 als Erweisloube erwähnt wird und das ganze Mittelalter hindurch den Namen Erwislaube (1636) oder Halle aux pois (ebenfalls 1636) trägt [6]). Auch heute noch heißen die Gewerbslauben im Volksmunde «d'Erbselaub». Die Erbsenlaube lag ganz in der Nähe des Kornmarktes. Ihre Größe und ihre Anlage läßt heute noch die Bedeutung des mittelalterlichen Erbsenhandels vermuten. In einer bekannten «Erhebung der städtischen Bevölkerung und des städtischen Getreidevorrates» aus der ersten Hälfte des 15. Jahrhunderts werden ziemlich beträchtliche Mengen an Erbsen, Bohnen, Linsen erwähnt [7]). «Bonen unnd Fäselen seind der armen Leut Kost inn der Fasten gleich wie die kalten Erweissen mit Senff uberschüttet / seind inn allen orten auff dem Rhein breuchlich / . . .» [8]), erzählt Hieronymus Bock, und in «unserem Lande / insonderheit zu Cöllen / Metz / Speier und Straßburg ist nach den Erweissen kein breuchlicher legumen oder Köchset als eben unsere Bonen / beide dem Menschen und Vihe zur Speiss und Artzney dienlich» [9]). Ende des 16. Jahrhunderts sind die Erbsen schon feldmäßig, nicht mehr in Gärten, gepflanzt worden. Der Zehnt mußte von Erbsen und Bohnen gezahlt werden. Aber infolge der mannigfachen kriegerischen Verwicklungen, in die das Elsaß einbezogen wurde, unter denen seine Felder stark zu leiden hatten, wird die feldmäßige Erbsen- und Bohnenpflanzung wieder aufgegeben worden sein, umsomehr, als eine Ausfuhr im großen in entfernter gelegene Gegenden wegen der geringen Haltbarkeit der Früchte auch seit der Erfindung der Eisenbahnen nicht stattfinden konnte.

Hier griff die Entdeckung des französischen Koches François Appert helfend ein, der im Jahre 1809 nach längeren Versuchen fand, daß durch längere Erhitzung unter Luftabschluß die gewöhnlichen Nahrungsmittel haltbar gemacht werden können. Mit dem industriellen Ausbau und der Verwertung dieser Erfindung war der Grund gelegt zu einem größeren feldmäßigen Anbau der Gemüsepflanzen, die von da ab erst eigentliche Handelsgewächse geworden sind.

Diese industrielle Verarbeitung ist im Unterelsaß freilich erst im letzten Jahrzehnt des vorigen Jahrhunderts eingeführt worden; heute beziehen die beiden straßburger Konservenfabriken große Mengen von unterelsässischem Gemüse zur Verarbeitung und

[6]) Eheberg, I, Seite 462. Seyboth, Das alte Straßburg, Seite 48. [7]) Eheberg, I, Seite 500. [8]) Kreutterbuch (Melchior Sebitzius) 1557, Seite 219 V. [9]) Kreutterbuch (Melchior Sebitzius) 1557, Seite 222. Auch die Linsen werden dort erwähnt, doch

führen straßburger Konserven im großen aus. Seit dieser Zeit hat der feldmäßige Anbau von Erbsen und Bohnen bei uns wieder beträchtlich zugenommen.

Dabei kommt der Anbau der Gemüsepflanzen gerade dem Kleinbesitz im Unterelsaß zu statten, und die kleinen Tagelöhner und Landwirte sind es vor allem, die sich mit dem Gemüsebau befassen, abgesehen von den berufsmäßigen Gärtnern in der engeren straßburger Umgebung. Der Groß- oder Mittelbauer kennt den Gemüsebau nur wenig. Er pflanzt lieber Hopfen, Tabak oder Zuckerrüben.

Erbsen.

Die Anbaufläche der Erbsen verteilte sich im Jahre 1912 auf die einzelnen Kreise des Unterelsaß folgendermaßen [10]:

Kreis	Straßburg-Stadt:	3,46	ha
»	Straßburg-Land:	66,45	»
»	Erstein:	41,50	»
»	Hagenau:	3,50	»
»	Molsheim:	1,15	»
»	Schlettstadt:	75,00	»
»	Zabern:	—	»
»	Weißenburg:	—	»

In größerem Umfang betreiben also nur die drei Kreise Straßburg-Land, Erstein, Schlettstadt den Erbsenbau, der hier durch die Eisenbahnverbindungen nach Straßburg begünstigt wird. Längs der Eisenbahnlinie Straßburg-Benfeld-Erstein-Schlettstadt, dann an der Strecke Straßburg-Molsheim, und im Ried an der Nebenbahnlinie Straßburg-Markolsheim liegen die Erbsenfelder, wie nördlich von Straßburg in Hönheim, Reichstett, Suffelweyersheim, auch in Brumath, wo überall leichte Verbindungsmöglichkeit mit Straßburg besteht.

Der feldmäßige Anbau der Erbsen ist in den beiden letzten Jahren durch die straßburger Konservenfabriken stark gefördert

---

sieht Bock sie nicht gerne, da sie unverdaulich seien. [10]) Im einzelnen vergleiche die Tabelle Nr. 5 (Anhang). Die Zahlen für die gemüsepflanzenden Kreise des Oberelsaß und Lothringens sind (ebenfalls 1912): Kreis Colmar 49,00 ha, Kreis Gebweiler 1,00 ha, Kreis Mülhausen 71,50 ha, Kreis Metz-Land 628,68 ha, Kreis Bolchen 17,50 ha, Kreis Château-Salins 257,50 ha, Kreis Diedenhofen-Ost 100,00 ha, Kreis Forbach 60,00 ha, Kreis Saarburg 40,00 ha, Kreis Saargemünd 20,00 ha.

worden, die einen Absatz im großen gewährleisten und durch Akkordverträge die Anbaufläche vergrößerten. In den beiden straßburger Firmen, der Straßburger Konservenfabrik J. Clot und Cie. und der Elsässischen Konservenfabrik und Importgesellschaft Ungemach A.-G., sehen wir, abgesehen von der nur zu erwähnenden Großmühlenindustrie, die Nachfolger der alten großen straßburger Handelshäuser, die im Mittelalter bis ins vorige Jahrhundert hinein den deutschen Markt mit elsässischen Landesprodukten versorgten und mit den großen Speditionsfirmen zu den ersten und vornehmsten Firmen der alten Handelsstadt gehörten.

Beide Fabriken stehen freilich nicht in unmittelbaren Beziehungen zu jenen alten Handelshäusern. Sie sind aus dem Kleinhandel hervorgegangen. Pierre Ungemach eröffnete im Jahre 1812 am Gerbergraben in Straßburg einen Spezereiladen, der sich ständig vergrößerte und unter seinem Enkel 1888 in eine Aktiengesellschaft umgewandelt wurde. Gleichzeitig wurde die kurz zuvor gegründete Konservenfabrik in Schiltigheim von dieser Aktiengesellschaft übernommen. Die Konservenfabrik hatte anfangs einen ungünstigen Geschäftsbetrieb, und erst allmählich konnte sie auf eine feste Grundlage gestellt werden. Heute ist die Fabrik nur ein kleiner Teil eines großen Unternehmens mit 2½ Millionen Aktienkapital; sie ist durch umfassende Neubauten in den letzten Jahren instand gesetzt worden, in 10stündiger Arbeitszeit 60 000 kg Erbsen zu verarbeiten [11]).

Die Konservenfabrik J. Clot und Cie. ist aus einem Spezereiladen F. Jacquier in der Judengasse hervorgegangen, der 1851 gegründet wurde. Seit Mitte der 80er Jahre wurden dort Konserven hergestellt und am 1. April 1886 ging die Konservenfabrik daraus hervor.

Diese beiden Unternehmungen üben auf den Anbau speziell der Erbsen einen bedeutenden Einfluß aus. Auch in Baden wird für sie gepflanzt und auch hier in den an der Kleinbahn liegenden Gemeinden von Kehl südwärts bis in die Gegend des Kaiserstuhles. Dort beginnt bereits das Anbaugebiet der konstanzer Fabrik, wie in gleicher Höhe des Rheins auf elsässischer Seite das Anbaugebiet der horburger Fabriken beginnt. Nördlich von Kehl reicht, auch hier der Kleinbahnlinie entlang, das Anbaugebiet bis in die Gegend von Bühl, wo es sich mit dem der schwetzinger Fabriken berührt. Eine weitere räumliche Ausdehnung ist auch aus dem Grunde nicht ratsam, weil je eher, desto besser, die Früchte konserviert werden müssen.

[11]) Vergl. die kleine Festschrift: Ungemach, A.-G., 1888—1913, Straßburg 1913.

Die Konservierung selbst beruht noch auf dem alten Appertschen Prinzip, natürlich mit verschiedenen Verbesserungen.

Es sei hier kurz die Frage der Grünung der Konserven mit Kupfer gestreift, die in einiger Zeit wohl in den Brennpunkt des Tagesinteresses gestellt werden wird. Die chlorophyllhaltigen Gemüse färben sich unter dem Einfluß einer hohen Temperatur nach einiger Zeit leicht bräunlich. Man hat deshalb versucht, durch geringen Kupferzusatz die Gemüse grün zu erhalten. Der § 1 des Gesetzes vom 5. Juli 1887 [12]) verbot aber die Kupferung, während andere europäische Staaten einen Kupferzusatz erlaubten. Es war daher die Möglichkeit gegeben, daß deutsche Fabriken im Auslande eine Zweigniederlassung errichteten, dort mit staatlicher Erlaubnis die Gemüse färbten und dann ins Inland einführten, da die Einfuhr solcher Gemüse gestattet war. Um eine solche Umgehung des Gesetzes zu verhüten, forderte im Landwirtschaftsrat ein Antrag v. Leoprechting betr. das Nahrungsmittelgesetz im Jahre 1893 eine Abänderung des Gesetzes [13]). Nach längeren Versuchen empfahl am 22. August 1896 ein Rundschreiben des Reichskanzlers eine weniger strenge Anwendung der gesetzlichen Vorschriften in Fällen, in denen eine Schädigung der menschlichen Gesundheit nicht zu befürchten sei. Ferner gestattete ein Erlaß des preußischen Ministeriums für Handel und Gewerbe vom 20. Oktober 1896 den Zusatz von Kupferverbindungen in geringen Mengen zu den Gemüsekonserven. Die Regierungen der einzelnen Bundesstaaten ließen ebenfalls eine geringe Kupferung zu, doch schwankten die Grenzen für den Zusatz zwischen 25 mg in 1 kg Konserven (Preußen) und 55 mg in 1 kg (Baden). Es entstand daher für die Fabriken ein höchst unsicherer Rechtszustand, auf dessen Beseitigung sie auch energisch drängten. Eingehende Versuche haben in der Zwischenzeit die Kupfergrünung der Gemüsekonserven, die man früher als gesundheitsschädlich ansah, als ungefährlich nachgewiesen. Das Reichsgesundheitsamt hat im Sommer 1909 und später umfassende Untersuchungen angestellt, deren Ergebnisse zurzeit dem Reichsamt des Innern vorliegen. Eine baldige Regelung der Frage kann demnach erwartet werden [14]). Die Konservenfabriken wünschen heute eine Erhöhung der Grenze

[12]) R. G. Bl., 1887, Seite 277. [13]) Verhandlungen des Landw.-Rates für E.-L., Session 1893, Straßburg, 1894, Seite 102. [14]) Eine weitere Schwierigkeit liegt für die Konservenfabriken, die zur sog. «Kampagne-Industrie» (mit den Zuckerfabriken u. a.) gehören, darin, daß der Betrieb sich auf bestimmte Jahreszeiten beschränkt und sonst fast gänzlich ruht. § 138 a der Gewerbeordnung hat daher für bestimmte Fälle eine außergewöhnliche Verlängerung der Arbeitszeit gestattet. (Vergl. Nelken, Gewerbeordnung, Zabern 1912, Anhang Seite 551 f.).

für den Zusatz von 25—55 mg auf 80—100 mg Cu auf 1 kg abgetropfter Konserve. Dieser Zusatz ist nach Bassermann [15]) ungefährlich; er ist auch nicht geeignet, irgendwelchen Täuschungsversuchen der Fabriken Vorschub zu leisten. Denn es ist nachgewiesen, daß er schlecht ausgereifte Erbsen nicht zum Grünen bringt.

Die am meisten angewandte Methode zur Grünung der Erbsen wird durch Verwendung von Kupfervitriol ausgeübt. Andere Verfahren wenden Chlorophyll oder Nickelsalze oder blaue Teerfarbstoffe an.

Die Fabriken unterhalten in den einzelnen Orten Agenturen, und diese haben wieder, wo es angängig ist, Unteragenturen in ihrem Gebiet eingerichtet. Hier wird die Saat verteilt, Neuabschlüsse vermittelt, und der Absatz geregelt.

Man pflanzt für die Konservenfabriken überall nur zwei Sorten: Die Früh- und die Späterbse. Beide werden im März gesät. Ungefähr am 5. bis zum 8. Juni wird mit der Ernte der Früherbse begonnen. Sie dauert 3 Wochen, bis zum 25. oder 30. Juni. Die Späterbsen werden vom 25. Juni bis etwa in die Tage vom 25. bis 31. Juli geerntet. Die Früchte werden in unreifem Zustande geerntet. Ein Erbsenstück wird dabei innerhalb 14 Tagen zwei- bis dreimal durchgepflückt, darauf kommt die Pflanze aus dem Boden.

Die Früherbsen bieten dem Bauer den Vorteil, daß er nach ihnen noch Zucker- [16]) oder Futterrüben [17]) oder Kartoffeln [18]) im gleichen Jahre pflanzen kann. Dagegen weisen die Späterbsen durchgängig einen höheren Ertrag auf als die Früherbsen [18]). Gelegentlich pflanzt man nach Späterbsen auch Weißrüben [19]), meist wird jedoch nicht mehr nachgepflanzt, und man erhält dann im folgenden Jahre gute Weizenstücke. Gelegentlich, allerdings selten, pflanzt man in demselben Boden zwei Jahre hintereinander Erbsen. Die Pflanze selbst bleibt dabei natürlich nur ein Jahr in der Erde.

Im Frühjahr wird der Samen den Pflanzern von der Fabrik zur Erziehung gleichmäßiger Erbsen durch Vermittlung der Agenten geliefert. Hierbei wird gleichzeitig der Betrag festgesetzt, den die Fabriken für die geernteten Gemüse bezahlen. Die Saat wird durchgängig zu einem Einheitspreise von 60 Pfennig pro Liter in Anrech-

[15]) a. a. O. Seite 54 f. Bei Bassermann auch weitere Literaturangaben zu dieser Frage. Vergiftungsfälle infolge zu starker Kupferung sind bis jetzt nicht nachgewiesen, entgegen einer weitverbreiteten Meinung des Publikums. [16]) So hauptsächlich südlich von Straßburg. [17]) So hauptächlich nördlich von Straßburg. [18]) Nach den Späterbsen werden im Ried Futtermais oder weiße Rüben gepflanzt. [19]) In Brumath.

nung gebracht und gelangt bei der ersten Ablieferung von frischen Erbsen zur Verrechnung. Die Pflanzer müssen sich verpflichten, den vollen Ertrag der frischen Erbsen an die Fabrik zur Ablieferung zu bringen, auch nicht für Dritte zu pflanzen.

Da die Anbaufläche jedes Besitzers klein ist, kann man Reisererbsen ziehen, das heißt Erbsen, die durch Reiser gestützt werden; bei Früherbsen läßt man hie und da die Reiser weg, jedoch mit Verlust. In die Kulturmaßnahmen selbst greift die Fabrik nicht, oder nur in Ausnahmefällen ein. Dagegen geben natürlich die Agenten Anleitungen oder Anweisungen, je nach dem Grad des Interesses, das sie an den Pflanzungen nehmen. Die Fabriken gehen in letzter Zeit auch auf Drahtpflanzungen aus, bei der das einzelne Pflänzchen gerade bleibt, schwer umfallen kann und für Licht und Luft mehr zugänglich ist, als bei den Reisererbsen. Auch kann man bei dieser Art der Pflanzung viel leichter bei der Ernte durchgehen und pflücken.

Meist wird bei uns mit der Hand gesät. Säemaschinen findet man kaum. Gelegentlich besitzt ein Agent eine solche und leiht sie dann an die Pflanzer seines Bezirkes aus [20]). Pro Ar verwendet man einen Liter Saat und rechnet davon auf einen Durchschnittsertrag von 40 kg Erbsen. Der im Frühjahr für das Kilogramm unreifer Erbsen vereinbarte Preis beträgt durchschnittlich 0,16 bis 0,18 Mk. so daß ein Ar für $40 \times 0{,}16$ oder $0{,}18 = 6{,}40$—7,20 Mk. Erbsen bringt. Davon geht ab die Saat mit 0,60 Mk. pro Liter und Ar, so daß ein Gewinn von 5,80—6,60 Mk. übrig bleibt, auf den die Kosten der Bearbeitung, Düngung, des Pflückens und der Bodenzins zu verrechnen sind.

Die Größe der Anbaufläche eines einzelnen Landwirts ist je nach der Gegend außerordentlich verschieden. Doch hält sich der Anbau durchweg in den Formen des Kleinbetriebes, wodurch auch die Kultur der Reisererbse leicht möglich ist, im Gegensatz zu den im norddeutschen Großbetrieb allein verwendbaren Drillerbsen, die einen viel geringeren Ertrag erbringen [21]). Die Größe der Pflanzung eines einzelnen Besitzers ist am besten aus nachstehender Angabe aus Rheinau ersichtlich: Im Jahre 1912 bebauten 45 Pflanzer eine Fläche von 65 Ar Erbsen; 1913: 86 Pflanzer 320 Ar; 1914: 127 Pflanzer 538 Ar [22]).

Der Erbsenbau bedarf keiner besonderen körperlichen Anstrengungen, und die Pflücke kann leicht von der Frau und den

[20]) In Hönheim z. B. [21]) Der Wert der Drillerbsen ist nur etwa $^3/_5$ des Wertes der gleichen Menge Reisererbsen. Auch in Horburg bei Colmar werden die Erbsen gedrillt. [22]) Die Anbaufläche liegt zum Teil rechtsrheinisch.

Kindern des Eigentümers vorgenommen werden. Deshalb wird von den Bauern in der dortigen Gegend weniger Tabak gepflanzt, da dieser im Preise zurückgeht, und vorderhand wenig Aussicht auf eine Besserung vorhanden ist.

Südlich von Straßburg sind es Landwirte die einen Teil ihres Bodens, durchschnittlich 10—20 Ar der Erbsenkultur widmen; im Norden von Straßburg sind es vielfach Tagelöhner und Handwerker, die oft nur 2—5 Ar bepflanzen. Hier bauen die Landwirte mehr Futterpflanzen. Natürlicherweise schwankt auch hier, wie bei allen Handelsgewächsen, die der Handelskonjunktur unterworfen sind, die Anbaufläche von Jahr zu Jahr. Ist die Frucht in einem Jahre gut geraten, dann wird im kommenden Jahre viel gepflanzt, ist sie schlecht geraten, dann pflanzt der Bauer im nächsten Jahre lieber Tabak oder Weizen. Dieses Schwanken der Anbaufläche hängt zum großen Teil von der bedauerlichen Unkenntnis unserer elsässischen Bauern auf dem Gebiete eines geordneten Fruchtwechselsystems her, für das der elsässische Bauer zu seinem eigenen Schaden im Gegensatz zu dem badischen, noch mehr zu dem pfälzischen und hessischen Landwirt ein erstaunlich geringes Verständnis zeigt.

Entgegen dem Brauch in anderen Gegenden, zum Beispiel in Metz, übernimmt der Bauer sämtliche Kulturarbeiten und Kosten von der Saat bis zur Ernte. Es ergibt sich das aus der Natur der Akkordverträge. Die Bauern holen sich die Saat im Frühjahr bei dem Agenten, sie säen, sie bearbeiten den Boden selbst. Ebenso besorgen sie das Pflücken. In Metz wird das Pflücken von Saisonarbeitern ausgeführt, die in großen Schaaren von den Fabriken hinausgeschickt werden. Ein solcher Brauch wäre bei uns infolge der geringen Anbaufläche eines Besitzers ganz unmöglich. Hier wird das Pflücken in der Hauptsache durch den Besitzer und seine Familienmitglieder ausgeführt, nur in größeren Betrieben werden auch Tagelöhnerinnen verwandt, die für das Pflücken von 50 kg Erbsen 1,60 Mk. erhalten. Sie kommen dadurch auf einen Durchschnittstagelohn von 2 Mk., da eine Frau durchschnittlich 60 kg Erbsen pflücken kann, oft sogar bis zu 100 kg. Daneben erhalten sie die volle Verpflegung.

Die Preise, wie schon angegeben, durchschnittlich 16 bis 18 Mk. für den Doppelzentner, sind meist fest bestimmt für das ganze Jahr und die einzelnen Gemeinden. Natürlich sind kleinere Schwankungen nicht ausgeschlossen. Da die Fabriken das Liter Saat zu 60 Pfennig durchgängig liefern, kann unter ungünstigen Umständen der Selbstkostenpreis der Firma nicht erreicht werden.

In diesem Falle wird dann bei der Ernte ein kleiner Abzug gemacht. In einem guten Jahre kann auch der von der Fabrik im voraus berechnete und erwartete Maximalertrag der abzunehmenden Erbsen überschritten werden. Auch für diesen Fall haben sich die Fabriken einen Preisnachlaß vorbehalten, damit sie nicht größere Mengen zu den festgesetzten Preisen abnehmen müssen. Außerdem können nach den Lieferungsbedingungen für eine geringere oder zu weit in der Reife vorgeschrittene Ware von Fall zu Fall besondere Preise festgesetzt werden[22a]).

Die Auszahlung des Erlöses für die Erbsen erfolgt durch die Fabrik sofort nach Ablieferung der Ware mittels Zahlungsscheinen, die außer dem Namen des Pflanzers die Menge seiner an die Fabrik abgeführten Ware, den Preis pro Kilogramm und den Preis für die Gesamtlieferung enthält. Dadurch wird ein genauer Geschäftsverkehr ermöglicht. Für die Landwirte und die kleinen Tagelöhner ist die Zahlung des Betrages in der Regel um so angenehmer, weil sie im Juli und August erfolgt, wo der Bauer meist wenig Geld zur Verfügung hat.

Eine Berechnung der Kosten und des Gewinns ergibt folgendes Bild:

1 Hektar bringt durchschnittlich einen Ertrag von 80 Doppelzentnern Erbsen. Zu einem Preise von 16 Mk. pro Doppelzentner veranschlagt, beträgt der Gesamtertrag also 1280 Mk. Die Kosten des Samens, der Aussaat, des Anbaus betragen rund 650 Mk., sodaß nach dieser Berechnung der Reinertrag pro Hektar 630 Mk. beträgt. Diese vom Bürgermeisteramt Gerstheim zur Verfügung gestellte Berechnungsaufstellung wird für andere Teile des Landes beträchtlich zu hoch gegriffen sein, da der Ertrag von 80 Doppelzentnern Erbsen meistens bei weitem nicht erreicht wird, andererseits ist aber auch der Preis manchmal höher als 16 Mk. pro Doppelzentner.

Bohnen.

Im Gegensatz zu früheren Zeiten werden die Bohnen heute viel weniger angebaut als die Erbsen.

Die Anbaufläche beträgt	im Unterelsaß[23]):	25,15 ha
	im Oberelsaß:	62,50 »
	in Lothringen:	53,50 »

[22a]) Diese Vertragsbedingungen haben im Juli 1914 in Artolsheim zu einem hier nur noch kurz zu erwähnenden Streit zwischen den Pflanzern und den Fabriken geführt. [23]) Nach der Aufstellung im Jahre 1912 des Statistischen Landesamtes. Vergleiche die Tabelle Nr. 5. Die zur Vieh- (Schweine-)Fütterung verwandten Bohnen kommen hier nicht in Betracht.

Im 18. Jahrhundert sind Bohnen im Elsaß in sehr großem Umfange gepflanzt worden. Auf den Märkten hatten sie einen fest bestimmten Marktpreis [24]). Heute werden sie deshalb weniger gepflanzt als die Erbsen, weil sie bedeutend mehr Arbeit erfordern. Ein Kleinbauer kann mit seiner Familie die Arbeiten nicht allein verrichten, denn die Bohnen müssen jeden zweiten Tag durchgepflückt werden. Aus der Tabelle ihres Anbaus ist ersichtlich, daß sie hauptsächlich nördlich von Straßburg angebaut werden. Der Anbau in diesen Gemeinden hängt zum großen Teil mit der Zusammensetzung der Bevölkerung zusammen, die in Schiltigheim, Hönheim, Reichstett aus Eisenbahn- oder Trambahnschaffnern, aus Angestellten und Arbeitern der bischheimer Eisenbahnwerkstätte besteht. Diese Beamten und Arbeiter beziehen ihren festen Lohn. Sie können deshalb eher an die Pflanzung der im Ertrag sehr unsicheren Bohnen denken als ein Kleinbauer, der darauf angewiesen ist, aus seiner Scholle ein bestimmtes Minimum herauszuwirtschaften. Die Frauen dieser Arbeiter und Beamten haben in der Regel keine Arbeit auf dem Felde, da eine Familie oft nur wenige Ar Land besitzt. Neben der Hausarbeit können sie mit den Kindern die schwierige und langdauernde Pflückarbeit gut besorgen. Die Landwirte geben sich eher mit der Erbsenkultur ab als mit dem Anbau der Bohnen. So bauten in Rheinau im Jahre 1912: 47 Pflanzer 80 Ar Bohnen; 1913: 100 Pflanzer 198 Ar; 1914: 90 Pflanzer 186 Ar. Aus diesen und den entsprechenden Zahlen für den Erbsenbau [25]) geht hervor, daß die Zahl der Pflanzer bei der Bohnenkultur zunächst größer war als die der Erbsenbauern, daß also einzelne Landwirte ausschließlich sich mit der Bohnenzucht befaßten. Die Anbaufläche, 1912 noch größer als die Anbaufläche der Erbsen, blieb in den beiden letzten Jahren bedeutend dahinter zurück.

Auch für die Bohnen bestehen zwischen den Pflanzern und den Fabriken ähnliche Verträge wie für die Erbsen. Die Saat, Bearbeitung, Ablieferung vollzieht sich in den gleichen Formen.

Man pflanzt in der Hauptsache Prinzeßbohnen, daneben auch Wachsbohnen. Die Prinzeßbohnen werden viel auf den Markt, nur zum Teil in die Konservenfabriken gebracht. Auf dem straßburger Wochenmarkt werden sie zum Frischkonsum und auch zum Einmachen in den Weckgläsern zum Hausbedarf in großen Mengen und zu höheren als den von den Fabriken gezahlten Preisen verkauft.

Der Preis für Prinzeßbohnen beträgt durchschnittlich 28, oft 30, 35 bis 37 Mk. pro Doppelzentner, der für Wachsbohnen 18 Mk. pro

[24]) Bischweiler Gemeinde-Archiv. HH 22 u. a. [25]) Siehe Seite 126 (Erbsen).

Doppelzentner. Da aber nach der Qualität bezahlt wird, schwanken die Preise bedeutend. Der Preisunterschied zwischen Prinzeß- und Wachsbohnen wird durch die höheren Pflückkosten der ersteren ausgeglichen; denn die Pflücke für die Prinzeßbohnen dauert 2 ½ Monate, die der Wachsbohnen 14 Tage. Wenn die Familie des Besitzers allein die Pflücke besorgt, sind Prinzeßbohnen daher mehr zu empfehlen.

Wie die Erbsen, so weisen auch die Bohnen einen großen Spielraum im Reinertrag auf. Je nach der Behandlung und dem Jahrgang wechselt der Ertrag zwischen 40 und 70 Doppelzentnern. In trockenen Jahren kann von einer Ernte unter Umständen überhaupt keine Rede sein.

Die übrigen Gemüse- und Küchengewächse.

Tomaten werden feldmäßig wenig angebaut. In Gerstheim wurden noch 1912: 5,20 ha angepflanzt, doch gibt man auch dort die Pflanzung wieder auf, weil sich die Tomate wenig für unsere Gegend zum feldmäßigen Anbau und zur Verwendung in den Konservenfabriken eignet. In einem nassen Sommer gelangen sie nicht immer zur vollen Reife, und die Fabriken sind zumeist genötigt, sie aus Italien und Südfrankreich einzuführen. Da der Verbrauch an Tomatenkonserven aber beständig zunimmt, ist die Industrie immer mehr auf das Ausland angewiesen [26]).

Gurken werden im Unterelsaß nur in Brumath und in Krautweiler bei Brumath feldmäßig gepflanzt. In Krautweiler waren es 1912: 5 bis 6, in Brumath 4 Hektar. In anderen Gegenden wird die Gurke nur zum Hausgebrauch und mehr in Gärten als feldmäßig angepflanzt. In die Konservenfabriken werden wenig geliefert; meist kommen sie auf den Markt nach Straßburg. Ihr feldmäßiger Anbau geht langsam zurück. Der feldmäßige Anbau der Sellerie ist unbedeutend.

In diesem Zusammenhang sei dem elsässischen Obstbau ein kurzes Wort gewidmet, der leider noch sehr hinter dem anderer süddeutschen Staaten zurücksteht. Von den Konservenfabriken wird das Obst je nach Bedarf und je nach der Ernte ohne feste Verträge gekauft und Zug um Zug bezahlt. Die straßburger Fabriken können nur einen Teil ihres Bedarfs im Elsaß decken. Es fehlt eben bei uns

[26]) Über eine wirtschaftliche Anlage zur Tomatenzucht siehe Landwirtschaftliche Zeitschrift für E.-L., 1914, Seite 206. Siehe auch Berichte der Handelskammer zu

vor allem an einer geschickten Auswahl geeigneter Sorten; ein Landwirt wird sich, im Gegensatz zu dem badischen oder zu dem Landwirt der Nordpfalz und Rheinhessens, selten auf die Zucht einer einzigen oder bei größeren Anlagen einiger weniger Sorten verlegen. Meist pflanzt bei uns der Landwirt wahllos verschiedene Sorten durcheinander und ist dann nicht im Stande, größere Mengen gleichmäßigen Obstes zu liefern. Hier müßte vor allen Dingen die Hilfe der Regierung einsetzen, die mit geringen Mitteln schon viel Gutes schaffen könnte. Durch Obstbaukurse, die jetzt wohl besucht, aber nicht in genügender Menge abgehalten werden, durch Obstverkaufstage in der Stadt, ließe sich die Obstkultur bedeutend heben; und ganz nebenher fänden dann auch noch die Konservenfabriken auf dem Lande ihre Produzenten, die bestimmte Sorten in größerer Menge in die Fabriken liefern könnten.

In den letzten Jahren haben sich mannigfache Bestrebungen zur Hebung unseres heimischen Gemüsebaues geltend gemacht. Diese Bestrebungen sind verschiedener Art. Einmal sind es Wünsche sämtlicher deutschen Gemüsebauern auf Erhöhung des Einfuhrzolles auf ausländisches Gemüse, andererseits Bestrebungen unserer elsässischen Gemüsezüchter auf Verschaffung günstiger Absatzmöglichkeit für das elsässische Gemüse in Altdeutschland. Bei der Wichtigkeit der betreffenden Küchengemüse für unsere Land- und Volkswirtschaft seien diese Fragen hier kurz gestreift, obwohl es sich nicht eigentlich um Handelsgewächse handelt.

Die Bestrebungen der deutschen Gemüsezüchter berühren unsere elsässischen Verhältnisse nur insoweit, als die elsässische Wirtschaft von der deutschen abhängig ist. Die Wünsche auf Einführung eines Zolles auf frisches Gemüse sind nicht neu. Schon 1879 und später 1884/85 waren dahinzielende Anträge des Zentrums und der Konservativen von der Reichstagskommission abgelehnt worden. Der Entwurf des Zolltarifs von 1902 hatte Küchengewächse freigelassen, nur für zubereitete Küchengewächse einschließlich Erbsen, Speisebohnen, Kartoffeln einen Zoll von 10 Mk. pro Doppelzentner festgesetzt. Im Gesetze [27]) selbst wurde dann schließlich auf Rotkohl, Weiß- und Wirsingkohl in frischem Zustand ein Zoll von 2,50 Mk. pro Doppelzentner gelegt, auf andere frische Küchengewächse 4 Mk., frische Spargel, Tomaten, Melonen, Rhabarber usw. 20 Mk. Zubereitete Küchenkräuter zahlten 10 Mk. pro 100 kg. Diese Sätze traten am 1. März 1906 in Kraft. Die deutschen Gärtnerverbände verlangen nun für den Abschluß neuer Handelsverträge erhöhte Schutzzölle,

Straßburg, 1911, Seite 87 ff.

[27]) Reichsgesetzblatt 1902, Seite 303.

vor allem erhöhte Sonderbesteuerung von ausländischen Frühererbsen, Bohnen und Erdbeeren. Über diese Wünsche der deutschen Gemüsezüchter ist in der Presse in der letzten Zeit lebhaft gestritten worden [28]).

Die Wirkung der Zollerhöhung bezüglich der Erbsen würde für die elsässische Ware nur gering sein. Unsere Bauern haben vorderhand genügenden Absatz, da meist die Nachfrage das Angebot übersteigt. Unsere Konservenfabriken haben alles Interesse, ihre Ware im Elsaß selbst zu kaufen, da die Erbsen bei längerem Transport leicht dem Verderb ausgesetzt sind. Erst wenn die Fabriken in der Nähe keine Erbsen mehr erhalten können, sind sie auf das Ausland angewiesen. Dort werden sie vielleicht zu etwas niederen Preisen kaufen (vorausgesetzt, daß bei einer inländischen Mißernte im Auslande überhaupt Erbsen zu haben sind); dafür fallen ihnen aber die hohen Transport- und Transportgefahr-Kosten zur Last. Eine Erhöhung des Zolls hätte für unsere Gemüsezüchter daher keinen Einfluß, da die Fabriken die unbedingt nötige Ware auch im Falle einer inländischen Mißernte im Auslande zu kaufen suchten und die höheren Preise wieder auf den Konsumenten abwälzten.

Über die Wirkung der Zollerhöhung auf die Küchengewächse läßt sich mangels genügender Unterlagen über Produktion, Verbrauch, Ein- und Ausfuhr für unsere elsässischen Verhältnisse ein abschließendes Urteil nicht fällen. Allerdings hat ja die Einfuhr von Küchengewächsen aus dem Ausland im Deutschen Reiche bedeutend zugenommen [29]). Aber wahrscheinlich wird sich eine Heraufsetzung der Zollsätze im Reichstage kaum durchführen lassen, da mit Recht eine Verteuerung des Gemüses durch derartige Erhöhungen be-

[28]) Die Generalversammlung des Verbandes Deutscher Gemüsezüchter am 16. und 17. Februar 1914 in Berlin hat der Reichsregierung folgende Anträge übermittelt: Erhöhung des Zolls auf Bohnen, Erbsen auf 20 Mk. pro Doppelzentner für die Zeit vom 1. Februar bis 15. August, und auf 4 Mk. für die Zeit vom 16. August bis 31. Januar (Begründung: starke Einfuhr aus Holland); des Zolls auf Zwiebeln 4 Mk.; auf Erdbeeren für die Zeit vom 1. Juni bis 31. Dezember auf 20 Mk., für die Zeit vom 1. Januar bis 31. Mai auf 40 Mk. pro Doppelzentner.

[29]) Im Durchschnitt von 1901/05 wurden jährlich eingeführt 134 000 Tonnen im Werte von 16 Millionen Mark; im Durchschnitt von 1906/10 166 000 Tonnen im Werte von 28 Millionen; 1911: 304 000 Tonnen zu 53 Millionen Mark; 1912: 288 000 Tonnen im Werte von 80 Millionen Mark. Diesen Zahlen gegenüber sind die Ausfuhrzahlen sehr gering: von 1901/05: 43 000 Tonnen jährlich im Werte von 8 Millionen Mark; 1906/10: 49 000 Tonnen im Werte von 7,4 Millionen Mark; 1911: 33 000 Tonnen zu 6,4 Millionen; 1912: 51 000 Tonnen zu 6,8 Millionen Mark. Leider sind in diesen Zahlen auch die von Wurzeln und Pilzen usw. enthalten. (Die Deutsche Landwirtschaft, bearbeitet im K. Statistischen Amte, Berlin 1913, Seite 254 f.)

fürchtet wird, der man das Volk neben der Fleischteuerung nicht aussetzen mag.

Wichtiger für die elsässischen Verhältnisse sind die Bestrebungen unserer heimischen Gemüsezüchter auf Herbeiführung besserer Versandmöglichkeiten, um dem elsässischen Gemüse nicht nur im eigenen Lande, sondern auch in Altdeutschland Absatz zu verschaffen. Die zunehmende Bedeutung der Küchengewächse gerade für die elsässische Landwirtschaft veranlaßte die Einsetzung einer Spezialkommission durch die Gemüsebausektion des oberelsässischen Gemüsebauvereins. Diese Kommission regte bei der Generaldirektion der Eisenbahnen in Elsaß-Lothringen die Aufnahme von Weiß- und Rotkraut, Wirsing- und Blumenkohl in den Eilgutspezialtarif und die Zulassung dieser Gemüsesorten schon bei einem Gewicht von weniger als 2000 kg, und von Salat im Gewicht von weniger als 1500 kg in unverpacktem Zustande zum Bahnversand an, weil die hohen Verpackungskosten in keinem Verhältnis zu dem Wert der Ware ständen. Nach Verhandlungen mit der Generaldirektion kam man von den Anträgen ab, nachdem die Generaldirektion eine Beschleunigung der Beförderung von Gemüsesendungen, die als Frachtstückgut aufgeliefert werden, und auch Erleichterungen hinsichtlich der Verpackungsweise zugesagt hatte.

Für unseren Kleinbetrieb ist die Züchtung hochwertiger Gemüsepflanzen äußerst lohnend. Möge daher die Versanderleichterung auch auf seiten der Gemüsebauern, die sich im Herbst 1913 zu einem Landesgemüsebauverband für Elsaß-Lothringen mit dem Sitze in Colmar zusammengeschlossen haben, das nötige Interesse und die nötige Tatkraft vor allem auf dem Gebiet des Anbaues und Absatzes finden, dann werden auch die Küchengewächse bald den Handelsgewächsen sich gleichwertig zur Seite stellen können[30]).

[30]) Der hochbedeutende Gemüsebau in der Straßburger Gegend, der durch Jahrzehnte lang fortgesetzte Intensivkultur den Charakter des Gartenbaues angenommen hat, ist hier nur kurz zu streifen. Die Bedeutung dieser Kultur für die Wirtschaft der straßburger Vororte, vor allem für Ruprechtsau, ist nur schwer zu schätzen. Die Menge des jährlich erzeugten Gemüses stellt aber einen sehr ansehnlichen Wert dar. Schon im Mittelalter waren die straßburger «Gärtner» berühmt, die allerdings mehr im Südwesten der Stadt, im «Grünen Berg» und «Kagenecker Bruch» ihren Sitz hatten. Heute noch feiern die ruprechtsauer Gärtner, die Nachkommen der alten Zunftmitglieder (die Familie Friedolsheim u. a.), zu Ehren ihres Schutzpatrons das Fiacriusfest, bei dem sie die schönsten Erzeugnisse in feierlichem Zuge zur Schau tragen. Literatur zu den obenstehenden Angaben findet sich in den großen Tageszeitungen vom Jahre 1913 und 1914 (Kölnische, Frankfurter Zeitung usw.). In straßburger Blättern unter anderem: Straßburger Post vom 5., 18. und 22. August 1913; Neue Zeitung vom 16. März 1914; Landwirtschaftliche Zeitschrift für E.-L. 1914, Seite 332, 351 und 482.

Kraut und die Fabrikation von Sauerkraut.

Der Anbau und die industrielle Verwendung des Krautes hat im Elsaß eigenartige Wandlungen durchgemacht. Ursprünglich wurde es im frühen Mittelalter neben den Körnerfrüchten und Gemüsen als Hauptnahrungsmittel angebaut. Bei keiner größeren Mahlzeit durfte es fehlen. Vor allen Dingen war es das Weißkraut (Kopfkohl, brassica capitata, els.: Kappes), welches frisch und in noch größeren Mengen eingesalzen gegessen wurde. Noch heute gilt das Sauerkraut als ein Lieblingsgericht der Elsässer.

«Die Erde durchs ganze Elsaß trägt. . . Cappis Kraut da um Straßburg ein Hauptl über 40, 50 und mehr Pfund wiegen tut», sagt Ichtersheim [1]), und Bock erwähnt in seiner Teutschen Speiskammer im Jahre 1550 vornehmlich den Cappes, der eingesaltzen ist für den Winter: «etliche weiße Cappes heüpter liegen in sondern Gemachen / zur Notturfft eingetragen». Denn, wie er an anderer Stelle erzählt, ist Cappeskraut gut «zum hungerigen Magen / wan er wol bereit / und die Sau dardurch geloffen ist» [2]). Alte Klosterbücher zeigen uns, daß das Kraut hauptsächlich an den Sonn- und Festtagen gegessen wurde und zwar schon im 13. Jahrhundert in eingesalzenem Zustande. Man nannte es Capita compositi, woher unser deutsches Wort Kompost stammt. Oft kam es bei derselben Mahlzeit dreimal in verschiedener Gestalt auf den Tisch. Es war im Winter «für Herrschaft und Gesinde eine nützliche und angenehme Speise» [3]) und ersetzte eben vollständig die Kartoffel, ohne die wir heutzutage nicht auskommen zu können glauben, die erst gegen Ende des 18. Jahrhunderts als Nahrungsmittel in größerem Maßstabe angebaut wurde.

Gérard [4]) verlegt in seiner anziehenden Plauderei die Heimat des Krautes und seiner Verarbeitung zu Sauerkraut ins Elsaß. Das ist natürlich nicht im vollen Umfang richtig. Aber jedenfalls war das straßburger Kraut im Mittelalter in Deutschland ebenso berühmt, als heutzutage das «choucroute de Strasbourg» in Frankreich.

Auch das Kraut muß früher außerhalb der Feldfrucht in besonderen Gärten angebaut worden sein [5]). Dieser Anbau ist im 11.,

---

[1]) Seite 3. [2]) Kräuterbuch, Seite 257 v. [3]) Hohbergs Adeliches Feldleben, I, Seite 314. [4]) L'ancienne Alsace à table, Seite 15 ff. Man findet übrigens noch hie und da (z. B. in Hatten) ein Gewann «Kappsgärten» im Banne einzelner Dörfer. [5]) «Cappeskreutter werden in den kraut gärten mit bawen und pflanzung auffbracht», H. Bock, Teutsche Speiskammer, 1550.

12., 13. Jahrhundert zweifellos nicht über die Bedürfnisse der eigenen Wirtschaft hinausgegangen, und wenn das Kraut später auch Handelspflanze wurde, so geschah das doch in bedeutend geringerem Maße als bei den übrigen damals im Elsaß angebauten und ausgeführten Handelsgewächsen. Noch im 16. Jahrhundert wird das Kraut als Ausfuhrartikel kaum erwähnt. Später, mit seiner zunehmenden Beliebtheit wurde es nicht allein in den Gärten gezogen; man bestimmte zu seinem Anbau besondere Krautländer, wo es fast jedes Jahr angebaut wurde, und wählte dazu möglichst einen milden, warmen, kalkhaltigen Lehmboden.

Auch für das Kraut haben einzelne Ortschaften des Elsaß einen besonderen Zweig des landwirtschaftlichen Betriebes geschaffen, der diesen Dörfern ein ganz besonderes Gepräge verleiht. Vor allem widmet sich das Dorf Krautergersheim dem Anbau des Krautes, das auch seinen Namen daher trägt[6]). Nach der Statistik pflanzte man im Jahre 1912:

in der Stadt Straßburg (hauptsächlich Ruprechtsau):	16,88 ha
Brumath:	10,00 »
Bläsheim:	20,00 »
Geispolsheim:	27,00 »
Oberehnheim:	30,00 »
Krautergersheim:	60,00 »

Abgesehen von dem Anbau in Straßburg und Brumath[7]) bleibt der nennenswerte Anbau des Krautes auf das Viereck Bläsheim-Geispolsheim-Oberehnheim-Krautergersheim beschränkt[8]).

Auch hier schwankt die Größe der angebauten Fläche von Jahr zu Jahr, je nach dem Verdienst und der Absatzmöglichkeit des Vorjahres.

In Krautergersheim hat die Pflanzung ihren Ursprung und auch heute noch ihre größte Verbreitung. Nach der Statistik wurden im

[6]) Wann Krautergersheim urkundlich zum ersten Mal als Krautergersheim erwähnt wird, ist schwer festzustellen, wahrscheinlich erst seit dem 17. oder 18. Jahrhundert. (Vergl. Claus, Historisch-Topogr. Wörterbuch des Elsaß, Seite 574.) Das Wappen zeigt einen Krautsetzling und eine Gelberübe. [7]) Und von der den Anbau in Krautergersheim prozentual noch übersteigenden, landwirtschaftlich besonders interessanten Gemeinde Neudorf im Oberelsaß. Die Zahlen für den Anbau des Krautes haben sich bei der Erhebung im Jahre 1913, die seit 1900 zum ersten Male wieder systematisch die Bodenbenutzung ermittelte, zum Teil bedeutend geändert. Siehe die Tabelle Nr. 5. (Die Zahlen erhielt ich leider erst nach Drucklegung der Arbeit.) [8]) Vergl. den Anbau des Senfes im Landkreis

Jahre 1912 mehr als 10 % der Anbaufläche der Gemarkung ihrem Anbau gewidmet. Im Jahre 1897 z. B. rund 15 %. Die Anbaufläche ist in Wirklichkeit noch größer, da die Krautergersheimer sehr viel Kraut auf den benachbarten Gemarkungen pflanzen, was in der Statistik nicht zum Ausdruck kommt. Schon 1771 beklagten sich die Einwohner von Oberehnheim und Bernhardsweiler darüber, daß auswärtige Landwirte $^2/_3$ ihres Bannes bepflanzten, sodaß z. B. die Bernhardsweiler nur für 4 Monate im Jahr Getreide hatten [9]). Heute liegt auch eine große zum Krautanbau benutzte Fläche im bischofsheimer Bann.

Der krautergersheimer Boden eignet sich vortrefflich zum Anbau des Krauts und vor allem zur Samenkultur. Jeder Bauer pflanzt sich seine Setzlinge selbst und pflanzt sie auch zum Verkauf. Früher pflanzte man die Setzlinge alle in der Nähe des Dorfes an einer Stelle, wo jeder Bauer sein «Setzlingsstück» hatte. Heute hat jeder Pflanzer sein eigenes Setzlingsstück (etwa ½—1 Ar) auf seinem Acker. Im Frühjahr wird gesetzt, nachdem vorher der Boden 3—4 mal gepflügt und gut gedüngt worden ist. Wenn die Setzlinge gut gewachsen sind, reißt man die überflüssigen aus, und läßt immer nur ein Pflänzchen innerhalb eines bestimmten Zwischenraumes, 70—80 cm, stehen, sodaß auf das Ar etwa 140—150 Pflanzen kommen. Die Setzlinge gehen auch in großen Mengen in die übrigen Krautgegenden; vor allem holen sich die Geispolsheimer ihre Setzlinge in Krautergersheim. Man pflanzt hauptsächlich in der Dreifelderwirtschaft:

Kraut
Weizen } alle 3 Jahre.
Gerste

In Geispolsheim liegen die Krautfelder auch besonders in der Gemarkung und man pflanzt in folgender Reihenfolge:

Kraut, viel gedüngt,
Kartoffeln,
Gerste.

Auch Tabak wird in Geispolsheim viel angepflanzt und steht dann vor dem Kraut.

Das Verpflanzen der Setzlinge findet meist Mitte Mai statt. Meist wird in Krautergersheim eine Fläche von 20 ha zur Gewinnung der Setzlinge mit Krautsamen besät. Die Einnahme aus

9) Bezirks-Archiv Straßburg, C 391.

den Setzlingen schwanken sehr, je nach dem Grade der Trockenheit und nach dem Auftreten des Ungeziefers. Vor allem sind die Erdflöhe (Haltica olerana) und die Raupen des Kohlweißlings (Pieris brassicae) und des kleinen Kohlweißlings (Pieris rissae) schlimme Feinde der jungen Pflänzchen. Sobald diese mit ihren zwei Blättchen zum Vorschein kommen, erscheint die erste Generation des Erdflohes, der bei sonnigem Wetter in ganz kurzer Zeit die Setzlinge derart abfrißt, daß auf ganzen Äckern oft kein Stiel mehr zu sehen ist. Man schützt sich gegen diese Plage durch Ausstreuen von Asche und Kalkstaub beim Morgentau.

Die zweite Generation des Erdflohes kommt 6—8 Wochen später, nach dem Verpflanzen der Setzlinge. Sie greift besonders die zartesten Teile der Pflanzen an, die Herzchen, mit deren Vernichtung auch der ganze Kopf vernichtet ist.

In den letzten Jahren hat besonders der Kohlgallenrüsselkäfer (Centhorrhyndus sulcikollis) sich in beängstigender Weise vermehrt. Er legt seine Eier kurz über oder unter der Erde einzeln an die Stengel. An diesen Stellen erscheinen bald Knoten von der Größe einer Erbse (Gallen). In diesen Gallen liegt die Made, die von dem Saft der Pflanze lebt. Wenn sie ausgewachsen ist, so bohrt sie sich heraus, gräbt sich zur Verpuppung in die Erde und erscheint im nächsten Frühjahr als Käfer wieder. Der Käfer frißt die jungen Pflänzchen (und ebenso die jungen Runkelrübenpflänzchen) ab und vernichtet oft große Flächen. Gegen diese Plage kann man sich nur dadurch helfen, daß man im Herbst die Strünke sammelt, in denen die Made sitzt, und entweder aufspeichert, damit die Made im Winter erfriert, oder noch besser verbrennt. Leider pflügen aber die Bauern vielfach die Strünke unter und bewirken dadurch unbewußt, daß die Tierchen im Winter schön mit Erde zugedeckt werden und gut überwintern. Ein einziger Strunk zeigt oft 30—40 Gallen und im letzten Jahre war fast kein einziger Strunk frei von solchen Gallen. Daraus läßt sich der enorme Schaden dieses Käfers leicht ermessen [10]).

Das Kraut in Krautergersheim wird von Ende Juli und August (Auslese) bis in den Oktober geerntet. Meist jedoch im September und Oktober. Zunächst werden die unteren Blätter, wenn sie anfangen gelb zu werden, abgenommen und später als Viehfutter verwandt. Das eingeheimste Kraut setzt man 8 Tage lang auf Haufen, damit es eine schöne weiße Farbe erhält. Dann kommt das Kraut in die Fabrik oder auf die Märkte zum Verkauf.

[10]) Mitteilung des Herrn Hauptlehrers Blessig in Krautergersheim.

Die Lieferungen in die Fabrik erfolgen regelmäßig bis gegen Ende Oktober, da die Bauern an Martini Geld nötig haben. (Außer Kraut werden in Krautergersheim noch Frühkartoffeln als Handelsartikel gebaut, außerdem noch Setzlinge für Runkelrüben, die meist nach Baden kommen; es gehen im Juni oft 900—1000 Wellen Setzlinge täglich nach Kehl ab.)

Die Fabrikation erstreckte sich in früherer Zeit nicht über den Hausbedarf hinaus. Hohberg erzählt in seinem Adelichen Feldleben anschaulich von dem Einmachen des Krautes am Ende des 17. Jahrhunderts: Die Krauthäupter werden gespalten, die Stengel kurz abgeschnitten, die inwendigen Kerne der Länge nach geschröpft und klein geschnitten, doch daß das halbe Haupt ganz bleibt. «Dann hat man gewisse Truhen mit einem Schnittmesser. 10 oder 12 halbe geschröpfte Krauthäupter werden hineingelegt, mit der linken Hand gemächlich nachgeschoben und mit der rechten durch das Krautmesser auf das subtilste und kleinste eingeschnitten. Vorher sind aber schon eins oder mehrere 12—15-eimerige Faß abgebunden und zubereitet, die werden in ein kühles Gewölbe, worin kein Wein liegt, aufgestellt. Da ist dann einer oder zween Knechte, so ihre Füße auf das säuberste waschen müssen, die steigen in das Faß, es wird ein Schaff voll Kraut nach dem anderen hineingetragen, unten her etwas von Nußlaub gestreut, dann eine dünne Lege Kraut; diese wird gesalzen und etwas Kümmel darunter gesprengt». Dann kommt wieder eine Lage Kraut, wieder Salz «und das muß man also tretten und gegen der Sarch mit den Füßen einstampffen, bis es feucht wird». Bisweilen gab man auch Lorbeerblätter und Wachholder, auch den Samen des Dillkrauts zum «Cappes damit er lieblicher röche» [11]). Wenn das Faß mit den einzelnen Lagen voll war, wurde es mit einem Tuch und Brettern zugedeckt und mit Steinen beschwert.

Die Fabrikation zum Hausbedarf wird auch heute noch im großen und ganzen in gleicher Weise betrieben [12]). Es wird gehobelt, eingeschnitten und mit Salz und Gewürzen in Fässer eingemacht. Durch die sich entwickelnde sauere Gärung hält es sich über den Winter frisch.

Im vorigen Jahrhundert kauften sich die Bauern Kraut oder pflanzten es selbst in den einzelnen Dörfern. Da das Einmachen viel Übung erfordert, ließ man es zur Erzielung gleichmäßig geschnittenen Krautes durch besondere Krautschneider oder Krauthobler ein-

[11]) Bock, Kreutterbuch, Straßburg 1557, Seite 161 v. [12]) Nur, daß heute die Knechte sich wenigstens Holzschuhe, die besonders gewaschen werden und diesem Zwecke allein dienen, über die Füße ziehen.

schneiden und einsalzen. Dieser Sauerkrautschneider zog alljährlich im Herbst in bestimmten Gemeinden herum, von alt und jung gern begrüßt, und schnitt von Haus zu Haus auf seinem mitgebrachten Hobel das Kraut ein. Die Neuzeit hat auch das Gewerbe des Sauerkrautschneiders vernichtet, seit in die Sauerkrautfabrikation ein industrieller Zug gekommen ist, der eine billigere Herstellung in der Fabrik ermöglicht. Seit dem Jahre 1900 hat sich die fabrikmäßige Herstellung des Sauerkrauts im Elsaß vervierfacht. Dies ist hauptsächlich auf die stark zurückgegangene Herstellung in eigener Wirtschaft, weniger auf verstärkten Konsum zurückzuführen. Freilich wird auch heute noch sehr viel von den Landwirten zum eigenen Bedarf oder von kleinen Kolonialwarenhändlern zum Kleinverkauf selbst eingemacht.

Die Anfänge der fabrikmäßigen Herstellung des Sauerkrauts reichen bis in den Anfang des 19. Jahrhunderts zurück. Fabriken gab es allerdings damals noch nicht. Es waren Metzger in den Städten, die sich mit dem Einmachen des Krautes in größerem Umfange befaßten und es mit ihren übrigen Waren zum Verkauf brachten, zum Teil auch schon, vor allem in die Seehäfen für die Seereisen der Transportschiffe [13]), exportierten. Die Hauptfirmen dieser Art waren die zum Teil heute noch bestehenden: Rieffel, Frick und Traut in Straßburg. Der Metzger Krug war der erste, der sich ausschließlich mit der Sauerkrautfabrikation beschäftigte, seit dem Jahre 1859.

Im Jahre 1863 eröffnete Jakob Kahn eine Sauerkrautfabrik in Krautergersheim, 1865 wurde dort die Fabrik Kornmann und Stoeffler gegründet, die seit 1866 erweitert wurde. Die Firma löste sich aber 1871 auf, die Fabrik arbeitete unter der Firma A. Kornmann weiter, der 1875 in Emberménil in Frankreich ein Zweiggeschäft gründete. Die Fabrik ging 1907 auf den Neffen Kornmanns, Eugen Gatrio über.

In den sechziger Jahren des vorigen Jahrhunderts hatte die Ausfuhr von elsässischem Sauerkraut in das Innere von Frankreich hinein einen größeren Aufschwung genommen. Im Jahre 1871 verband sich Krug, der bis dahin in Straßburg allein Sauerkraut fabrikmäßig hergestellt hatte mit Rieffel zu einer Firma Krug und Rieffel. Krug verzog 1872 nach Frankreich und gründete in Nancy die erste

[13]) Von einem großen Export in die Seehäfen in jener Zeit (vergleiche Schlipf, Seite 134) kann nicht gesprochen werden; so erwähnt z. B. der Bericht über die «Exposition universelle de 1855. Travaux du comité départemental du Bas-Rhin» unter den ausgestellten Produkten des Herrn «Charles Traut, charcutier à Strasbourg», 69 Büchsen mit Konserven, «jambons, saucissons, galantines, etc.»; aber Sauerkraut wird nicht besonders aufgeführt. (Ebenda, Seite 39.)

französische Sauerkrautfabrik als Hauptsitz der Firma Krug-Rieffel. 1880 löste sich diese Firma auf. Krug blieb in Nancy, Rieffel errichtete eine neue Fabrik in Chèvremont bei Belfort unter der Firma Rieffel-Ballis und Co. In Belfort selbst entstand um diese Zeit noch eine «Choucrouterie alsacienne». Ungefähr 10 Jahre lang waren die Fabriken in Nancy, Belfort, Chèvremont und Embermènil fast die einzigen in Frankreich. Heute gibt es deren in Frankreich etwa 20. Die Anbaufläche des Krautes zur Fabrikation in Frankreich kann heute auf rund 500 ha geschätzt werden. Der Verbrauch ist schwer zu schätzen, er schwankt sehr bedeutend, ganz nach der Strenge des Winters.

Anfangs bezogen alle drei französischen Fabriken fast ihren gesamten Krautbedarf aus dem Elsaß. Als grünes Gemüse kostete das Kraut fast keinen Eingangszoll nach Frankreich, das eingemachte Sauerkraut kostete für 100 kg 4 Franken. Bei diesem Zoll war es für das elsässische Sauerkraut möglich, die Konkurrenz mit dem auf französischem Boden mit elsässischem Kraut erzeugten Sauerkraut noch zu bestehen, weil die französischen Käufer «choucroute de Strasbourg» und «choucroute d'Alsace» verlangten. Infolgedessen führten auch die französischen Fabrikanten ihre elsässischen Fabriken fort und lieferten ihren Abnehmern in Frankreich elsässische Waren.

In dieser Zeit entstanden noch einige kleinere Fabriken in Straßburg und Schiltigheim und die Fabrik Ehrhart in Niederehnheim, die aber 1883 wieder einging [14]). Außerdem wurde 1874 durch Matthias Dell eine neue Fabrik in Krautergersheim gegründet, die seit 1901 von dessen Sohn Wilhelm geleitet wird. Für das Jahr 1878 gibt Charles Grad die hergestellte Menge Sauerkraut auf 1 800 000 kg im Werte von 360 000 Franken an und die Zahl der im Umkreis von Straßburg liegenden Fabriken auf 15, unter denen sich natürlich verschiedene kleine befanden.

Heute gibt es im Elsaß 9 größere Fabriken: 4 in Straßburg und Lingolsheim, 1 in Geispolsheim und 4 in Krautergersheim. Daneben gibt es viel kleinere Produzenten. Das Adreßbuch von Straßburg für das Jahr 1914 verzeichnet 9 Sauerkrautfabriken oder -Handlungen. Eigentliche Sauerkrautfabriken sind davon aber nur die von J. W. Horn in Neudorf (Musau) und die von Schlecht und Speiser in Grüneberg, außerdem kann man hier noch die von J. Stulz in Lingolsheim hinzurechnen. In Düttlenheim besteht seit 1910 eine Fabrik von Meyer, in Geispolsheim befinden sich die Fabriken von Wwe. Schneider (Schneider & Deiss), die seit 1871 besteht, und in

[14]) In dem kalten Winter 1879/80 hatte Ehrhart das Unglück, daß ihm bei einer

der Saison 5—6 Arbeiter beschäftigt (die Nachfolgerin von Rieffel-Ballis) und die Fabrik von Frühauf; dieser letztere fabriziert in der Hauptsache Sauerkrautfässer.

Da die Fabrikation überall im wesentlichen die gleiche ist, erübrigt sich hier ein genaueres Eingehen auf die einzelnen Firmen, und es kann daher unsere Betrachtung sich auf die Fabriken in Krautergersheim [15]) beschränken.

In Krautergersheim besteht zur Zeit:

eine Fabrik,	die in der Saison	8,	ständig	4	Arbeiter	beschäftigt,
zwei Fabriken,	»	6,	»	3	»	beschäftigen,
eine Fabrik,	»	5,	»	2	»	beschäftigt.

Diese Fabriken verarbeiten jährlich zusammen rund 300 Waggons Kraut. Im Prinzip ist die Fabrikation die gleiche wie bei dem Einschneiden zum Hausbedarf. Zum Schneiden des Krautes benutzte man früher den sogenannten tiroler Krauthobel mit 6 Messern, bei dem mit der Hand geschnitten wurde. Seit 1902 ist der Scheibenhobel mit 9 bis 11 Messern im Gebrauch und jetzt allgemein üblich. Eine intensive Arbeit wird dadurch ermöglicht. Der Kopfstrunk wurde früher mit einem runden Bohrer ausgebohrt; heute wird er mit dem Strunkbohrer fein durchbohrt und mit dem Kopfe zu Sauerkraut geschnitten. Sämtliche Fabriken benutzen heute zum Treiben der Hobel und Bohrer Benzinmotore.

Die übrigen elsässischen Fabriken sind in ähnlicher Weise eingerichtet. In der Hauptsache wird hier natürlich elsässisches Kraut verarbeitet und zwar zunächst das sogenannte Frühkraut (Braunschweiger) [16]) aus Ruprechtsau. Das Frühkraut wird von Juni bis August geerntet. Deshalb beginnt die Fabrikation im Juli und dauert meist bis zum September. Dabei kommt es stark auf die Witterung an, ob die Fabrikation lange dauert, und ob die Preise gut stehen. Ist ein Winter mild, sodaß viel anderes Gemüse noch auf den Markt kommt, so wird weniger Sauerkraut verlangt, und die Preise fallen infolgedessen ganz bedeutend. Ein ganz besonders anschauliches Bild dafür liefern die Zahlen aus den Jahren 1911 und 1912:

Kälte von — 20° 10 000 Krautköpfe erfroren. [15]) Bei dieser Gelegenheit sei daran erinnert, daß sich in Krautergersheim das Grab von Lilli Schoenemann, der Braut Goethes und späteren Gemahlin des Barons v. Türkheim, befindet, und daß auch Lezay-Marnesia dort begraben war. Zwar ist das Grab von Lilli Schoenemann nicht mehr in derart unwürdiger Weise mit Sauerkrautfässern verstellt wie früher. Es bedürfte aber trotzdem einer angemessenen Wiederherstellung.

[16]) Wahrscheinlich bezog man den Samen zunächst aus Braunschweig.

Im Jahre 1911 kostete 1 Zentner Sauerkraut: 30,00 Mk.,
» » 1912 » 1 » » 6,00 » ,

d. h. im Jahre 1912 sank der Preis für dasselbe Quantum auf 20 % des im Jahre 1911 erzielten Preises.

Im Notfall wird auch Kraut von auswärts bezogen, z. B. aus Wesselburen, und desgleichen auch die Setzlinge. So waren im Jahre 1912 in Krautergersheim die Setzlinge fast ganz verhagelt, da bezogen die Pflanzer in Geispolsheim und Bläsheim viel Setzlinge aus der Pfalz (Schifferstadt).

In jedem Ort kaufen die Fabrikanten auf Abruf das Kraut auf. Die auswärtigen Fabriken haben Makler (courtiers) in den drei Ortschaften, die von ihnen den Auftrag erhalten, an bestimmten Tagen eine bestimmte Menge zu liefern. Dieser Makler gibt dann die Bestellungen auf. Dabei haben die Fabrikanten von vornherein aber keine festen Verträge mit den Bauern geschlossen, wie z. B. die Zuckerfabrik oder die Tabak- und Konservenfabriken. Es ist so ein gewisser patriarchalischer Zug im Handel, der dem konservativen Charakter der krautergersheimer Bevölkerung entspricht. Da die Nachfrage bedeutend ist, sind die Bauern sicher, daß sie ihr gepflanztes Kraut absetzen können. Das nicht abgesetzte Kraut wird auf die Märkte gebracht und ebenso bringt man es auf den Markt, wenn sich dort ein höherer Preis erzielen läßt. Sie fahren im Herbst weit herum, um ihr Kraut zu verkaufen, da das krautergersheimer Kraut besonders geschätzt ist. So kann man im Oktober auf den Märkten in Straßburg, Zabern, Wasselnheim, Saarburg, Colmar, Markirch, Hagenau, ja selbst in Rastatt die hochbeladenen krautergersheimer Wagen sehen.

1 Zentner Kraut gibt durchschnittlich 0,50 bis 0,60, auch bis zu 0,75 Zentner Sauerkraut. Natürlich kommt es dabei sehr auf die Witterung an. Ein heißer Sommer wird einen höheren Ertrag bringen, als ein nasser, da das Kraut dann trocken ist und beim Einmachen nicht so viel Feuchtigkeit verliert. Im Jahre 1912 ergab 1 Zentner Kraut in Krautergersheim anfangs 60 %, später nur noch 45 % Sauerkraut.

Auch Weißrüben (saure Rüben) werden zu Sauerkraut verarbeitet [17]). Man schneidet sie länglich, sodaß lange Fäden entstehen, und macht sie wie Sauerkraut ein.

[17]) Die Penotsche Angabe (vergl. Penot, Statistique, 1836, Seite 293) ist richtig, mit dem Unterschied, daß nicht aus Zucker-, sondern aus Futterrüben, weißen Rüben, Sauerkraut hergestellt wird. Gérard, L'ancienne Alsace à table, Seite 15, berichtet,

Ihren Absatz finden die fertigen Fabrikate teils bei Großabnehmern im Elsaß und Lothringen, z. B. bei den genossenschaftlichen Konsumverkaufsstellen des lothringer Industriebezirkes, festen Großabnehmern in Saarbrücken, Diedenhofen, Metz, Straßburg oder bei den großen Schiffahrtsgesellschaften, die das elsässische Sauerkraut gerne kaufen. Bekannt sind auch die Konservenbüchsen, die eine Portion Sauerkraut und Würste enthalten, und die im In- und Auslande gern gekauft werden. Auch straßburger Konservenfabriken beziehen elsässisches Sauerkraut in größeren Mengen.

Nach Frankreich wird schon seit dem französischen Zolltarifgesetz vom 11. Januar 1892 [18]) eingemachtes Sauerkraut kaum noch ausgeführt. Es betrug nämlich der französische Zoll auf eingemachtes Sauerkraut für 100 kg Reingewicht:

in den Jahren:	im General-	im Minimaltarif [19]):
1870—1892	3 frcs	3 frcs
1892—1910	15 frcs	12 frcs
Seit 1910	18 frcs	12 frcs.

Kohl zu Sauerkraut kostete seit dem Gesetz vom 11. Januar 1892 0,40 frcs für 100 kg, was ganz entschieden eine Begünstigung der Sauerkrautfabriken in Frankreich bedeutete und sich aus den freundschaftlichen Beziehungen des Fabrikanten Krug zu dem bekannten französischen Minister Méline, dem Vater des Zolltarifgesetzes, erklären soll. Denn frisches Gemüse hatte im allgemeinen 8 Franken Eingangszoll zu zahlen.

Aber die Fabriken gaben doch allmählich ihre Niederlassungen im Elsaß auf. Sie gingen zum Anbau des Krautes in Frankreich über, wo man die Pflanzung früher überhaupt nicht gekannt hatte.

Doch bezog Frankreich immer noch zum Beispiel im Jahre 1907 aus dem Auslande 23 111 Doppelzentner Kohl zu Sauerkraut im Wert von 184 880 Franken, davon 11 136 Doppelzentner aus Deutschland. Konservierte, getrocknete Gemüse wurden im gleichen Jahre 6877 Doppelzentner im Werte von 515 775 Franken aus dem Ausland, davon aus Deutschland nur 458 Doppelzentner, eingeführt. Wieviel unter dieser Menge eingemachtes Sauerkraut ist, geht aus der

daß seit dem 16. Jahrhundert die «conserve des navets» erwähnt wird. [18]) Journal officiel vom 12. Januar 1892. Ein brauchbare Übersetzung findet sich im Deutschen Handelsarchiv 1892, I, Seite 310 ff. [19]) Der Minimaltarif kann für die Waren derjenigen Länder in Anwendung gebracht werden, die den französichen Waren entsprechende Vorteile gewähren und auf sie die niedrigsten Tarife

Statistik nicht hervor [20]). Aber selbst wenn alles ausschließlich Sauerkraut wäre, wäre die Menge im Vergleich zu der des Rohmaterials lächerlich gering.

Der Anbau des Krautes in Frankreich nimmt aber vor allem seit dem Jahre 1910 zu. Denn in dem Gesetz betreffend die Änderung des Zolltarifes vom 29. März 1910, in Kraft seit dem 1. April 1910 [21]), sind die Sätze so geändert, daß nunmehr für 100 kg Kohl zu Sauerkraut statt 0,40 Franken wie früher, im Generaltarif 3, im Minimaltarif 2 Franken zu zahlen sind.

Nehmen wir an, daß für 100 kg Sauerkraut 200 kg Krautköpfe gebraucht werden (im Durchschnitt annährend richtig), so bezahlten seit 1892:

100 kg Sauerkraut als Eingangszoll	12,—	Fr. =	9,60 Mk.
100 » Kraut in Köpfen als Eingangszoll . .	0,40	» =	0,32 »
200 » » » » kosteten also . . .	0,80	» =	0,64 »,
während die dieser Menge gleichwertigen			
100 kg Sauerkraut	12,—	» =	9,60 »

kosteten, also 11,20 Franken oder 8,96 Mk. mehr.

In den neunziger Jahren des vorigen Jahrhunderts konnte man für einen Zentner Kraut einen Durchschnittspreis von 1,20 Mk. ansetzen. 200 kg kosteten also 4 × 1,20 Mk. = 4,80 Mk. Der Zoll betrug 8,96 Mk., also fast das Doppelte des eigentlichen Wertes des Materials. Seit dem Gesetz von 1910 hat sich dieses Verhältnis noch verschlechtert. War der Zoll vom Jahre 1892 ein Prohibitivzoll für das verarbeitete, eingemachte Sauerkraut, so hat das Gesetz vom Jahre 1910 einen Prohibitivzoll für das unverarbeitete, frische Kraut in Köpfen geschaffen, so daß nunmehr überhaupt kein Kraut nach Frankreich versandt werden kann, da es mit einem rund 80—100prozentigen Zoll belastet ist.

Die Öffnung des französischen Marktes ist aber für die elsässische Sauerkrautindustrie von nicht zu unterschätzender Bedeutung. Das Elsaß kommt als Absatzgebiet nicht so stark in Frage, da immer noch für den Hausbedarf in der eigenen Wirtschaft oder durch Metzger und Kleinverkäufer für den Verkauf in genügender Menge selbst gezogen und eingemacht wird. Auf dem altdeutschen Markte kann unsere elsässische Krautkultur und -fabrikation nur sehr schwer Fuß fassen. Denn gerade hier sind in den letzten Jahren eine Reihe von Gegenden zum Krautanbau übergegangen oder zur Ver-

anwenden. [20]) Deutsches Handelsarchiv 1908, I, Seite 248; 1909, I, Seite 294. Im Jahre 1910 sind Zahlen für Kohl nicht mehr angegeben. [21]) Journal

größerung der Anbaufläche geschritten [22]). Diese Märkte liefern auch in immer größeren Mengen Kraut an die straßburger und krautergersheimer Fabrikanten. Am nachhaltigsten macht sich hier der Einfluß von Schifferstadt fühlbar, auch Neuß in der Rheinprovinz, Magdeburg, Emden und Wesselburen in Schleswig-Holstein kommen in Betracht. Im Jahre 1906 bezogen die Fabrikanten in Krautergersheim rund 90 Waggons Kraut aus Norddeutschland; und ein Krauthändler in Oberehnheim über 100 Waggons, die er zu 2 Mk. für den Zentner kaufte, und dann im Oberelsaß und in der Schweiz, wo infolge der Trockenheit das Kraut fehlte, zu 4 Mk. für den Zentner verkaufte.

Da infolge der billigeren Fracht die Fabriken in Hessen und in Baden billiger liefern können, ist die elsässische Sauerkrautindustrie vom deutschen Markte fast ganz verdrängt worden (hauptsächlich durch die Fabrik in Schwetzingen). Auch die Schweiz, die früher ein gutes Absatzgebiet für elsässisches Sauerkraut war, hat seit 1908 einen Zoll von 5 Franken pro 100 kg eingeführt, während er früher nur 2 Franken betrug. Daher ist vor allem eine Öffnung der französischen Grenze für das elsässische Sauerkraut sehr wünschenswert.

Mit der Sauerkrautfabrikation ist noch die Sauerkraut f a ß - fabrikation erwähnenswert, die die zum Einmachen nötigen Fässer herstellt. In den neunziger Jahren des letzten Jahrhunderts befanden sich in Krautergersheim allein 9 selbständig gewerbetreibende Faßbinder, von denen 7 allein, 2 mit je 2 Arbeitern arbeiteten; das Handwerk war leicht zu erlernen; junge Leute von 16 Jahren konnten schon selbständig die Fässer anfertigen. Ein tüchtiger Arbeiter konnte täglich gut 5—6 Mk. verdienen. Doch legten sich wenig Leute auf dieses Handwerk, da der Absatz nicht allzu groß war. Früher bezogen die französischen, auch schweizer Fabriken aus Krautergersheim die Fässer, später wurde durchschnittlich auf das Faß ein Einfuhrzoll von 1 Franken gelegt. Heute holen die französischen Fabriken Faßbinder für eine Saison von August bis Dezember nach Frankreich aus dem Elsaß.

Ein selbständiges Faßbindergewerbe gibt es heute nicht mehr. Die Sauerkrautfabriken stellen ihre Fässer selbst her und beschäftigen durchschnittlich 3 Faßbinder ständig. Der Mehrbedarf an Fässern wird von Faßfabriken (Straßburg, Walscheid) bezogen, und

---

officiel, 30. März 1910. Deutsches Handelsarchiv 1910, I, Seite 452. [22]) Besonders in Schifferstadt, wo 1892 über 200 Acker mehr gepflanzt wurden als im Vorjahre, weil in dem trockenen Jahre 1911 die Preise sehr stark in die Höhe

zwar in den Maßen von 200, 100, 50, 25, 12 ½ kg. Für die vier krautergersheimer Fabriken allein sind jährlich rund 18 bis 20000 Versandfässer nötig. Die Faßdauben kommen waggonweise aus dem württembergischen Schwarzwald oder aus Traunstein in Bayern.

Zur Aufbewahrung des Sauerkrautes wurden anfangs nur große eichene Tonnen benutzt. Diese Tonnen waren sehr hoch und erschwerten daher das Hinaufschaffen und Abnehmen der zur Beschwerung dienenden Zentnersteine. Man ging daher zur Herstellung gemauerter Zementgruben über, mit einem Inhalt von 3 bis 400 Zentnern. Jetzt baut man Zementgruben mit 3 cm dicken Plattenglaswänden, die ineinandergefügt in die Zementwände eingedrückt werden, da bei dem alten Verfahren der Zement von der Säure angegriffen wurde, und außerdem das am Zement liegende Sauerkraut nicht verwendet werden konnte.

Ohne Zweifel wird in späterer Zeit das Sauerkraut fabrikmäßig billiger hergestellt werden können, als dies zu Hause möglich ist. Dann ist auch an größeren Absatz im eigenen Lande zu denken, besonders wenn das bei der Bevölkerung immer noch bestehende Vorurteil gegen die Art der Herstellung geschwunden sein wird. Das selbsteingemachte Sauerkraut wird in den meisten Fällen nicht so sauber und reinlich hergestellt, als das in den elsässischen Fabriken geschieht [23]).

Es muß aber hier noch untersucht werden, wie eine Vergrößerung unseres elsässischen Absatzes für die nächsten Jahre und Jahrzehnte erzielt werden kann. Für diese Frage kann vorderhand nur eine Änderung des französischen Zolltarifs in Frage kommen, die nicht so leicht zu erreichen ist. Ein Mittel gäbe es, und das besteht in folgenden Erwägungen:

Da die Franzosen, die uns so gerne «mangeurs de choucroute» nennen, selbst gerade für «choucroute d'Alsace» eine Vorliebe haben, verarbeiten die französischen Fabrikanten französisches Fabrikat unter dem Namen «choucroute d'Alsace». Diese Tatsache läßt sich ohne weiteres natürlich nicht beweisen. Doch da heute so gut wie kein Kraut zu Sauerkraut nach Frankreich aus dem Elsaß ausgeführt wird, könnte eine ins einzelne gehende Untersuchung auf amtlichem Wege leicht derartige Fälle ans Tageslicht bringen. Wären solche Fälle aufgedeckt, so wären die französischen Fabrikanten gezwungen, um dem Geschmack der Abnehmer Rechnung zu tragen, elsässisches

---

gegangen waren. [23]) Das Kraut kann übrigens nur mit Kochsalz eingemacht werden. Daher sind Anpreisungen, wie: «nur mit Kochsalz eingemacht», eine

Sauerkraut einzuführen und würden dadurch in ihrem eigenen Interesse für eine Herabminderung des Einfuhrzolles eintreten.

Die straßburger Handelskammer hat in ihrem Bericht im Jahre 1896 vorgeschlagen, Deutschland solle der Internationalen Vereinigung zum Schutze des gewerblichen Eigentums vom 20. März 1883 beitreten, dann dürften die französischen Fabrikanten ihr Sauerkraut nicht mehr «choucroute d'Alsace» nennen. Dies ist mit Wirkung vom 1. Mai 1903 ab durch die Bekanntmachung des Reichskanzlers vom 9. April 1903 auch geschehen. Dieser Beitritt zur Union (der auch die Zusatzakte vom 14. Dezember 1905 umfaßt), steht in der Form einem Reichsgesetze gleich. Er ist unter Zustimmung des Bundesrats mit Genehmigung des Reichstags erfolgt.

Die Übereinkunft bestimmt im Artikel 9:

«Jedes widerrechtlich mit einer Fabrik- oder Handelsmarke oder mit einem Handelsnamen versehene Erzeugnis darf bei der Einführung in diejenigen Verbandsstaaten, in welchen diese Marke oder dieser Handelsname Recht auf gesetzlichen Schutz hat, beschlagnahmt werden.

In den Staaten, deren Gesetzgebung die Beschlagnahme bei der Einführung nicht zuläßt, kann diese Beschlagnahme durch das Verbot der Einführung ersetzt werden. Die Behörden sollen nicht gehalten sein, die Beschlagnahme im Falle der Durchfuhr zu bewirken (beigefügt in der Brüsseler Zusatzakte vom 14. Dezember 1900).

Die Beschlagnahme soll nach Maßgabe der inneren Gesetzgebung jedes Staates auf Antrag entweder der Staatsanwaltschaft oder der Beteiligten erfolgen.

Art. 10.

Die Bestimmungen des vorigen Artikels sollen auf jedes Erzeugnis anwendbar sein, welches als Bezeichnung der Herkunft fälschlich [24]) den Namen eines bestimmten Ortes trägt, wenn diese Bezeichnung einem erfundenen oder einem zum Zweck der Täuschung entlehnten Handelsnamen beigefügt wird.

Als Beteiligte gilt jeder Produzent, Fabrikant oder Kaufmann, welcher die Produktion oder die Fabrikation des Erzeugnisses oder den Handel mit demselben betreibt und in dem fälschlich als Her-

---

überflüssige und das Publikum nur irreführende Reklame. [24]) Mehrere der Verbandsstaaten haben im Jahre 1891 ein «Übereinkommen zur Bekämpfung der falschen Herkunftsbezeichnung auf Waren» zu Madrid geschlossen (die Madrider Konvention vom 14. April 1891). Deutschland ist dieser Konvention nicht beigetreten. (Vergl. Rosenthal-Wehner, Kommentar zum U. W.-Gesetz, Seite 350 ff.)

kunftsort bezeichneten Orte oder in der Gegend, in der dieser Ort liegt, seine Niederlassung hat.

Art. 10 b.

Die unter der Übereinkunft stehenden Personen sollen in allen Verbandsstaaten den den Staatsangehörigen gegen den unlauteren Wettbewerb zugesicherten Schutz genießen (Brüsseler Zusatzakte vom 14. Dezember 1900)».

Hiernach könnte, wenn durch geeignete Nachforschungen, die durch die deutschen Konsulate in Frankreich anzustellen wären, der Verkauf von französischem Sauerkraut unter der Bezeichnung «choucroute de Strasbourg» nachgewiesen werden könnte, durch die Beteiligten, d. h. gemäß Art. 10 der Union durch unsere elsässischen Fabrikanten die Beschlagnahme erfolgen. Da die französischen Konsumenten aber Wert auf elsässisches Sauerkraut legen, würden die Sauerkrautfabrikanten gezwungen, Kraut aus dem Elsaß einzuführen, und durch die höheren Preise könnte dann auch die elsässische Sauerkrautindustrie in Frankreich wieder ein lohnendes Absatzgebiet finden.

Wirksamer wäre dieses Ziel noch dadurch zu erreichen, daß gegen die französischen Fabrikanten, die angeblich elsässisches Kraut verkaufen, eine Strafanzeige erstattet würde gemäß Art. 1 des französischen Gesetzes vom 1. August 1905, betreffend «la répression des fraudes dans la vente des marchandises, etc.» [25]).

Der Art. 1 dieses Gesetzes lautet:

«Quiconque aura trompé ou tenté de tromper le contractant:

Soit sur la nature, les qualités substantielles, la composition et la teneur en principes utiles de toutes marchandises;

Soit sur leur espèce ou leur origine lorsque, d'après la convention ou les usages, la désignation de l'espèce ou de l'origine faussement attribuées aux marchandises, devra être considérée comme la cause principale de la vente;

Soit. . .

Sera puni de l'emprisonnement pendant trois mois au moins, un an au plus, et d'une amende de cent francs (100 fr.) au moins, de cinq mille francs (5000 fr.) au plus, ou de l'une de ces deux peines seulement.»

---

[25]) Journal officiel vom 5. August 1905. Abgedruckt in dem «Recueil des principaux textes relatifs à la répression des fraudes (fasc. I). Paris, Imprimerie Nationale, 1913, Seite 1 ff.

Nach Art. 6 desselben Gesetzes kann auf Einziehung der betreffenden Ware und gemäß Art. 7 auf Veröffentlichung des Urteils erkannt werden.

Könnte auf diese Weise ein strafgerichtliches Urteil erzielt werden, so brächte das zweifellos unserem einheimischen Ackerbau und der Sauerkrautindustrie einen Vorteil. Dann hätte unser Kraut wieder einen festen Absatz, die Pflanzung wäre daher lohnend, und die Sauerkrautfabrikation bekäme einen neuen Aufschwung, der einen eigenartigen und zur Zeit noch nicht allzu bedeutenden Industriezweig einer schönen Blütezeit entgegenführte.

Für die Bevölkerung des westlichen Teiles des Kreises Erstein wäre diese Industrie ein großer Segen, ähnlich der Zuckerindustrie im östlichen Teile des Kreises. Gerade die krautpflanzenden Dörfer sind der Nachbarschaft gegenüber sehr zurückhaltend und haften besonders an ihrem Geburtsorte. Heiraten mit Auswärtigen kommen nur selten vor. Im Winter wäre daher für zahlreiche, kinderreiche Familien durch die Arbeitsmöglichkeit in den Fabriken und in der Faßbinderei eine lohnende Beschäftigung ermöglicht.

Der Spargel.

Der feldmäßige Anbau des Spargels im Unterelsaß stammt aus den ersten Jahren nach dem Kriege 1870/71. Der evangelische Pfarrer Heyler führte ihn in seiner Gemeinde Hördt ein und brachte dadurch eine Kultur nach Hördt, die von großem materiellem Nutzen für die Gemeinde ist und die heute dem ganzen Banne sein eigentümliches Aussehen verleiht und auf die Tätigkeit der Bewohner bestimmend einwirkt[1]. Wer mit der Bahn durch den hördter Bann fährt, dem fallen rechts und links vom Schienenstrange die langen Reihen der Spargelfelder mit den einzelnen Häufchen auf, die heute eine Fläche von annähernd 100 ha bedecken.

Der Anbau des Spargels in Deutschland ist sehr alt, und schon bevor man besondere Pflanzungen kannte, war der wilde Spargel ein Genußmittel. Ein feldmäßiger Anbau scheint im Elsaß früher nicht betrieben worden zu sein. Hieronymus Bock kennt um 1557 wohl eine Pflanzung im Wormser Gau und in der Gegend von Weinheim an der Bergstraße; im Elsaß erwähnt er den Anbau nicht, nur spricht er in der «Teutschen Speiskammer»[2], von einer «in etlichen Wisen

[1]) Zur Erinnerung an Pfarrer Heyler wurde vor einigen Jahren am Pfarrhaus

am Rheinstrom und etlichen grünen rechen», also feldmäßig betriebenen Pflanzung. Bald darauf wird der Spargelbau in Stuttgart, am Niederrhein, vor allem in Ulm erwähnt. Vor seiner Einführung in Hördt wird der Spargelbau feldmäßig bei uns nicht betrieben worden sein.

Die Pflanzung der Spargel erfordert große Sorgfalt in den ersten Jahren, bis ein tragfähiger Stock herangereift ist [3]). Im dritten Jahre bringt die Pflanze den ersten Ertrag. Vorsichtig strecken die «Pfeifen» ihre hellen Spitzen durch die gelockerte und aufgehäufte Erde dem Licht entgegen. Da sich die Spitzen blaugrün färben, wenn die Sonne sie trifft, so wird der Stengel gestochen, wenn der Sproß sich nur ein wenig bemerkbar macht. Die gestochenen Spargel werden sogleich in die Abladestelle gebracht und dort sortiert.

Bis zum Jahre 1891 war die hördter Spargelpflanzung nur von untergeordneter Bedeutung. Aus 13 Ar Anbaufläche im Jahre 1872 waren 3 Hektar geworden. Da kam ein belebender Zug in die Pflanzung durch den Zusammenschluß von 28 Spargelzüchtern zu einem Verein, dessen Tätigkeit das stetige Wachsen der Anbaufläche und den großen Zuwachs neuer Spargelzüchter herbeiführte. Schon im Jahre 1892 waren es 35 Mitglieder, 8 Jahre später 280 Mitglieder in der Vereinigung. Bis zum Jahre 1900 waren nicht alle spargelzüchtenden Landwirte Mitglieder des Vereins. Die Konservenfabriken hatten sich des neuen Zweiges der landwirtschaftlichen Kultur bemächtigt und mit rund 100 Landwirten Akkordverträge abgeschlossen. Im Jahre 1900 wurde dieses feste Vertragsverhältnis gelöst und nur durch Vermittlung eines Agenten an eine straßburger Konservenfabrik von Einzelnen weitergeliefert. Die Übrigen traten dem Spargelzüchterverein bei, der mit dem Verkauf auf dem Markte und mit dem Versand an Delikatessengeschäfte höhere Preise erzielte, und dessen Mitgliederzahl sich dadurch nun auf fast 400 hob. Bis Anfang des Jahres 1914 ist die Mitgliederzahl auf 443 gestiegen.

Fast in jeder Haushaltung werden somit Spargeln gebaut [4]).

Die Ernte dauert von Mitte April (16.—20. April) bis Anfang Juni. Jeden Morgen und jeden Nachmittag werden die Spargelfelder abgegangen und nach den aus den Erdhaufen hervorlugenden Spitzen abgesucht. Zeigt sich eine Spitze, so wird der Erdhaufen leicht auseinander gewürfelt, und die Stange in 10—15 Zentimeter

---

in Hördt eine Gedenktafel angebracht. [2]) Erschienen im Jahre 1550. [3]) Vergl. hier nur z. B. Landw. Zeitschrift 1910, Seite 102. [4]) Nach der letzten Volkszählung vom 1. Dezember 1910 zählt Hördt 2942 Einwohner.

Länge abgebrochen. In der Abgabestelle, die der Verein in einem Gehöft eingerichtet hat, wird je nach vorhandenen Quanten, nach Wetteraussichten [5]) usw. der Preis festgesetzt. Die Spargel kommen von da entweder auf den straßburger Markt (der «Hördter Stand»), oder sie werden an Ort und Stelle an Händler oder Liebhaber verkauft oder kommen zum Versand. Die Mehrzahl der Spargel geht natürlich nach Straßburg. Aber auch nach Metz, Colmar, Mülhausen, auch nach Württemberg, nach dem Rheinland, Belgien, Frankreich, England wird viel von Hördt aus versandt.

Der Verkauf an Konservenfabriken ist zurückgegangen, da diese bestrebt sind, billig einzukaufen. Infolge der stets herrschenden starken Nachfrage zum Frischverbrauch erzielt der Verein höhere Preise beim Marktverkauf, und nur wenn Angebot die Nachfrage übersteigt, wird noch in die Fabriken geliefert, die dann gleichsam als Ventil für die überschüssige Produktion dienen, dafür aber auch zu geringeren als zu den Marktpreisen einkaufen. Der Absatz in die Konservenfabriken läßt sich in der Tabelle für das Jahr 1913 deutlich erkennen. Trotz der erheblich höheren Produktion gegenüber dem Vorjahre ist der Gesamterlös hinter dem des Jahres 1912 zurückgeblieben [6]).

Zu Beginn der Ernte betragen die Preise in der Regel 2 Mk. pro Kilogramm, in der Hauptsaison 0,60—1 Mk., sogenannte Suppenspargel erhält man für 30—60 Pfennig. Durchschnittlich erzielte man in den letzten 10—12 Jahren in Hördt 70 Pfennig für die erste und 35 Pfennig für die zweite Klasse.

Der Gesamterlös ist in den einzelnen Jahren ständig gestiegen, im letzten Jahre allerdings etwas zurückgegangen, aus dem obenangeführten Grunde. Jede Woche rechnet der Verein mit seinen Mitgliedern ab. Der Wohlstand, der mit der Spargelkultur in den Ort gekommen ist, läßt sich am Äußeren und Inneren der Häuser wohl erkennen. Doch lassen sich auch die Schattenseiten der Kultur wohl fühlen. Da die Landwirte ihr Geld früh im Jahre erhalten, zu einer Zeit, wo sie es nicht nötig haben, so geben sie es leicht aus, und die Nähe der Stadt mit ihren Anziehungen wie Kinematographen, Warenhäusern usw. trägt in hohem Maße dazu bei, daß die Bauern im Herbst und Winter, wenn sie Geld nötig haben, wenn die Pacht zu zahlen ist,

[5]) Herrscht z. B. Nordwind, so wird die Temperatur sinken, und dadurch die Erde der kleinen Häufchen über dem Spargelstock fest werden, sodaß die Spitzen des Stockes nicht so gut hindurchkommen können. Bei kaltem Wetter steht daher eine geringere Tagesernte in Aussicht und die Preise steigen infolgedessen.

[6]) Vergleiche die Tabelle auf Seite 153.

wieder in Geldmangel leben. Irgend eine behördliche Regelung z. B. durch Zurücklegung eines Teiles des Erlöses in Sparkassen ist, abgesehen von verwaltungsrechtlichen Schwierigkeiten, allein aus dem Grunde undurchführbar, weil der elsässische Landwirt erfahrungsgemäß in sein Selbstbestimmungsrecht sich nicht eingreifen läßt, und auch solche Regelungen gar nicht will. Doch soll auf diese Nachteile hier nur kurz hingewiesen werden, deren genauere Betrachtung dem zusammenfassenden Rückblick im 2. Teile vorbehalten bleiben muß.

In der Regel bleiben in Hördt die Spargel 15 Jahre im Boden. Dann werden die Pflanzen herausgenommen, und noch im gleichen Jahre in dieselben Felder Tabak gepflanzt, der nach Spargeln sehr gut gedeiht und in einem Jahre auf diese Weise zwei Ernten ermöglicht. Nach Tabak baut man Kartoffeln oder Rotrüben, dann Roggen, Kartoffeln, Roggen, dann wieder Kartoffeln oder Erbsen. Eine Fruchtfolge wird jedoch nicht mehr streng eingehalten. Die Intensivbearbeitung bei der Spargelkultur hat den hördter Boden äußerst günstig beeinflußt.

Außer in Hördt hat der Spargelbau in den letzten Jahren in einer Reihe anderer Gemeinden des Landkreises Straßburg festen Fuß gefaßt. Besonders in Geudertheim, Berstett, Eckwersheim, Lampertheim usw. gewinnt die Spargelzucht von Jahr zu Jahr mehr Anhänger. In Geudertheim wurden im Jahre 1913 Spargeln auf 8 ha gepflanzt. Die Pflanzen bleiben dort etwas länger im Boden als in Hördt, 16—20, ja sogar bis 22 Jahre. Da der Boden in Geudertheim schwer ist, hat der dortige Spargel einen größeren Nährgehalt als der hördter Sandspargel, der wieder zarter und feiner ist. Sehr geschätzt wird auch der lampertheimer Lehmspargel. Die Pflanzung in Geudertheim ist etwa 13—14 Jahre alt (im größeren Umfang), die in den übrigen Gemeinden ist jüngeren Datums.

Auch in diesen Gemeinden haben sich die Pflanzer zur Regelung des Absatzes und besseren Verkaufsmöglichkeit zu Gesellschaften zusammengeschlossen, die zwar keine eigentlichen Genossenschaften sind, aber Selbsthilfecharakter haben und auf genossenschaftlichen Prinzipien beruhen. In Geudertheim besteht eine Spargelabsatzvereinigung (ohne Satzungen), die mit einer Firma in Ulm in Geschäftsverbindung steht und an diese, sowie an ihre Filialen in Stuttgart, Cannstatt, Göppingen die Spargeln versendet, und zwar zu einem Durchschnittspreis von 75—76 Pfennig pro Kilogramm ab Geudertheim.

Auch in Berstett besteht eine Gesellschaft auf genossenschaftlicher Grundlage, die einen «Berstetter Stand» auf dem straßburger Markt eingerichtet hat.

Alle diese Vereinigungen entbehren noch der juristisch festen Unterlage und sind erst in der Entwicklung begriffen. Bei dem verhältnismäßig geringen Anbau in diesen Gemeinden genügt vorderhand eine derart primitive Organisation vollauf. Mit der Vergrößerung der Anbaufläche und der Erweiterung des Absatzes wird auch der Ausbau der Vereinigungen zu Genossenschaften erforderlich sein.

Tabelle

über den Ertrag und den Erlös der den Mitgliedern des Spargelzuchtvereins in Hördt gehörigen Anbaufläche.

Jahr	Ertrag in kg			Gesamterlös in Mk. der Klassen I-III
	I. Klasse	II. Klasse	III. Klasse	
1891	2 000	5 000	1 600	6 650
1892	8 400	1 500	800	9 360
1893	9 800	3 300	1 400	11 800
1898	50 700	8 400	1 200	43 800
1903		103 800		71 300
1908		188 000		122 400
1909		233 100		170 000
1910		217 000		165 200
1911		219 000		179 500
1912		215 600		194 600
1913		231 300		187 500

Im ersten Jahre zählte der Verein 28 Mitglieder mit einer Anbaufläche von 3 ha. Im letzten Jahre 443 Mitglieder mit einer Anbaufläche von ungefähr 100 ha (siehe Seite 169).

Die Erdbeere.

Die Erdbeere ist im Unterelsaß als Handelsgewächs noch nicht recht heimisch geworden. Seit Jahrhunderten wird sie ja in den Gärten bei uns gepflanzt [1]), aber feldmäßig gebaut wird sie im Unterelsaß erst seit einigen Jahren. Wenn es auch kleine Betriebe sind (die Pflanzung eines Lehrers in Lingolsheim ist 1,3, eine ähnliche Anlage in Rottelsheim 0,7 ha groß) [2]), so rechtfertigt doch die zunehmende Bedeutung der Pflanze gerade für den landwirtschaftlichen Klein- und Zwergbetrieb hier ein kurzes Eingehen auf ihren Anbau. Denn wir können die Erdbeere nunmehr auch zu den Handelsgewächsen rechnen, deren Kultur bei uns in viel größerem Maßstabe eingeführt werden könnte und sollte, wie sie ja in Lothringen schon seit über 30 Jahren heimisch ist [3]).

Beide Pflanzer, in Lingolsheim wie in Rottelsheim, begannen vor etwa 5—7 Jahren mit dem Anbau der Erdbeeren auf einer Fläche von 20 Ar in Lingolsheim, einer etwas größeren in Rottelsheim. Der Boden in Rottelsheim ist guter, ziemlich kalter Lehm, in Lingolsheim liegt die Pflanzung in einer ausgebeuteten Sandgrube mit Kalkschichten. Hier sind in neuester Zeit eine Reihe von Landwirten zur Erdbeerkultur im kleinen übergegangen.

Im Herbst und Frühjahr werden die Pflänzchen gesetzt. Sie bleiben 2—3, auch 4—5 Jahre im Boden. Als Vorfrucht eignen sich besonders Bohnen und Erbsen, auch Frühkartoffeln, überhaupt stickstoffsammelnde Pflanzen, als Nachfrucht wird Klee gegeben. In Rottelsheim werden 5 Jahre lang als Nachfrucht abwechselnd die gewöhnlichen landwirtschaftlichen Gewächse gebaut, Weizen, Kartoffeln, Roggen, Rüben, dann wieder Erdbeeren. Eine reichliche Düngung ist zur Erdbeerpflanzung unbedingt nötig. Zunächst wird vor dem Setzen der Pflanzen mit Kuhmist, dann im April und Mai mit Pferdemist stark gedüngt. Dieser muß dabei noch eine andere Aufgabe erfüllen: wenn er durch den Regen ausgewaschen und ausgelaugt ist, was bis zur Ernte regelmäßig der Fall ist, dient er als Decke zum Schutze der reifen Früchte gegen Schmutz und Erde. Er hält außerdem den Boden feucht und verhindert das zu starke Auftreten des Unkrauts. Zum Schutz gegen das Ungeziefer, vor allem

[1]) Vergl. nur z. B. Hohbergs Adeliches Landleben, I, Seite 666. [2]) Auch in Brumath ist eine kleinere Pflanzung, und im letzten Jahre hat man noch an verschiedenen Stellen des Landes mit kleinen Anlagen begonnen; so findet sich in Hürtigheim eine nennenswerte Anlage. [3]) Vergl. den Aufsatz von Dr. A. Hertzog in dem Tageblatt der Landwirtschaftlichen Wanderausstellung

die Schnecken, werden die reifenden Früchte mit Hobelspänen unterlegt. Die Bearbeitung des Bodens erfordert große Arbeit, um Ungeziefer und Unkraut fern zu halten; daher hält sich ein wirtschaftlicher Erdbeerbau am besten in kleinen Grenzen. Bei einer größeren Anlage ist Dienstpersonal erforderlich, da die Familie des Besitzers allein die Arbeit nicht bewältigen kann.

Zwischen dem 15. und 20. Mai beginnt die Ernte, je nach Witterung und Bodenfeuchtigkeit. Sie zieht sich bis in die zweite Hälfte des Juni hin. Der Ertrag schwankt je nach der herrschenden Witterung bedeutend. Hertzog schätzt ihn [4]) für die metzer Gegend auf rund 5000 kg pro ha. Diese Zahl wird verhältnismäßig im Elsaß übertroffen, doch ist die Kultur noch zu jung, um genaue Angaben zu ermöglichen. In Lingolsheim wurden allein am 9. Juni 1913 19 Zentner Erdbeeren verkauft, im Jahre 1914 an verschiedenen Tagen bis zu 20 Zentnern.

Die Preise sind sehr hoch; durchschnittlich wird ein Pfund mit 40—50 Pfennig berechnet. Früchte von den besten Sorten, Louis Gautier oder Sieger, halten sich durchschnittlich auf 1 Mk. das Pfund. Allerdings sind die Kulturkosten sehr hoch. Sie dürften im Elsaß den von Hertzog angegebenen Betrag von 1500 Mk. pro Hektar noch übersteigen. Eine Berechnung der Kosten von 20 Ar in Rottelsheim gibt an:

Bodenmiete	40 Mk.
Dünger	70 »
Bearbeitung:	
1. Hacken	10 »
2. »	10 »
3. » mit Entranken	20 »
4. » » »	20 »
5. »	10 »
Düngerlegen	10 »
Pflücken, ca. 25 Zentner à 2 Mk.	50 »
Für Wiegen und Verpacken	10 »
Zur Bahn fahren	20 »
Zins, Abnutzung, Verlust für Verpackung	30 »
Pflänzchen, bei Selbstanzucht auf 4 Jahre verteilt	20 »
Zins, Abnutzung für ev. Umzäunung	20 »
Da im ersten Jahre der Ertrag bei weitem nicht an die Unkosten heranreicht, ist die Differenz auf 4 Jahre mit 40 Mk. pro Jahr zu verteilen	40 »
Zusammen	380 Mk.

der D. L. G. in Straßburg 1913, Stück 4, Seite 6 ff.

[4]) Ebenda.

Für die Gewinnberechnung wird mir von dem Besitzer der rottelsheimer Anlage angegeben, daß man dort durchschnittlich nur 35 Pfennig pro Pfund erlöst, da die Erdbeeren infolge des feuchten Bodens etwas später reifen und daher an den hohen Anfangspreisen der Ernte nicht teilnehmen können. Von diesen 35 Pfennig gehen bei einem Pfund noch 3 Pfennig ab für Oktroi, Bahnfahrt und Rückfahrt für leere Körbchen und Kistchen, so daß sich ein Gewinn von $2500 \times 0{,}32 = 800$ Mk. ergibt, nach Abzug der 380 Mk. Kosten des Anbaus ein Reingewinn von 420 Mk. für 20 Ar.

Bei dieser Berechnung ist zu berücksichtigen, daß einmal der angegebene Durchschnittspreis von 35 Pfennig für das Pfund niedrig ist, ferner, daß beträchtliche Ausgaben für Bearbeitung des Bodens und Pflücken angesetzt sind, die bei einem Zwergbetriebe wegfallen werden. Andererseits ist die Ernte von 25 Zentnern von 20 Ar ziemlich hoch gegriffen. Jedenfalls läßt sich aber ein Reingewinn von 300—400 Mk. auf 20 Ar erzielen; er liegt durchaus im Bereich des praktisch Erreichbaren. Gerade für die Gegend um Straßburg und Hagenau ist ein feldmäßiger Erdbeeranbau sehr günstig. Die Nähe der Stadt und der Konservenfabriken sichert den Früchten einen stetigen Absatz zu und läßt bei dem, infolge der geringen Entfernung niedrigen Satz der Transportkosten einen hohen Reinertrag erzielen. Die Nähe industrieller Unternehmungen bewirkt, daß im Notfall stets billige Arbeitskräfte zur Bearbeitung und zum Pflücken zur Verfügung stehen, da die Arbeiter oder Arbeiterinnen abends nach Schluß der Arbeitszeit in den Fabriken noch 1—2 Stunden helfen können.

In Lingolsheim erhalten die Arbeiterinnen (die ausschließlich tagsüber in der Lederfabrik beschäftigt sind), pro Stunde 20 Pfennig. Bei voller Tagesbeschäftigung erhalten sie 2 Mk. und Kost, dazu abends eine bestimmte Menge Erdbeeren.

Der gesamte Ertrag kommt zurzeit direkt in Privathäuser oder Hotels zum Frischkonsum. Rottelsheim liefert fast ausschließlich an einen Großabnehmer. Aus Lingolsheim wird viel von straßburger Familien bezogen, die in den ersten Junitagen in großer Zahl hinausziehen, um selbst die Früchte draußen zu holen. In Konservenfabriken wird zurzeit fast nichts geliefert.

Neben der Züchtung der Erdbeeren (der lingolsheimer Pflanzer hat 25 Sorten) wird noch eine Pflanzenkultur zur Versendung der Setzlinge in Gärtnereien und Privatgärten, in Rottelsheim noch Obstbau in größerem Maßstab betrieben.

Die Erfolge dieser Erdbeerplantagen zeigen, daß eine größere Ausdehnung des feldmäßigen Erdbeerbaues sehr wohl ein gutes

Ergebnis für unsere Landbevölkerung haben würde. Dabei wäre in erster Linie auf die Pflanzung geeigneter Sorten zum Frischkonsum, dann aber auch für die Konservenfabriken, Gewicht zu legen. Die Regelung der Anpflanzung und des Verkaufes erfolgte am vorteilhaftesten durch Vermittlung von Verkaufsgenossenschaften, ähnlich der Spargelzuchtvereinigung. Der Anbau und der Verkauf an die Konservenfabriken läge dabei durchaus im Interesse der Fabriken wie der Pflanzer. Die Landwirte hätten bei etwa eintretender Überproduktion stets eine Absatzquelle in den Fabriken, die sich heute inländische Erdbeeren nicht in ausreichenden Mengen und nicht in geeigneten Sorten verschaffen können, trotzdem vor einigen Jahren auf Erdbeeren aus dem Auslande ein Zoll gelegt wurde. Die Mehrkosten für den Transport, für Zoll und die Transportgefahr der sehr leicht dem Verderb ausgesetzten Ware sind beträchtlich. Sie könnten von den Konservenfabriken zum Teil gespart, zum Teil mit größerer Berechtigung als dem Auslande, unseren einheimischen Pflanzern zugeführt werden. Es ist daher dringend zu wünschen, daß im Elsaß der feldmäßige Erdbeeranbau immer mehr Eingang finden möge, besonders auf tiefgründigem Boden und in der Nähe größerer Städte, wo sich dem Landwirt großer Absatz ohne hohe Transportkosten bietet, wo nötigenfalls billige Arbeitskräfte zur Verfügung stehen und wo auch billiger Dünger, vor allem von den Regimentern der städtischen Garnisonen, in ausreichender Menge vorhanden ist.

Gerade für die Arbeiter der Industrie um Straßburg würde sich, wie wir es schon bei dem Anbau der Bohnen in Hönheim, Bischheim und Schiltigheim gesehen haben, eine selbständige Pflanzung in kleinem Umfang lohnen[5]). Wenn jeder Arbeiter ein kleines Stück Land mit der hochwertigen Frucht bepflanzte und mit seiner Familie allein bearbeitete, böte sich ihm ein lohnender Nebenverdienst, der sich genossenschaftlich regeln oder auch zu Sparzwecken anlegen ließ. Denn der Verdienst aus der Erdbeerpflanzung bringt Geld zu einer Zeit, in der der Bauer wenig Geld hat, in der er aber auch wenig Geld braucht. Das Verständnis und das Interesse an der Pflanzung könnte durch die Genossenschaft geweckt und gefördert werden; die Arbeiter würden durch die Pflanzung an ihren Wohnort gefesselt, sie hätten in ihrer freien Zeit eine nicht übermäßig anstrengende Beschäftigung, und es würde auf diese Weise eine vorbildliche Verbindung zwischen Landwirtschaft und Industrie geschaffen.

---

[5]) In feuchtem Boden ist die Erdbeere weniger vorteilhaft. In Hördt, wo man früher auch feldmäßig Erdbeeren pflanzte, hat man die Kultur wegen zu starker Schneckenplage wieder aufgegeben.

Die Zwiebel.

Auch die Zwiebel gehört zu den im Elsaß früher überall angebauten Handelsgewächsen, die im Anfang des Mittelalters in den «horti» in der Nähe der menschlichen Wohnungen und in den Küchengärten gepflanzt wurde und auch als Küchengewächs viel mehr Anwendung fand als heute. Im großen wurde sie weithin versandt und war auf den großen Märkten in Worms, Frankfurt zu finden; nach England, Holland wurden die straßburger Zwiebeln ausgeführt. Straßburg und Bamberg allein kannten diesen Handelszweig und die straßburger Gärtner sahen in der Zwiebel die Hauptquelle ihres Wohlstandes. Zur Regelung des Anbaus und des Absatzes hatte auch die straßburger Gärtnerzunft, wie die hagenauer Gärtner für den Krappanbau, bestimmte Regeln für die einzelnen Zunftgenossen. Zur Verhütung unlauteren Wettbewerbes war jedem Gärtner das Höchstmaß der Fläche vorgeschrieben, die er mit Zwiebeln bepflanzen durfte [1]). Wer über dieses Maß der Pflanzung hinausging, wurde bestraft.

Hieronymus Bock beschreibt den Anbau der Zwiebel ausführlich und erwähnt sie als «sehr gebräuchliche Arzenei und Küchenkraut». Vielfache Bemerkungen im Tarif der Verzollung der Stadt Straßburg, in alten Akten und bei den mittelalterlichen Schriftstellern zeigen uns die Bedeutung ihres Anbaus und des Handels der Zwiebelsaat, die auch zum Färben Verwendung fand. Leider fehlen uns jegliche statistische Angaben, die uns ein einigermaßen zuverlässiges Bild über Anbau und Handel geben könnten und die wenigen Angaben, die wir darüber finden (zum Beispiel «der Wert eines Sesters Zwiebeln entspricht dem von 100 Sestern Weizen» und ähnliches) sind derart ungenau und phantastisch, daß sie für uns vollständig unbrauchbar sind.

Noch um das Jahr 1800 war die straßburger Zwiebel weit berühmt. Mit dem Rückgang der straßburger Schiffahrt, mit dem Niedergang des Handels während und nach der Kontinentalsperre ging die Möglichkeit des Absatzes und die Ausfuhr, daher auch der Anbau, stark zurück.

Heute ist die Zwiebelpflanzung im großen nahezu verschwunden. Zwar werden die Zwiebeln auch feldmäßig viel angebaut, jedoch stets nur auf kleinen Flächen. Denn der Zwiebelbau erfordert große Arbeitsleistung, und der Pflanzer muß zu einem wirtschaftlichen Anbau auf die Hilfe anderer Arbeitskräfte als der seiner Familien-

[1]) Revue d'Alsace 1850, Seite 56 f. und die dort angeführte Literatur.

mitglieder oder seiner ständigen Dienstboten verzichten. Es können also stets nur wenige Ar für den einzelnen Landwirt hierzu in Frage kommen.

Nur die Steckzwiebelkultur der schlettstadter Gegend erhebt sich etwas über das übliche Maß des Anbaus im Elsaß. Die Steckzwiebeln dienen zur Gewinnung der ersten brauchbaren Sommerzwiebeln. Im März wird der Boden gut gedüngt, darauf wird gesät und die Saat mit Brettern festgestampft [2]). Im Mai und später wird gejätet und das Unkraut beseitigt. Im Juli und August erfolgt die Ernte.

Die schlettstadter Steckzwiebelzucht ist noch nicht sehr alt. Doch war schon vor dem deutsch-französischen Kriege die schlettstadter Zwiebel weit bekannt und sie hat sich trotz des Wettbewerbes anderer Gegenden den Markt zu erhalten gewußt, da man vor allem auf die Güte des Erzeugnisses Wert legte. In den letzten Jahren wurden 100 kg mit 80 bis 90 Mk. bezahlt. Als Absatz kommt nicht nur das Elsaß allein in Frage. Große Mengen werden nach der Schweiz, nach Altdeutschland, auch nach Frankreich und gelegentlich nach Amerika versandt. Im Jahre 1914 werden im schlettstadter Gemeindebann rund 10,00 Hektar von Berufsgärtnern, etwa 1,50 Hektar von Landwirten feldmäßig gepflanzt. Im Durchschnitt der letzten Jahre erträgt ein Hektar 50 bis 60 Doppelzentner Zwiebeln, doch schwankt der Ertrag je nach den einzelnen Jahren bedeutend.

Die Kardendistel (Weberkarde).

Die Weber- (oder Rauh-) Karde war unter den im Elsaß angebauten Handelsgewächsen stets nur von untergeordneter Bedeutung. Sie wird schon im Capitulare de villis erwähnt und wird auch im Elsaß früh heimisch gewesen sein, wo sie in den Gärten gezogen und von Wollwebern oder Tuchscherern angewandt wurde. Diese kratzten die verfilzten und klumpigen Wollfäden mit den Disteln auf, um die Wollhaare gleichmäßig schneiden zu können. In etwas größerem Umfange wurde die Kardendistel später in Bischweiler gepflanzt, wo sie in den Tuchfabriken zum Rauhen des Tuches benutzt wurde. Auch heute noch steht die Rauhkarde dort im Ge-

[2]) Daher der Spitzname «schlettstadter Zewallatreppler». Vergl. Straßburger Neue Zeitung vom 16. September 1911.

brauch, nur wird sie vollständig aus Südfrankreich bezogen. Im Elsaß findet man sie nur noch wild an Wegen und Rainen [1]).

Die Kardendistel ist eine zweijährige Pflanze. Im ersten Jahre treibt sie nur Blätter oder, wie Hohberg sagt: «nichts-werte Pürsten». Man pflanzt sie im ersten Jahre in einem Samenbeet. Im Herbst werden die Pflänzchen auf den Acker umgepflanzt. Im zweiten Jahre treibt die Pflanze mehrere, ein bis anderthalb Meter hohe Stengel, an denen die Distelköpfe sitzen. Die Deckblätter der Disteln bestehen aus kleinen widerhakenartigen Spitzen. «Rauhe Igels köpfflin mit scharpffen rumgebogenen häcklein» nennt sie Hieronymus Bock. Sobald sie verblüht waren, wurden sie abgeschnitten, den Stengel ließ man dabei etwa 15 bis 20 cm lang. Die Distelköpfe wurden dann zusammengebunden und getrocknet. Die getrockneten Karden wurden verkauft oder verbraucht.

Als Abnehmer kamen vor allem die Tuchscherer in Betracht [2]). Hieronymus Bock berichtet, daß die zahme Kardendistel von den Wollwebern in den Gärten gepflanzt wird, «etliche zielen gemelter Karten gantze äcker voll / als umb Speier» [3]). Mit der zunehmenden Bedeutung der bischweiler Tuchindustrie wurde die Kardendistel im bischweiler Bann heimisch, und hat sich dort bis in die zweite Hälfte des vorigen Jahrhunderts erhalten. Die Tuchfabrikanten, die gleichzeitig auch die Landwirtschaft betrieben [4]), pflanzten sie zum eigenen Gebrauch. Daraus geht schon hervor, daß ihre Anbaufläche in Bischweiler nicht groß gewesen ist. Nach einer statistischen Tabelle im bischweiler Gemeinde-Archiv [5]) wurden im Jahre 1862 nur 1,04 ha in Bischweiler mit Karden angepflanzt, und Luroth, der die Anbaufläche im Jahre 1864 auf 3 bis 4 ha angibt [6]), wird wohl noch etwas zu hoch gegriffen haben. Dabei ist zu beachten, daß gerade damals die bischweiler Industrie auf der höchsten Stufe der Entwicklung stand, die sie je erreicht hat. Demnach ist die Kardendistel vor dieser Zeit sicher nicht in größerem Maße angebaut worden; in älteren statistischen Aufzeichnungen wird sie gar nicht erwähnt.

---

[1]) Wahrscheinlich kam die wilde Kardendistel durch den Transport der südfranzösischen Karden nach Deutschland an den verschiedensten Stellen ins Elsaß, durch gelegentliches Aufgehen eines der großen Transportfässer oder durch Ausfallen eines Samens. Übrigens findet sich auch im Gebirge (Odilienberg) die wilde Weberkarde.

[2]) Schmoller, Straßburger Tucher- und Weberzunft, Seite 417.

[3]) Seite 301 v. Heute noch werden in Lamprecht in der Pfalz zum Teil Karden gepflanzt.

[4]) Dehio a. a. O.

[5]) Bischweiler Gemeinde-Archiv, T 2.

Vom Hektar erhielt man 120 bis 350 000 Kardendisteln, die sich auf 2 bis 5 Mk. pro Tausend stellten. In Kilogramm ausgedrückt, erzielte man vom Hektar mindestens 1250 kg im Werte von 1 Franken pro Kilogramm. Öfters wurde auch etwas mehr erlöst. In guten Jahren erhielt man sogar 2000 kg und erlöste bis zu 1,10 Franken pro Kilogramm [7]).

Die Anbaukosten waren verhältnismäßig gering, sie betrugen etwa 400 Franken pro Hektar. Die Kultur ergab also einen ziemlich hohen Reingewinn. Aber der Anbau konnte nicht zunehmen, da der Absatz nur gering war.

Das Aufrauhen des Tuches, das beim Färben filzig geworden war und Knötchen, überhaupt eine unregelmäßige Oberfläche bekommen hatte, geschah nach Dr. Katharina Dehio [8]) früher durch Bürsten mit dem Kardenkreuz. Dieses bestand aus einem etwa 10 bis 12 cm langen hölzernen Stab, durch dessen Mitte zwei ebenso lange hölzerne Bretter gezogen waren, die dicht mit den Disteln besteckt waren. Die kleinen Widerhaken der Distel ergriffen beim Bürsten die einzelnen Wollfaserchen, zogen sie heraus und lösten die Knoten.

Zu Anfang des 19. Jahrhunderts wurde das Kardenkreuz und die anstrengende Handarbeit abgeschafft. Die Rauhmaschine wurde eingeführt, die aus einer Trommel bestand, auf der rund herum die Distelköpfe in Reihen außen nebeneinander gesteckt waren. Diese Trommel wurde in schnelle rotierende Bewegung versetzt und das zu rauhende Tuch daran vorbeigezogen.

Auch heute noch wird die Rauhkarde in ähnlicher Weise in Bischweiler benutzt. Sie wird jedoch nicht mehr in elsässischem Boden gepflanzt, weil sie hier nicht besonders gut gedieh. Sie nahm zu große Dimensionen an, die sich für die Fabrikation nicht eigneten, da die Distelköpfe nicht mehr nahe genug aneinander gesteckt werden konnten, und weil die Widerhaken zu lang und gleichzeitig nicht mehr scharf genug wurden. In derselben Zeit kamen auch die billigen Eisenbahnverbindungen auf, und der 1834 eröffnete Rhein-Rhone-Kanal, wodurch der Transport aus Südfrankreich, der früher auf hohen Wagen in großen, etwa 2 Meter im Durchmesser breiten Fässern bewerkstelligt werden mußte, wesentlich vereinfacht und verbilligt wurde. Heute kommt als Ausfuhrland vor allem das französische Departement Vaucluse in Betracht.

[6]) Luroth, L'administration municipale de Bischwiller, 1864, Seite 15. [7]) Bisch-

Zu Anfang und um die Mitte des vorigen Jahrhunderts wurden auch bedeutende Mengen aus Frankreich über Straßburg nach Deutschland exportiert, und alte Straßburger erinnern sich noch heute an die hochbeladenen Wagen, die aus dem Innern Frankreichs kamen.

Im Jahre 1855 wurden allein in Straßburg 5280 Zentner Weberkarden auf dem Rhein verladen und auch später wurden bedeutende Mengen aus Frankreich eingeführt [9]). Die Preise sind heute stark gestiegen. Während Luroth im Jahre 1864 noch als Preis für 100 kg 100 Franken angibt, beträgt der Preis heute für die gleiche Menge 320—350 Mark.

Die Kastanie.

Auch die Kastanie war ein Handelsgewächs von hohem wirtschaftlichem Wert für das Unterelsaß. Schon zu Römerzeiten war sie bei uns heimisch. Seit dem 7. Jahrhundert gewann sie erhöhte Bedeutung, seit der Zeit, da die großen Klöster Maursmünster, Weißenburg u. a. gegründet wurden, deren Mönche sich in hervorragendem Maße mit der Kultur der Obstbäume befaßten und auch Kastanien als Obst-Fruchtbaum pflanzten. Im Capitulare de villis wird der Anbau der Kastanie beschrieben. Wenn auch wirklich das Capitulare nur eine beschränktere, lokale Geltung gehabt hat, als man früher glaubte, so steht doch fest, daß die elsässische Kastanienkultur im frühen Mittelalter bereits hoch entwickelt und berühmt war [1]). Man nutzte damals die Früchte, die zu Mehl gemahlen, mit Getreidemehl vermischt und damals gebacken als Brot gegessen wurden. Alle mittelalterlichen Schriftsteller erwähnen die Kastanie, die besonders in der weißenburger Gegend ausschließlich zu Handelszwecken gepflanzt wurde. Aus Thüringen kamen die Händler zum Ankauf der Früchte dorthin; an anderen Stellen des Landes gab es Kestenwälder, deren Früchte zu Schiff den Rhein hinunter nach Frankfurt, Cöln, Holland, England geführt wurden, in kältere Gegenden, in denen der Kastanienbaum nicht mehr gedieh. Merkwürdigerweise scheint man die Ausfuhr und überhaupt den Anbau der Kastanien nicht besteuert zu haben. In einer ausführlichen Auf-

---

weiler Gemeinde-Archiv, T 2. [8]) a. a. O. [9]) Vergl. Deutsches Handels-Archiv, 1885, I, Seite 211; 1886, I, Seite 716 usw.

[1]) Die Namen Kestenberg, Kestenmühle und Kestenholz haben mit Kastanien

zählung des Einkommens der Geistlichen des Bistums Straßburg aus dem Jahre 1418 finden sich Kastanien nicht. Dies scheint allerdings darauf hinzudeuten, daß man die Kastanien nicht zu den landwirtschaftlichen, feldmäßig gebauten Gewächsen zählte, von deren Ertrag der Bauer abgabepflichtig war. Erst Ende des 15. Jahrhunderts findet sich die Kastanie auch als zollpflichtige Handelsware in Straßburg [2]). Durch die Stürme des dreißigjährigen Krieges hatte der Handel und der Versand der Kastanien stark zu leiden, doch war noch im Anfang des 18. Jahrhunderts das Elsaß seiner Kastanien wegen so berühmt, daß Hohberg berichtet, «in Ungarn und Elsaß» gebe es «gantze Kästenwälder, davon die Inwohner einen guten Genuß haben, und die Frucht verkauffen, auch wohl zur Speise brauchen» [3]). Dieser Kastanienversand dauerte auch im ganzen 18. Jahrhundert fort, noch bis in die dreißiger Jahre des 19. Jahrhunderts werden ausgelesene Kastanien als «Maronen» versandt. Aus dem Jahre 1832 ist uns auch eine kurze Statistik erhalten, die uns die Bedeutung des Anbaus im Kreise Weißenburg zeigt [4]):

Es wurden 1832 angebaut:

Im Arrondissement		Schlettstadt:	9,21	ha	Kastanien
»	»	Zabern:	1,08	»	»
»	»	Straßburg:	19,91	»	»
»	»	Weißenburg:	79,84	»	»

Seit der Mitte des vorigen Jahrhunderts hörte jedoch die Pflanzung der Kastanien zum Zweck des Versandes der Früchte im großen auf. Bedingt wurde dieser Rückgang durch die erhöhte Einfuhr südländischer Waren, vor allem italienischer Maronen, die größer und auch billiger als die elsässischen Früchte sind. Auch heute pflanzt man die Kastanien nicht mehr zur Fruchtgewinnung. Man verwertet fast ausschließlich das Holz, das wegen seiner Festigkeit vorzügliche Rebpfähle abgibt. Doch auch diese Art der Verwendung nimmt langsam ab infolge der zunehmenden Einführung der Drahtkultur.

übrigens nichts zu tun. [2]) Eheberg, I, Seite 336. [3]) Adeliches Landleben, I, Seite 578; siehe auch Zwinger, Th., Kräuterbuch, Basel, 1696; Rösslin (aus dem Jahre 1593) «des wasgawischen. . . Gebirgs Gelegenheit», Seite 22 und viele andere Schriftsteller. [4]) Bezirks-Archiv Straßburg, M. adm. gén. Agricult. Correspondance, 1807—1840.

Die Kartoffel, Getreide und die Fabrikation von Stärke, Kartoffelmehl und Branntwein.

Kartoffeln werden heute größtenteils über den eigenen Bedarf hinaus zum Marktverkauf angebaut. Das Getreide, das früher in den kleinen ländlichen Mühlen gemahlen wurde, kommt heute meist in die außerordentlich bedeutenden straßburger Mühlen. Wenn diese Pflanzen heute auch einen wichtigen Bestandteil der Beziehungen zwischen Ackerbau, Handel, und Industrie bilden, so rechtfertigt diese Tatsache allein ihre Erwähnung unter den Handelsgewächsen nicht. Aber ihre Bedeutung als Industriepflanzen im vergangenen Jahrhundert läßt hier eine kurze Darstellung zu.

Die Kartoffel war schon Ende des 16. Jahrhunderts im Elsaß bekannt. Melchior Sebitz und sein basler Kollege, der Arzt und Botaniker Kaspar Bauhin erwähnen den «indischen (peruanischen) Apfel». Doch es dauerte sehr lange, bis die Frucht eine größere Verbreitung im Lande fand. Der dreißigjährige Krieg hat sie ihr nicht in dem Maße verschafft, wie man das gemeinhin annimmt. Sie blieb in den Vogesentälern bis in die letzten Jahrzehnte des 17. Jahrhunderts. Da kam sie vom oberen Breuschtal (Steintal) in die Ebene, wo sie sich dann bis zum Jahre 1730 überall einbürgerte [1]. Bald wurde auch auf die Kartoffel ein Zehnt gelegt, woraus auf einen starken Zuwachs ihres Anbaues geschlossen werden kann. Die Regierung erkannte ihre Wichtigkeit als Volksnahrungsmittel sehr bald. Als man in der lauterburger und in der zaberner Gegend anfing, die Kartoffel zur Schnapsbrennerei zu verwenden, wurde die Destillation am 6. März 1771 verboten, angeblich wegen der großen Gefahr des Alkohols für die Volksgesundheit, in Wirklichkeit aus der Befürchtung heraus, die Frucht könnte dadurch der Volksnahrung entzogen werden [2]. Damals war der Kartoffelbau im ganzen Unter- und Oberelsaß eingeführt.

Aus Getreide hatte man um jene Zeit schon seit langem Stärke und Puder hergestellt. Die damalige Mode des Haarpuderns be-

---

[1] Hertzog in den Mitteilungen der naturhistorischen Gesellschaft in Colmar, N. F. VIII (1905/06), Seite 97 f. [2] Bezirks-Archiv Straßburg, C 148.

günstigte diesen Fabrikationszweig sehr, und das Elsaß führte alljährlich große Mengen in die Länder aus, in denen die fabrikmäßige Puderherstellung verboten war. Die Ausfuhr nahm aber einen so großen Umfang an, daß sich schon der Intendant de Lucé im Jahre 1740 genötigt sah, die Puderausfuhr bei Strafe der Konfiskation von Ware und Transportmittel und 1000 Livres Geldstrafe zu verbieten [3]). Auch war es verboten, «aus Trabern und aus Frucht Branndtenwein zu brennen» [4]). Es lag in der Natur der damaligen volkswirtschaftlichen Anschauungen, daß man möglichst die Nahrungsmittel im eigenen Lande zu erzeugen suchte [5]). Die Ausfuhr von Getreide, Mehl, Erdäpfeln, dürrem Gemüse war durch verschiedene Verordnungen verboten worden, bei Todesstrafe für den Ausfuhrschmuggel. Die Amelungmacher durften zur Stärkebereitung nur «Kleyen, den Gries, das Nachmehl und Kleyenmehl von guter Frucht als welche der Abgang von dem Mehl sind, welches die Bäcker verbacken», benutzen [6]). Gegen Ende des Jahrhunderts nahm man auch gutes Getreide zur Stärkefabrikation. Es kam seit 1770 ein industrieller Zug in die einzelnen Unternehmungen, und es entstanden Fabriken in Bischheim 1770 (Kolb, später Schaub), Bischweiler 1783, Lingolsheim 1785. Im Jahre IX (1800) zählte man im Unterelsaß allein 32 Stärkefabriken, die meistens in der straßburger Umgebung lagen.

10 Jahre später wurde von Bloch in Düttlenheim ein Verfahren zur Herstellung von Kartoffelmehl entdeckt und bald darauf auch zur Fabrikation eines Kartoffel(stärke)sirups (Glucose). Auch in anderen Gegenden in Frankreich und Deutschland wurde damals Kartoffelmehl hergestellt; Bloch gab aber der elsässischen Fabrikation eine besondere Note durch die Herstellung von Suppeneinlagen (Sago, Tapioka usw.), die er Jahre lang in Frankreich ganz allein betrieb, und die seine Fabrik sehr berühmt machte [7]). Das Kartoffelmehl wurde angenetzt, gewärmt und dann leicht geröllt. Absatz fand sich überall. Der Stärkesirup wurde an Brauereien, Konditoreien, die gewöhnliche (Getreide-) Stärke an Webereien, Papierfabriken usw. verkauft. Die Fabriken in Bischheim, Hönheim stellten

[3]) Bezirks-Archiv Straßburg, C 142, 146, 151, 164, 170, 391. [4]) Königl. Verordnungen vom 24. Januar 1713; vom 21. Sept. 1727; 15. März und 1. Mai 1735; 28. Mai 1836 usw. [5]) Die Rötpflanzer in Brumath mußten sich z. B. 1755 verpflichten, den Körnerbau nicht zu vernachlässigen. Hagenauer Stadt-Archiv, HH 15. [6]) Bezirks-Archiv Straßburg, C 148; Stadt-Archiv Straßburg, AA 2311 u. a. m. [7]) Über die Fabrik Blochs finden sich nähere Angaben bei Grad, Etudes, I, Seite 324 ff. Man benutzt heute noch das Bloch'sche Féculometer. Die Fabrik in Düttlenheim wurde 1874 an Dürr in Nancy, von diesem 1899 an die Elsässische Tabakmanufaktur, Straßburg-Neudorf, verkauft. Siehe auch: Soc.

mehr Getreidestärke, Kleber, Leim, die düttlenheimer Fabriken mehr Kartoffelmehl und dergleichen her.

Im Oberelsaß befand sich 1812 nur eine Stärkefabrik, später befaßten sich die bedeutenden Firmen Laederich Frères in Mülhausen, Scheurer in Logelbach (seit 1840) mit der Kartoffelmehl- und Stärkefabrikation, dann auch Gastard und Grollemand in Colmar, die auch Makkaroni fabrizierten.

In Düppigheim und Düttlenheim wurden um die Mitte des vorigen Jahrhunderts noch einige weitere Fabriken gegründet (Schumann; Krüger); ferner Grün und Schumann in Lingolsheim; Geistel in Altdorf, 1846; 1850 gab es in Schiltigheim 3 Fabriken von Debus; in Bischeim 3 Fabriken Schaub; in Weyersheim eine Fabrik von Huß; ferner wurde in Zabern 1856 eine Fabrik von Wolff, 1858 von Herrenschneider eine Fabrik auf dem Wacken bei Straßburg gegründet. Der Stärkezucker (Glucose) war in dem Zuckersteuergesetz vom 3. Juli 1840, das den im Inland gewonnenen Zucker besteuerte, ausdrücklich freigelassen. Er wurde deshalb als Zusatz zu Rübenzucker (Melasse) benutzt. Die fabrikmäßige Darstellung der Glucose nahm dadurch einen großen Umfang an, sie wurde auch zu einem bedeutenden Spekulationsartikel [8]). Nach dem Kriege von 1870 hatte die Industrie zunächst unter dem Umschwung der Verhältnisse zu leiden. Als dann die Absatzverhältnisse günstiger wurden, konnten die Fabriken das Rohmaterial nicht mehr aus dem Elsaß beziehen. Die Landwirte stellten zu hohe Preise für die Kartoffeln, die norddeutschen Großbetriebe konnten zu weit billigeren Preisen liefern. Kleber wurde durch andere Ersatzmittel verdrängt. Heute kommen die elsässischen Stärkefabriken für unsere Landwirtschaft nicht mehr in Frage. Sie benutzen auswärtiges Getreidemehl, auch südamerikanischen (weißen) Mais. Auch Kartoffelmehl wird nicht mehr fabriziert. Eine einzige Kartoffelbrennerei gibt es noch in Benfeld, die 25—30 hl Schnaps im Jahre herstellt [9]). Der Schnaps dient zum Verschnitt, wird aber auch im Saargebiet und in Lothringen, wohin ein großer Teil der Produktion versandt wird, roh getrunken. Die Schlampe, die Rückstände der Destillation, dient zur Viehfütterung.

---

des Sciences. . . Bulletin mensuel, Tome XXII, 1888, Seite 215 ff. [8]) Das Börsen- und Marktwesen in Straßburg i. E. von Eugen Rieffel. [9]) 4 Doppelzentner Kartoffeln geben 1 Hektoliter Branntwein. Die Kartoffeln werden gekocht, vermaischt, abgekühlt, mit Hefe angesetzt und nach der Gärung in der Brennblase zur Destillation gebracht.

ANHANG.

Tabelle Nr. 1.

Die Bodenbenutzung der einzelnen Kulturarten in Elsaß-Lothringen seit 1878 [1]):

Jahr	Acker- und Garten-land	Wein-berge	Wiesen	Weiden und Hutungen	Forsten und Holz-ungen	Haus-, Hof-räume, Öd- u. Unland, Gewässer	Von je 100 ha entfielen auf Acker- u. Garten-land
1878	687 296	32 409	176 176	30 831	443 864	80 233	47,4
1893	685 367	32 845	183 029	33 992	442 998	72 479	47,2
1900	679 797	32 983	186 623	34 056	439 832	78 015	46,8
1904	676 879	32 694	187 903	33 868	— [2])	80 129	46,6
1909	674 047	31 623	189 155	33 559	—	83 554	46,4
1912	673 602	30 194	190 089	33 983	—	84 482	46,4

Tabelle Nr. 2.

Das Acker- und Gartenland zerfiel in Elsaß-Lothringen in [1]):

Jahr	Getreide-arten u. Hülsen-früchte	Hack-früchte und Gemüse	Handels-gewächse	Futter-pflanzen	Acker-weiden u. Brachen	Obst-gärten	Von je 100 ha entfielen davon auf Handels-gewächse
1878	414 312	114 291	19 045	77 308	57 697	4 643	2,8
1893	405 798	121 455	11 056	64 559	61 775	20 724	1,6
1900	396 000	131 885	7 562	68 669	54 941	20 740	1,1
1904	389 372	135 592	8 199	74 609	48 172	20 935	1,2
1909	384 146	141 858	7 066	80 326	38 996	21 655	1,1
1912	384 500	145 561	7 110	72 963	41 430	22 038	1,1

[1]) Statistisches Jahrbuch für E.-L. 1913/14, Seite 49/50.

[2]) Von 1900 bis 1913 nicht mehr erhoben. Die Zahl von 1913 ist noch nicht ermittelt.

Im Jahre 1912 betrugen die Zahlen der Tabelle Nr. 2:

Jahr 1912	Getreidearten u. Hülsenfrüchte	Hackfrüchte und Gemüse	Handelsgewächse	Futterpflanzen	Ackerweiden u. Brachen	Obstgärten	Von je 100 ha entfielen davon auf Handelsgewächse
Im Unterelsaß:	105 168	61 219	6 063	18 660	2 008	6 240	3,0
Im Oberelsaß:	74 272	34 271	698	15 729	2 327	4 251	0,5
In Lothringen:	205 060	50 071	349	38 574	37 095	11 547	0,1

Tabelle Nr. 3.

Im Jahre 1895 entfielen auf die Betriebe [1]:

Im	unter 2	von 2—5	von 5—20	von 20—100	über 100 ha
Elsaß . . .	61,00	24,43	13,77	0,74	0,026
Baden . . .	54,17	29,03	15,51	1,24	0,05
Reich . . .	58,22	18,29	17,97	5,07	0,45

Von 100 ha der landwirtschaftlich benutzten Fläche kamen auf die Betriebe:

Im	unter 2	von 2—5	von 5—20	von 20—100	über 100 ha
Elsaß . . .	15,87	29,76	43,44	8,85	2,08
Baden . . .	13,23	29,37	41,78	12,56	3,06
Reich . . .	5,56	10,11	29,90	30,35	24,08

Tabelle Nr. 4.

Anbaufläche der Handelsgewächse in Hektar im Unterelsaß [2]:

Jahr	1852	1866	1878	1883	1893	1900	1913	im Oberelsaß 1913
Tabak .	3000	4800	2473,79	2727,1	1901,13	1064,2	1543,49	2,50
Hopfen .	460	1200	4166,39	4260,1	3797,47	3648,6	3834,27	93,99
Hanf . .	} 4083	} 3900	2621,87	1811,9	627,74	219,7	26,68	7,08
Flachs .			170,57	270,5	82,11	55,0	17,34	7,33
Raps . .	} 6777	} 6500	3831,46	2884,8	1901,58	788,3	193,96	434,17
Mohn . .			109,90	156,2	109,16	50,7	8,12	1,35
Senf . .	—	} 450	192,55	275,3	229,04	?	168,72	1,00
Zichorie .	—		47,94	17,7	39,93	44,1	—	—
Krapp .	750	600	—	—	—	—	—	—
Sonstiges	—	—	2,71	3,6	132,80	187,7	0,30	—

[1] Thisse a. a. O., Seite 20.

[2] Thisse, Seite 53/54: auch z. T. Lefébure, Etude sur l'économie rurale, Seite 50; G. Martzloff a. a. O., Seite 72. Die Zahlen für 1913 sind mir vom Stat. Landesamt freundlichst zur Verfügung gestellt worden.

Tabelle Nr. 5.

Nachweisung der Gemeinden, in denen in nennenswertem Maße Handelsgewächse angebaut wurden für die Jahre 1912 und 1913 (1912: Zwischenerhebungen; 1913: Bodenbenutzungsstatistik)[1]. Hektar:

Gemeinden Kreise	Landwirtschaftl. benutzte Fläche[2]	Erbsen		Bohnen		Kraut u. Feldkohl		Andere Handelsgewächse[3]		Raps	
	1913	1912	1913	1912	1913	1912	1913	1912	1913	1912	1913
Straßburg	3319,04	3,46	2,47	2,65	2,72	16,88	91,23	128,67	100,06		
Hördt	1540,51	1,50	1,00			5,00	5,00	99,00	99,00		
Kurzenhausen	325,32							1,00			
Bernolsheim	344,38	1,49					2,00			1,00	
Donnenheim	314,50						1,00		0,25	2,00	
Krautweiler	121,74						0,50	6,10	5,70		
Rottelsheim	228,41	2,00	2,00		1,00				0,57		
Bilwisheim	237,03						0,60			2,33	1,00
Brumath	1942,00	14,00	16,00	4,00	6,00	10,00	16,00	4,00	23,00	1,00	
Eckwersheim	685,00		0,40				1,40		0,20	1,00	
Hürtigheim	449,30						1,60		1,04	6,50	1,60
Osthofen	489,02				0,25		1,00			1,25	0,80
Dingsheim	485,00	3,00	3,00		2,00		1,00			1,00	1,00
Stützheim	449,10	1,00					4,00		2,00		15,00
Alteckendorf	564,94	1,00	1,00	1,00	1,00	3,00	2,00		3,00		
Ettendorf	575,68		1,00		0,20	3,10	3,50		1,50		
Hochfelden	1137,60	1,00	2,00				3,00			1,00	1,00
Lixhausen	324,00	1,10	1,00				0,30		1,00		
Schwindratzheim	898,95	1,00								5,00	3,00
Dunzenheim	605,57						1,00		1,00	1,00	
Sässolsheim	627,34						0,80	1,30			
Schaffhausen	354,33						2,00		1,00	1,00	
Waltenheim	444,48						1,40		0,05	1,50	0,50
Wingersheim	725,53	1,00					3,00		1,00		1,00
Breuschwickersheim	491,72						1,00	9,50	9,75	1,75	1,50
Ittenheim	655,52						1,00		1,20	3,00	3,00
Kolbsheim	299,47								1,25	1,00	0,50
Oberhausbergen	336,00	2,00	2,00	1,00			1,00		2,00		

[1]) Die Zahlen sind mir vom Statistischen Landesamt zur Verfügung gestellt worden.

[2]) Im Jahre 1913 (Zahlen der Bodenbenutzungsstatistik).

[3]) Unter diesen Zahlen finden sich in Hördt: Spargel; in Krautweiler und Brumath: Gurken; in Breuschwickersheim, Ittenheim, Sässolsheim: Hanf; in Kolbsheim: 0,05 ha Flachs.

Gemeinden Kreise	Landwirtschaftl. benutzte Fläche	Erbsen		Bohnen		Kraut u. Feldkohl		Andere Handelsgewächse [4])		Raps	
	1913	1912	1913	1912	1913	1912	1913	1912	1913	1912	1913
Oberschäffolsheim	731,63		0,50				1,00			1,75	1,00
Wolfisheim	499,55						0,16		7,50	1,00	0,20
Bischheim	340,88	1,00	1,00		0,50		0,40		0,40		
Hönheim . . .	254,53	12,00	3,70	1,50	0,70						
Reichstett	733,37	22,36	24,37	5,50	1,00				1,00		
Schiltigheim . . .	588,80	4,00	4,00	4,00	2,00		1,00		0,60		
Suffelweyersheim .	355,61	4,00	2,20		0,20				0,50		
Lampertheim . . .	656,39	1,00	1,00		0,50		1,50	9,00	7,90		
Niederhausbergen .	277,00	1,00	1,00		0,50		0,22			1,50	
Berstett	630,46						0,45	2,25	2,40	1,00	0,30
Pfulgriesheim . . .	462,75						1,00			1,00	0,50
Reitweiler	448,38	1,00	1,40				1,20		0,25	0,14	
Rumersheim . . .	332,52						1,00			1,00	0,20
Truchtersheim . .	715.93		0,40			3,00	3,10			2,00	1,00
Kreis Strassburg-Land [5])											
Matzenheim . . .	546,89						1,00			1,00	1,00
Herbsheim	673,00									2,00	2,00
Obenheim	718,00		1,00		0,40				0,60		
Wittenheim . . .	422,00	1,00	2,00								
Gerstheim	1219,80	2,50	5,00	1,50	1,00	3,00	2,00	5,20	0,30		
Hindisheim . . .	1049,78	1,00	1,00		0,20		2,00				
Schäffersheim . .	337,33	1,00			0,20		0,50		1,20		
Bläsheim	937,13					20,00	15,00				
Düppigheim . .	696,36	5,00	2,00								0,50
Geispolsheim . . .	1924,20		0,50			27,00	20,00				0,40
Holzheim	642,36	6,00	6,00	1,00	1,00		0,80		1,00		1,80
Eschau	831,80	2,00	1,00				2,00				
Illkirch-Grafenstad.	1353,75	7,00	7,00		1,00		0,40				0,60
Plobsheim	974,00	16,00	16,20		1,40		1,00		1,20		
Bernhardsweiler . .	521,00						1,00		1,00	2,00	1,00
Burgheim	268,86									1,00	1,00
Oberehnheim . . .	2096,44		0,50		1,50	30,00	20,00		5,00	1,00	1,00
Zellweiler	679,00			1,00			0,50			1,80	0,50

[4]) Unter diesen Zahlen finden sich in Lampertheim und Berstett: Spargel; in Gerstheim: Tomaten (Gerstheim hatte außerdem 1912: 0,50 ha Flachs); Obenheim hatte 1912 noch 1,00 ha Hanf und 0,66 ha Flachs; Suffelweyersheim 0,50 ha Linsen.

[5]) Die Zahlen für die Kreise sind nicht berechnet, da manche Gemeinden mit kleineren Pflanzungen in dieser Nachweisung fehlen.

Gemeinden Kreise	Landwirtschaftl. benutzte Fläche	Erbsen		Bohnen		Kraut u. Feldkohl		Andere Handelsgewächse [6]		Raps	
	1913	1912	1913	1912	1913	1912	1913	1912	1913	1912	1913
Innenheim	590,80	1,00	1,00				2,00				0,40
Krautergersheim .	599,58					60,00	90,00		0,16		
Meistratzheim . .	1156,00					8,00	4,00				
Kreis Erstein											
Herlisheim	1337,50		0,70		1,00		3,30		1,60	1,50	0,40
Forstfeld	392,00									4,00	
Röschwoog . . .	884,00						3,00			1,00	
Batzendorf	648,38		0,50				1,00			4,80	
Hochstett	201,29	1,00	2,00	1,00	2,00		1,20		0,50		1,00
Niederschäffolsheim	587,72		0,60				2,00			2,50	0,60
Uhlweiler	533,00				0,10		1,10			1,00	0,66
Wahlenheim . . .	242,65		0,20		0,15		1,00			1,00	
Weitbruch	889,88		0,10		0,40		1,00		3,54	3,00	3,00
Wintershausen . .	328,49				0,20				2,50	5,50	5,90
Wittersheim . .	678,21		0,20		0,40		2,00			2,30	
Gundershofen . .	941,65								1,00	1,00	
Merzweiler	630,43									1,00	
Reichshofen . . .	954,40	2,50	0,65	1,00	0,35		1,08		1,42		
Engweiler . . .	274,00						4,00		0,10	1,00	0,20
Kindweiler	567,25						0,15		0,05	1,40	0,15
Mietesheim	577,20						2,00		0,50	1,00	1,00
Offweiler	625,26		0,99		0,03		0,52		0,09		
Uttenhofen	147,60									1,00	1,00
Kreis Hagenau											
Dachstein	706,52		0,80		0,30		2,50		2,40	2,00	0,20
Ernolsheim	612,18									2,00	1,00
Molsheim	938,60								0,60	2,00	0,90
Heiligenberg . . .	254,10									1,00	1,00
Niederhaslach . .	394,36						0,40		0,10	4,94	4,14
Bischofsheim . . .	1139,50		0,50						2,50	1,50	
Rosenweiler . . .	361,56	1,15							0,12	1,25	1,25
Flexburg	160,42									1,15	1,15
Odratzheim . . .	150,00									1,00	1,00
Dahlenheim . . .	520,00									1,40	1,00
Marlenheim . . .	1303,20						2,00			2,00	1,00
Kreis Molsheim											

[6]) In Offweiler waren 1912 noch: 1,40 ha Hanf, 0,50 ha Flachs.

Gemeinden Kreise	Landwirtschaftl. benutzte Fläche	Erbsen		Bohnen		Kraut- u. Feldkohl		Andere Handelsgewächse [7]		Raps	
	1913	1912	1913	1912	1913	1912	1913	1912	1913	1912	1913
Scherweiler	1092,58		1,50		2,65		2,50		6,40	4,35	2,35
Artolsheim	808.55	16,00	16,00		1,00		3,00		2,00		
Boofzheim	370,00	3,00	5,00				0,60				1,00
Marlenheim . . .	584,44	7,50	13,50								0,50
Richtolsheim . . .	323,00	10,00	4,00				1,00				
Saasenheim	696,53	11,00	1,90		1,00		1,00		0,10		1,00
Schönau	414,00	4,00	5,00		0,50		1,50		0,50		
Sundhausen . . .	1267,50	6,00	3,00		0,50						
Baldenheim . . .	867,00	12,00	0,50				1,50				
Wittisheim	771,83	6,00	8,79		0,49						1,00
Neukirch	504,91		0,40		1,41		1,00			4,00	2,00
Kreis Schlettstadt											
Siegen	777,00						1,50		0,30	8,00	0,30
Hunspach	429,15				0,30		2,90		0,07	9,50	1,50
Ingolsheim	409,45						0,50			4,00	0,50
Rittershofen . . .	651,70						1,80		0,20	6,00	
Forstheim	442,45									5,00	
Oberseebach . . .	1338,97				0,50		5,50		1,25	19,50	1,20
Schleithal	864,16						1,75		1,20	31,90	30,90
Mothern	889,37						2,44			10,00	5,00
Kreis Weissenburg.											
Kreis Zabern:	Keine nennenswerte Pflanzung.										
Bezirk											
Unterelsaß	291 288,40		281,32		117,01		736,68		471,34		193,96
Oberelsaß	211 586,50		170,75		149,67		847,22		446,32		434,17
Lothringen	426 587,06		1379,63		361,32		548,17		716,20		40,84

[7]) Oberseebach hatte im Jahre 1912: 1,50 ha Hanf und 0,50 ha Flachs; Schleithal 1,20 ha Hanf. Linsen wurden gepflanzt (feldmäßig) im Jahre 1913: im Unterelsaß: 1,40 ha; im Oberelsaß: 18,04 ha; in Lothringen: 145,12 ha.

Tabelle Nr. 6.

Anbau von Zuckerrüben. 1878—1914.

Jahr	Anbau in Unter-Elsass ha	Anbau in Ober-Elsass ha	Anbau in Lothringen ha	Anbau in Elsass-Lothring. ha
1878 [1])	53,48	80,02	121.93	255,43
1883	50,60	206,44	202,12	459,16
1893 [1])	21,80	8,00	—	29,80
1894	228,88	55,85	35,00	319,73
1895	338,29	116,38	4,00	458,67
1896	621,43	137,72	—	759,15
1897	487,98	45,36	0,50	533,84
1898	538,70	44,80	16,00	599,50
1899	545,39	19,50	48,93	613,82
1900	688,08	11,70	80,45	780,23
1901	826,39	18,00	51,93	896,32
1902	668,99	24,20	42,05	735,24
1903	606,40	29,00	37,02	672,42
1904	556,14	44,50	37,02	637,66
1905	703,54	64,60	47,00	815,14
1906	647,36	66,65	32,00	746,01
1907	599,45	96,45	31,00	726,90
1908	575,57	74 20	30,00	679,77
1909	713,43	82,15	45,00	840,58
1910	766,66	74,45	34,00	875,11
1911	951,14	98,35	40,00	1089,49
1912	1140,39	95,91	35,00	1271,30
1913 [2])	932,73	165,20	44,00	1141,93
1914 [2])	959,26	153,34	48,00	1160,60

[1]) In der Zwischenzeit wurden keine Erhebungen gemacht.

[2]) Die Zahlen für 1913 und 1914 gingen erst nach Drucklegung der Arbeit ein.

Tabelle Nr. 7.

Anbau von Raps, Mohn, Leindotter.

Jahr	Raps				Mohn				Leindotter			
	U.-E. ha	O.-E. ha	L. ha	E.-L. ha	U.-E. ha	O.-E. ha	L. ha	E.-L. ha	U.-E. ha	O.-E. ha	L. ha	E.-L. ha
1900	788,32	671,52	109,99	1 569,83	50,65	6,39	0,23	57,27	1,90	—	0,10	2,00
1901	1 145,59	873,63	85,61	2 104,83	37,37	5,20	—	42,57	1,50	—	0,10	1,60
1902	1 295,36	960,02	52,88	2 308,26	38,90	5,10	—	44,00	1,50	—	0,10	1,60
1903	662,03	832,09	36,65	1 530,77	33,75	6,00	—	39,75	1,50	—	0,10	1,60
1904	1 015,65	815,71	68,57	1 899,93	26,30	6,05	—	32,35	1,50	—	—	1,50
1905	897,20	770,79	66,35	1 734,34	15,86	6,55	—	22,41	0,50	—	—	0,50
1906	597,63	708,34	52,17	1 358,14	12,20	5,48	—	17,68	0,50	—	—	0,50
1907	688,50	509,90	24,92	1 223,32	10 65	4,40	—	15,05	0,50	—	—	0,50
1908	584,68	597,04	35,51	1 217,23	9,90	5,30	—	15,20	—	—	—	—
1909	305,69	585,82	34,97	926,48	8,44	6,30	—	14,74	—	—	—	—
1910	512,18	626,70	32,36	1 171,24	7,00	5,80	—	12,80	—	—	—	—
1911	258,53	557,01	26,51	842,05	6,33	5,00	—	11,33	—	—	—	—
1912	320,78	523,36	22,60	866,74	6,60	3,90	—	10,50	—	—	—	—
1913	193,96	434,17	40,84	668,97	8,12	1,35	—	9,47	—	—	—	—

Tabelle Nr. 8.

Es galten in den einzelnen Jahren [1]:
(Wert in Mark umgerechnet.)

Jahr	Pfund	Schilling	Pfennig	Reichsthaler	Guldenthaler	Dukat	Goldgulden	Reichsgulden (Florin zu 60 Kreuzer)
1313—1318	104	5,20	0,43			38,80	38,80	
1319—1328	100	5	0,41			38	38	
1329-1339	96	4,80	0,4			38	38	
1340—1358	88	4,40	0,37			38	38	
1359—1361	84	4,20	0,35			38	38	
1362—1385	78	3,90	0,325			38	37	
1386—1400	66	3,30	0,275			38	36	
1401—1425	66	3,30	0,275			38	33	
1426—1465	60	3	0,25			39	33	
1466-1489	59,20	2,96	0,25			40	32,40	
1490—1503	52	2,60	0,22	28	28	38	28	
1504—1525	55,20	2,76	0,23	30	30	42	30	
1526—1541	39,20	1,96	0,16	20,20	17,80	31	22,40	
1542—1550	35,20	1,76	0,15	20,20	17,80	31	21,40	17,60
1551—1575	25	1,25	0,10	14,40	12,80	22	16	12,50
1576—1600	17,20	0,86	0,07	11,40	10	17	13	8,60
1601—1619	14,80	0,74	0,06	11	9,60	16,40	13,20	7,40
1620	10	0,50	0,04	11	9,60	16,40	13,20	5
1621	8	0,40	0,03	11	9,60	16,40	13,20	4
1622	—	—	—	—	—	—	—	—
1623, 19. Okt.	14,80	0,74	0,06	11,10	9,80	18	13,60	7,40
1626-1650	10	0,50	0,04	7,50	6,60	14,60	12	5
1651—1675	16	0,80	0,07	12	10,60	24	17	8
1676—1681	12	0,60	0,05	9	5,80	17,20	11	6
1682—1700	9,60	0,48	0,04	7,20	4,80	16	11,60	4,80
1701—1709	10,80	0,54	0,045	8,10	5,40	21,40	15,60	5,40
1710—1775	8	0,40	0,03	6	4	22	16	4
1776—1800	6	0,30	0,025	4,50	3	17	12	3

[1]) Aus «Guide monnétaire pour l'Histoire d'Alsace» von Hanauer, Rixheim, 1894. Vergl. auch: Hanauer, Etudes économiques, 2 Bände. Eine Umrechnung gibt auch: Esser, die Waldberechtigungen in der ehem. Grafschaft Dagsburg, I, Seite 121 ff.

www.ingramcontent.com/pod-product-compliance
Lightning Source LLC
LaVergne TN
LVHW081336011026
849161LV00013BB/2936